应用型高等学校"十三五"规划教材

移动通信技术原理与实践

主　编　胡国华
副主编　陈玉胜　马劲松　顾涓涓
参　编　王　干　汪圣杰　冯玉武

华中科技大学出版社
中国·武汉

内 容 简 介

本书系统地阐述了 3G、4G 和 5G 系统的基本原理、网络构架、关键技术和当前 4G 和 5G 分布式基站建设、调测和维护的方法,较充分地反映了当代移动通信发展的最新技术。

本书基础理论篇共分 8 个模块:基础知识模块、3G WCDMA 通信网模块、WCDMA 系统结构模块、4G LTE 通信网模块、LTE 空中接口模块、TD-LTE 系统无线管理模块、LTE 关键技术模块、第五代移动通信系统模块。每个模块均附有课后习题。实践篇共分 5 个项目:DBS3900 系统产品描述及天馈系统概述、DBS3900 系统硬件施工、DBS3900 系统单站数据配置、TD-LTE DBS3900 系统配置调整、eNodeB 故障分析处理。每个项目均附有思考题与习题。

本书可作为高等院校通信及其相关专业高年级本科生的教材,也可作为通信工程技术人员和科研人员的参考书。

图书在版编目(CIP)数据

移动通信技术原理与实践/胡国华主编.—武汉:华中科技大学出版社,2019.8
ISBN 978-7-5680-5497-3

Ⅰ.①移… Ⅱ.①胡… Ⅲ.①移动通信-通信技术 Ⅳ.①TN929.5

中国版本图书馆 CIP 数据核字(2019)第 179228 号

移动通信技术原理与实践 胡国华 主编
Yidong Tongxin Jishu Yuanli yu Shijian

策划编辑:范 莹
责任编辑:李 露
封面设计:原色设计
责任校对:张会军
责任监印:徐 露
出版发行:华中科技大学出版社(中国·武汉)　　电话:(027)81321913
　　　　　武汉市东湖新技术开发区华工科技园　　邮编:430223
录　　排:武汉市洪山区佳年华文印部
印　　刷:武汉中科兴业印务有限公司
开　　本:787mm×1092mm　1/16
印　　张:22.75
字　　数:581 千字
版　　次:2019 年 8 月第 1 版第 1 次印刷
定　　价:49.90 元

本书若有印装质量问题,请向出版社营销中心调换
全国免费服务热线:400-6679-118　竭诚为您服务
版权所有　侵权必究

前　言

近年来,移动通信技术和移动通信网络飞速发展,越来越多的国家已完成 4G(LTE)网络建设,当前诸多国家正在大力推进 5G 网络规划与建设。2013 年 12 月 4 日,工信部向中国移动、中国电信、中国联通正式发放了 4G 运营牌照,三大运营商同时获得了 TD-LTE 运营牌照。2015 年 2 月 27 日,中国电信和中国联通又获得了 FDD-LTE 运营牌照,至此,我国全面步入 4G 规模商用时代,并迅速发展。截至 2018 年 12 月底,我国基站数量为 639 万个,其中 3G/4G 基站数量为 479 万个,移动宽带用户(即 3G 和 4G 用户)总数达 15.7 亿户,4G 用户总数达 11.7 亿户,移动电话用户普及率达到 112.2 部/100 人。

2019 年已被世界公认为是 5G 时代的商用元年,5G 将进入 5~6 年的全面建设期。目前全国各地都在抓紧 5G 基站建设的部署工作,其中,广东省、江西省、北京市、上海市、天津市、重庆市、湖北省武汉市等预计在 2020 年底前完成规划的 5G 基站建设数达 95738 座。

行业技术发展带动人才需求,这给高校通信工程专业毕业生带来了很大的机遇与挑战。立足于培养应用型人才,采取模块化设计思想,遵循行业发展需求,突出理论知识应用性,加强实践能力培养的原则,本校通过校企合作的方式,组织了一批具有丰富教学经验的讲师、具有丰富工程实践经验的企业工程师,根据全国统编的《移动通信》教材的基本要求,参考国内外最新专著、教材和文献资料,以及行业最新技术说明、前沿设备技术文档等资料,编写了《移动通信技术原理与实践》这本模块化教材。

全书分为基础理论篇和实践篇两大部分,基础理论篇由 8 章构成:基础知识模块、3G WC-DMA 通信网模块、WCDMA 系统结构模块、4G LTE 通信网模块、LTE 空中接口模块、TD-LTE 系统无线管理模块、LTE 关键技术模块、第五代移动通信系统模块。完成上述学习后,学生可以构架当前商用移动通信网(3G/4G/5G),从理论角度分析移动通信网的复杂工程问题。随着 4G 网络的蓬勃发展以及 5G 网络的逐渐商用,分布式基站的建设和维护配套需求日益庞大,而分布式基站把传统的宏基站设备按照功能划分为两个功能模块,即基带处理单元(BBU)和射频拉远单元(RRU),故实践篇偏重于介绍基站建设、配置与维护方法。实践篇主要由 5 个项目构成:DBS3900 系统产品描述及天馈系统概述、DBS3900 系统硬件施工、DBS3900 系统单站数据配置、TD-LTE DBS3900 系统配置调整、eNodeB 故障分析处理。通过完成 5 个项目模块的 19 个任务,学生可掌握 LTE 移动通信网的基站建设、调测和维护,从实践角度解决 LTE 移动通信网无线侧工程问题。

本书按照模块化思路进行整体策划,由诸理论子模块和实践子模块构建成一个完整的移动通信系统体系知识模块,确保了理论模块教学与实践模块教学的内容、方法融合,展现了教学内容的系统性和完整性。教材将理论知识学习和实践能力培养紧密结合,注重培养学生的工程实践应用能力和解决复杂工程问题的能力。

本书在编写过程中,突出了以下特点。

(1) 以模块化思想构建理论和实践模块。

(2) 以通信主流设备厂商——华为技术有限公司的商用分布式基站设备为基础。

(3) 以 4G 向 5G 发展的分布式基站建设需求为依托,从工程角度重点介绍无线侧网络和设备的构架、调试及维护方法。

本书的编写得到了"安徽省质量工程项目(2018mooc349,2017jxtd035)"、"安徽省教育厅高校自然科学研究项目(KJ2019A0838)"、"合肥学院质量工程项目(2018hfjyxm05,2018hfmooc05)"、"合肥学院信息与通信工程重点学科建设项目(2018xk03)"的资助,以及深圳市讯方技术股份有限公司戴毅、丁振强、马劲松等人员的大力支持,同时也感谢合肥学院先进制造工程学院通信工程专业同仁们的支持和帮助。

由于编者水平有限,书中难免有错误和欠妥之处,恳请读者来信批评、指正(guohua_hu@hfuu.edu.cn)。

编 者

于合肥学院

2019 年 03 月

目　录

第一部分　基础理论篇

第二部分 实　践　篇

第一部分

基础理论篇

第1章 基础知识模块

1.1 移动通信发展史

1.1.1 第一代移动通信

第一代移动通信简称 1G,是指采用蜂窝技术组网的通信,1G 系统仅支持模拟语音通信的移动电话标准,其制定于 20 世纪 80 年代,主要采用的是模拟技术和频分多址(frequency division multiple access,FDMA)技术。以美国的高级移动电话系统(advanced mobile phone system,AMPS),英国的全接入通信系统(total access communications system,TACS),北欧、东欧以及俄罗斯的北欧移动电话(nordic mobile telephone,NMT)为代表。当然,其他国家分别也有各自的技术标准,但这些标准彼此不能兼容,无法互通;由于受到传输带宽的限制,不能支持移动通信的长途漫游,只能作为一种区域性的移动通信系统。

1G 系统的主要特点是:

(1)采用频率复用的蜂窝小区组网方式和越区切换,这有利于解决大容量需求与有限频谱资源的矛盾;

(2)采用模拟系统,模拟语音信号能直接调频;

(3)采用 FM(调频)传输;

(4)支持多信道共用和 FDMA 接入方式。

主要缺点为:

(1)无法与固定电信网络迅速向数字化推进相适应,数据业务很难开展;

(2)各系统间没有公共接口,彼此不兼容;

(3)频率利用率低,无法适应大容量要求;

(4)保密性差,容易被窃听;

(5)价格昂贵。

1.1.2 第二代移动通信

第二代移动通信简称 2G,2G 系统的主要技术如图 1-1 所示。

1G 系统为模拟移动通信系统,存在许多缺陷,如:频谱效率低、网络容量有限、业务种类单一、保密性差等,这使得其无法满足人们的需求。因此,人们开始探索更新的移动通信技术。20 世纪 80 年代后期,大规模集成电路、微型计算机、微处理器和数字信号处理技术的大量应用,为开发数字移动通信系统提供了技术保障,从此,移动通信技术进入了其发展的第二个时

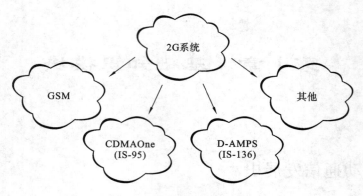

图 1-1   2G 系统的主要技术

期——2G 时代。

2G 系统是引入数字无线电技术的数字蜂窝移动通信系统,它主要采用窄带码分多址(code division multiple access,CDMA)技术制式和时分多址(time division multiple access, TDMA)技术制式。采用 CDMA 制式的为美国的 IS-95CDMA,而采用 TDMA 制式的主要有欧洲的全球移动通信系统(global system of mobile communication,GSM)、美国的数字高级移动电话系统(digital-advanced mobile phone system,D-AMPS)和日本的个人数字蜂窝(personal digital cellular,PDC)系统三种。移动电话已由模拟向数字发展,最具代表性的是 GSM 和 CDMA 制式的数字移动电话,它们正在世界范围内高速发展,这两大系统在目前世界移动通信市场占据着主要的份额。

GSM 通信标准是由欧洲提出的 2G 标准,与以前其他标准最大的不同是其信令和语音信道都是数字式的。CDMA 移动通信技术是由美国提出的 2G 系统标准,其最早是被军用通信采用,直接扩频和抗干扰性是其突出的特点。

2G 系统的核心网仍然以电路交换为基础,因此,语音业务仍然是其主要承载的业务,随着各种增值业务的不断增长,2G 系统也可以传输低速的数据业务。

引入了数字无线电技术的数字蜂窝移动通信系统,提供了更高的网络容量,改善了话音质量,增强了保密性,并为用户提供了无缝的国际漫游。

1. GSM

GSM 通信标准是指利用工作在 900～1800 MHz 频段的 GSM 移动通信网络提供语音和数据业务的标准。GSM 属于 2G 系统。GSM 移动通信系统的无线接口采用 TDMA 技术,核心网移动性管理协议采用 MAP 协议。GSM 业务的经营者必须自己组建 GSM 移动通信网络,所提供的移动通信业务类型可以是一部分或全部。提供一次移动通信业务经过的网络可以是同一个运营商的网络,也可以是不同运营商的网络。提供移动网国际通信业务,必须经过国家批准设立的国际通信出入口。

主要业务类型如下:

(1)端到端的双向话音业务;

(2)移动消息业务,利用 GSM 网络和消息平台提供的移动台发起、移动台接收的消息业务;

(3)移动承载业务及其上的移动数据业务;

（4）移动补充业务，如主叫号码显示、呼叫前转业务等；

（5）GSM 网络与智能网共同提供的移动智能网业务，如预付费业务等；

（6）国内漫游和国际漫游业务。

2. CDMA

800MHz CDMA 也属于 2G，简称 CDMA 移动通信，其标准是利用工作在 800MHz 频段上的 CDMA 移动通信网络提供话音和数据业务的标准。CDMA 移动通信的无线接口采用窄带码分多址技术，其核心网移动性管理协议采用 IS-41 协议。800MHz CDMA 第二代数字蜂窝移动通信业务的经营者必须自己组建 CDMA 移动通信网络，所提供的移动通信业务类型可以是一部分或全部。提供一次移动通信业务经过的网络可以是同一个运营商的网络，也可以是不同运营商的网络。

主要业务类型如下：

（1）端到端的双向话音业务；

（2）移动消息业务，利用 CDMA 网络和消息平台提供的移动台发起、移动台接收的消息业务；

（3）移动承载业务及其上的移动数据业务；

（4）移动补充业务，如主叫号码显示、呼叫前转业务等；

（5）CDMA 网络与智能网共同提供的移动智能网业务，如预付费业务等；

（6）国内漫游和国际漫游业务。

2G 有下述特征。

（1）有效利用频谱。

数字方式比模拟方式能更有效地利用有限的频谱资源，随着更好的语音信号压缩算法的推出，每信道所需的传输带宽越来越窄。

（2）高保密性。

模拟系统使用调频技术，很难进行加密，而数字调制是在信息本身编码后再进行调制，故容易引入数字加密技术，可灵活地进行信息变换及存储。

1.1.3 第三代移动通信

第三代移动通信简称 3G，3G 系统的主要技术如图 1-2 所示。

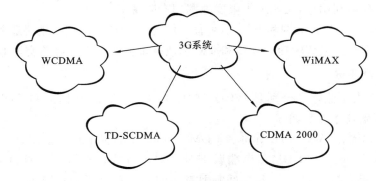

图 1-2 3G 系统的主要技术

尽管基于话音业务的移动通信网已经足以满足人们对于话音移动通信的需求,但是随着社会经济的发展,人们对数据通信业务的需求日益增高,其已不再满足以话音业务为主的移动通信网所提供的服务。3G 技术是在 2G 技术的基础上进一步演进的,其以宽带 CDMA 技术为主,并能同时提供话音和数据业务。

3G 系统与 2G 系统的主要区别是在数据传输速率上的提升等,它能够在全球范围内更好地实现无线漫游,并处理图像、音乐、视频流等多种媒体信息,提供网页浏览、电话会议、电子商务等多种信息服务,同时也考虑与已有 2G 系统的良好兼容性。目前国内支持国际电联确定的三个无线接口标准,分别是中国电信运营的 CDMA 2000(code division multiple access 2000)标准,中国联通运营的 WCDMA(wideband code division multiple access)标准和中国移动运营的 TD-SCDMA(time-division synchronous code division multiple access)标准。

TD-SCDMA 由我国工信部电信科学技术研究院提出的,其采用不需配对频谱的时分双工(time division duplexing,TDD)工作方式,以及 FDMA、TDMA、CDMA 相结合的多址接入方式,载波带宽为 1.6MHz,在支持上下行不对称业务方面有优势。TD-SCDMA 系统还采用了智能天线、同步 CDMA、自适应功率控制、联合检测及接力切换等技术,使其具有频谱利用率高、抗干扰能力强、系统容量大等特点。

WCDMA 源于欧洲,同时与日本的几种技术相融合,是一个宽带直扩码分多址系统。其核心网基于演进的 GSM/GPRS 网络技术组成,载波带宽为 5 MHz,可支持 384 Kb/s~2 Mb/s 的数据传输速率。在同一传输信道中,WCDMA 可以同时提供电路交换和分组交换服务,提高了无线资源的使用效率。WCDMA 支持同步/异步基站运行模式,采用上下行快速功率控制、下行发射分集等技术。

CDMA 2000 由高通公司主导提出,是在 IS-95 标准的基础上进一步发展起来的,其发展分两个阶段:CDMA 2000 1xEV-DO 标准和 CDMA 2000 1xEV-DV 标准。CDMA 2000 标准的空中接口保持了许多 IS-95 标准空中接口的设计特征,以支持高速数据业务。

1. 3G 标准的基本特征

(1) 3G 标准是基于全球范围设计的,其可与固定网络业务及用户互联,具有高度兼容性。

(2) 与固定通信网络相比,其具有高话音质量和高安全性。

(3) 在本地采用 2 Mb/s 高接入传输速率,在广域网采用 384 Kb/s 接入传输速率,即具有数据传输速率分段使用功能。

(4) 具有高频谱利用率,且能最大限度地利用有限带宽。

(5) 移动终端可连接地面网和卫星网,可移动使用和固定使用,可与卫星业务共存和互联。

(6) 能够处理高数据传输速率通信和非对称数据传输等分组和电路交换业务。

2. 3G 标准及演进

3G 系统的三大主流标准分别是 WCDMA 标准、CDMA 2000 标准和 TD-SCDMA 标准。这三种标准的基础技术参数如表 1-1 所示。

从表 1-1 可以看出,WCDMA 标准和 CDMA 2000 标准属于频分双工(frequency division duplex,FDD)方式,而 TD-SCDMA 标准属于时分双工方式。WCDMA 标准和 CDMA 2000 标准上下行独享相应的带宽,上下行之间需要频率间隔以避免干扰;TD-SCDMA 标准上下行采用同一频谱,上下行之间需要时间间隔以避免干扰。

表 1-1 三种标准的基础技术参数

标 准	WCDMA 标准	CDMA 2000 标准	TD-SCDMA 标准
采用国家和地区	欧洲、美国、中国、日本、韩国等	美国、韩国、中国等	中国
继承基础	GSM	窄带 CDMA(IS-95)	GSM
双工方式	FDD	FDD	TDD
同步方式	异步/同步	同步	同步
码片传输速率	3.84 Mcps	1.2288 Mcps	1.28 Mcps
信号带宽	2×5 MHz	2×1.25 MHz	1.6 MHz
峰值数据传输速率	384 Kb/s	153 Kb/s	384 Kb/s
核心网	GSM MAP	ANSI-41	GSM MAP
标准化组织	3GPP	3GPP2	3GPP

2007 年 10 月,联合国国际电信联盟(ITU)已批准 WiMAX 无线宽带接入技术成为移动设备的全球标准。WiMAX 标准成为继 WCDMA 标准、CDMA 2000 标准、TD-SCDMA 标准后的全球第四个 3G 标准。

WiMAX 标准全称为 world interoperability for microwave access,即全球微波接入互操作性。WiMAX 的另一个名字是 IEEE 802.16,它是由 IEEE(电气和电子工程师协会)制定的协议标准。它是一项无线城域网(WMAN)技术,是针对微波和毫米波频段提出的一种新的空中接口标准。它用于将 IEEE 802.11a 无线接入热点连接到互联网,也可连接公司与家庭等环境至有线骨干线路上。它可作为线缆和 DSL(数字用户线路)的无线扩展技术,从而实现无线宽带接入。

WiMAX 技术是一项新兴的无线通信技术,能提供面向互联网的高速连接。它也是一种功能强大的无线技术,其将是固定电话运营商还击移动通信的有力武器。长期以来,移动通信一直在蚕食固定电话业务。英特尔已经花费数亿美元推广 Wi-Fi 无线技术,并将 WiMAX 视为一种能对偏远地区和发展中国家提供互联网连接的新方式。使用这种技术,用户可以在 50 千米以内的范围以非常快的速度进行数据通信。尽管与当前的技术相比,3G 网络的速度已经有了大幅提高,但是相对于 WiMAX 来说,3G 就是小巫见大巫了,3G 网络的速度较 WiMAX 的低 $\frac{29}{30}$,3G 发射塔的覆盖面积比 WiMAX 的要小 $\frac{9}{10}$。

1.1.4 第四代移动通信

第四代移动通信简称 4G,4G 系统的主要技术如图 1-3 所示。

目前 3G 仍存在很多不足,如其采用电路交换,而不是纯 IP 方式;由于其采用 CDMA 技术,因此其难以达到很高的数字通信的数据传输速率,无法满足用户对高数据传输速率多媒体业务的需求;多种标准难以实现全球漫游等。3G 的局限性推动了人们对下一代移动通信技术——4G 的研究和期待。

2012 年 1 月 18 日,LTE-Advanced 和 Wireless MAN-Advanced(IEEE 802.16m)技术规范通过了 ITU-R 的审议,正式被确立为 IMT-Advanced(也称 4G)国际标准。我国主导制定的

图 1-3　4G 系统的主要技术

TD-LTE-Advanced 标准同时也成为 IMT-Advanced 国际标准。

　　这里需要说明的一点是：我们所说的 LTE 技术并不是人们普遍误解的 4G 技术，而是 3G 技术向 4G 技术发展过程中的一个过渡技术，它通常被称为"3.9G"，或者"准 4G"。它将正交频分复用（orthogonal frequency division multiplexing，OFDM）和多输入多输出（multiple-input multiple-output，MIMO）作为无线网络演进的标准，改进并且增强了 3G 的空中接入技术。

　　LTE 包括 LTE-TDD 和 LTE-FDD 两种制式。其中，LTE-TDD 在国内称为 TD-LTE，即 TDD 版本的 LTE，我国引领 TD-LTE 的发展。而 LTE-FDD 则是 FDD 版本的 LTE。

　　4G 网络可称为宽带接入和分布式网络，其网络结构将采用全 IP 协议的，它包括宽带无线固定接入、宽带无线局域网、移动宽带系统与交互式广播网络。4G 网络可以在不同的固定网络、无线网络和跨越不同的频带的网络中提供无线服务，其能够提供定位定时、数据采样、远程控制等综合功能。

　　LTE-A 4G 网络借助许多关键技术来支撑，包括正交频分复用技术、多载波调制技术、自适应编码调制（adaptive modulation and coding，AMC）技术、MIMO 和智能天线技术、载波聚合技术、多点协同技术、软件无线电技术等。

　　4G 系统具有如下特征。

　　（1）传输速率快。

　　下行峰值数据传输速率可以达到 1 Gb/s 以上，上行峰值数据传输速率则可以达到 500 Mb/s 以上。

　　（2）频谱利用效率高。

　　4G 在开发和研制过程中使用和引入了许多功能强大的突破性技术，对无线频谱的利用比 2G 和 3G 系统有效得多，下行峰值频谱利用率达到 30 (b/s)/Hz，上行峰值频谱利用率可以达到 15 (b/s)/Hz。

　　（3）网络频谱宽。

　　每个 4G 信道将会占用 100 MHz 及以上的带宽。

　　（4）容量大。

　　4G 将采用新的网络技术（如空分多址技术等）来提高系统容量，以满足未来大信息量的需求。

　　（5）灵活性强。

　　4G 系统采用智能技术，可自适应地进行资源分配，采用智能信号处理技术对信道条件不同的各种复杂环境进行信号的正常收发。另外，用户可将各式各样的设备接入 4G 系统。

　　（6）实现了高质量的多媒体通信。

　　4G 网络的无线多媒体通信服务将包括语音、数据、影像等的大量信息通过宽频信道传送出去,让用户可以在任何时间、任何地点接入系统,因此 4G 也是一种实时的、宽带的、无缝覆盖的多媒体移动通信技术。

(7) 兼容性平滑。

4G 系统应具备全球漫游,接口开放,能跟多种网络互联,其具有终端多样化以及能从 2G 系统平稳过渡等特点。

(8) 通信费用便宜。

4G 的另一个技术标准——WiMAX 802.16m,于 2006 年 12 月立项,它是由 3G WiMAX 技术演进而来的。

为了满足 IMT-Advanced 所提出的技术要求,WiMAX 802.16m 的速率将会大大超过其前身,在高速移动、广域覆盖场景下可达 100 Mb/s 的下行数据传输速率,在低速移动、热点覆盖场景下可达 1 Gb/s 的下行数据传输速率。除了数据传输速率提升之外,WiMAX 802.16m 单个接入点的平均覆盖范围也将增加至 31 平方千米,这将大大降低网络的建设成本。WiMAX 802.16m 也将向后兼容 IEEE 802.16e 标准,这意味着目前现有的网络系统将会平滑升级至新标准,并不需要大量的更新成本。在移动性方面,WiMAX 802.16m 考虑了和其他多种接入技术的切换和互通关系,能够现实 IMT-Advanced 标准的要求,相比"准移动"的 IEEE 802.16e 有很大的进步,其真正迈入了"移动"的行列。

此外,相比之前的版本,WiMAX 802.16m 在功耗、时延、频谱利用率和 QoS(服务质量)保障方面也有非常大的改进。

1.1.5 第五代移动通信

第五代移动通信简称 5G,是面向 2020 年以后的移动通信需求而发展的新一代移动通信。根据移动通信的发展规律,5G 技术将具有超高的频谱利用率和能效,在传输速率和资源利用率等方面较 4G 技术提高一个数量级或更高,其无线覆盖性能、系统安全性等也将得到显著提高。5G 系统将与其他无线移动通信技术密切结合,构成新一代无所不在的移动信息网络,满足未来 10 年内移动互联网流量增加 1000 倍的发展需求。5G 移动通信系统的应用领域也将进一步扩展,对海量传感设备及机器与机器通信的支撑能力将成为系统设计的重要指标之一,未来其还须具备充分的灵活性,具有网络自感知、自调整等智能化能力,以应对未来移动信息社会难以预计的快速变化。

5G 技术是 4G 技术的延伸。2017 年 12 月 21 日,在国际电信标准组织 3GPP RAN 第 78 次全体会议上,5G NR 首发版本正式冻结并发布。2018 年 2 月 23 日,沃达丰和华为首次完成 5G 系统的测试。

按照业内初步估计,包括 5G 系统在内的未来无线移动网络的业务能力的提升将在 3 个维度上同时进行:

(1) 引入新的无线传输技术将资源利用率在 4G 系统的基础上提高 10 倍以上;

(2) 引入新的体系结构(如超密集小区结构等)和更加深度的智能化能力将整个系统的吞吐率提高 25 倍左右;

(3) 进一步挖掘新的频率资源(如毫米波与可见光等),使未来无线移动通信系统的频率资源扩展 4 倍左右。

5G 具有以下特点。

（1）5G 研究在推进技术变革的同时将更加注重用户体验，网络平均吞吐速率、传输时延以及对虚拟现实、3D（三维）、交互式游戏等新兴移动业务的支撑能力等将成为衡量 5G 系统性能的关键指标。

（2）与传统的移动通信系统理念不同，5G 系统研究将不仅把点对点的物理层传输与信道编译码等经典技术作为核心目标，而且将更为广泛的多点、多用户、多天线、多小区协作组网作为突破的重点，力求在体系构架上寻求系统性能的大幅度提高。

（3）室内移动通信业务已占据应用的主导地位，5G 系统室内无线覆盖性能及业务支撑能力将作为系统优先设计目标，从而改变传统移动通信系统"以大范围覆盖为主、兼顾室内"的设计理念。

（4）高频段频谱资源将更多地应用于 5G 系统，但由于受到高频段无线电波穿透能力的限制，无线与有线的融合、光载无线组网等技术将被更为普遍地应用。

（5）可"软"配置的 5G 系统无线网络将成为未来的重要研究方向，运营商可根据业务流量的动态变化实时调整网络资源，有效地降低网络运营的成本和能源的消耗。

总的来说，5G 系统相比 4G 系统有着很大的优势。

（1）在容量方面，5G 系统将比 4G 系统的单位面积移动数据流量增长 1000 倍；在数据传输速率方面，典型用户数据传输速率将提升 10～100 倍，峰值数据传输速率可达 10 Gb/s（4G 系统的为 100 Mb/s），端到端时延缩短 $\frac{4}{5}$。

（2）在可接入性方面，可联网设备的数量增加 10～100 倍。

（3）在可靠性方面，低功率 MMC（机器型设备）的电池续航时间将增加 10 倍。

由此可见，5G 系统将在方方面面全面超越 4G 系统，实现真正意义的融合性网络。

1.2　移动通信技术标准化组织

在过去的几十年里，通信网络使社会发生了翻天覆地的变化，给世界各国人们的生活，以及机构和部门的运行带来了巨大的影响。移动通信已经成为现代通信手段中不可缺少且发展最快的通信手段之一。从 1G 系统到现在的 4G 系统，通信标准也在日新月异地变化着，而制定这些标准的组织主要有 ITU、3GPP、3GPP2、CCSA 和 IEEE 等。

1.2.1　ITU

国际电信联盟（International Telecommunication Union，ITU）的历史可以追溯到 1865 年。为了顺利实现国际电报通信，1865 年 5 月 17 日，法、德、俄、意、奥等 20 个欧洲国家的代表在巴黎签订了《国际电报公约》，ITU（见图1-4）也宣告成立。随着电话与无线电的应用与发展，ITU 的职权不断扩大。经联合国同意，1947 年 10 月 15 日，ITU 成为联合国的 15 个专门机构之一，但在法律上，其不是联合国附属

图 1-4　ITU

机构,它的决议和活动不需要联合国批准,但它每年要向联合国提交工作报告。

ITU 的组织结构主要分为电信标准化部门(ITU-T)、无线电通信部门(ITU-R)和电信发展部门(ITU-D)。ITU 每年召开 1 次理事会,每 2 年召开 1 次世界无线电通信大会,每 4 年召开 1 次全权代表大会、世界电信标准大会和世界电信发展大会。ITU 的组织结构如图 1-5 所示。

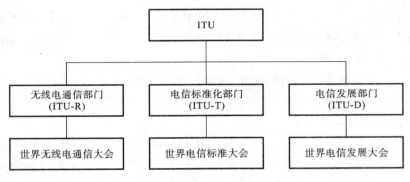

图 1-5 ITU 组织结构简图

1. ITU-T

ITU-T 因标准制定工作而享有盛名。标准制定是其最早开始从事的工作。身处全球发展最为迅猛的行业,ITU-T 坚持走不断发展的道路,简化工作方法,采用更为灵活的协作方式,满足日趋复杂的市场需求。来自世界各地的公共部门和研发实体的专家等定期会面,共同制定错综复杂的技术规范,以确保各类通信系统可与构成当今繁复的信息通信技术(ICT)网络与业务的多种网元实现无缝的互操作。

展望未来,ITU-T 面临的主要挑战之一是不同产业类型的融合。

2. ITU-R

管理国际无线电频谱和卫星轨道资源是 ITU-R 的核心工作。ITU-R 的主要任务包括制定无线电通信系统标准,确保有效使用无线电频谱,并开展有关无线电通信系统发展的研究。此外,ITU-R 从事有关减灾和救灾工作所需的无线电通信系统的研究,具体内容由无线电通信研究组的工作计划予以说明。与灾害相关的无线电通信服务内容包括灾害预测、灾害发现、灾害预警和救灾。在有线通信基础设施遭受严重或彻底破坏的情况下,无线电通信服务是开展救灾工作的最为有效的手段。

3. ITU-D

ITU-D 由原来的电信发展局(BDT)和电信发展中心(CDT)合并而成。其职责是鼓励发展中国家参与电联的研究工作,组织召开技术研讨会,使发展中国家了解电联的工作,尽快应用电联的研究成果。其鼓励国际合作,为发展中国家提供技术援助,在发展中国家建设和完善通信网。

ITU-D 成立的目的在于帮助普及信息通信技术,并将此作为促进和加深社会和经济发展的手段。

1.2.2　3GPP

第三代合作伙伴计划（3rd Generation Partnership Project，3GPP）是一个标准化机构，其成立于 1998 年 12 月，由欧洲的 ETSI（欧洲电信标准化协会）、日本的 ARIB（无线工业及商贸联合会）、日本的 TTC（电信技术委员会）、韩国的 TTA（电信技术协会）和美国的 T1 标准委员会五个标准化组织发起、成立，主要制定以 GSM 核心网为基础，以 UTRA 为无线接口的 3G 技术规范。中国无线通信标准研究组（CWTS）于 1999 年 6 月在韩国正式签字加入 3GPP，目前 3GPP 共有 6 个组织伙伴。

3GPP 的目标是实现由 2G 网络到 3G 网络的平滑过渡，保证未来技术的后向兼容性，支持轻松建网及系统间的漫游和兼容性。随后，3GPP 的工作范围得到了改进，增加了对 UTRA 长期演进系统的研究和标准制定。

3GPP 的组织结构如图 1-6 所示，最上面是项目协调组（PCG），对技术规范组（TSG）进行管理和协调。3GPP 共分为 4 个 TSG（之前为 5 个 TSG，之后 CN 和 T 合并为 CT），分别为 TSG GERAN（GSM/EDGE 无线接入网）、TSG RAN（无线接入网）、TSG SA（业务与系统）、TSG CT（核心网与终端）。每一个 TSG 下面又分为多个工作组，如负责 LTE 标准化的 TSG RAN 分为 WG1（无线物理层）、WG2（无线层 2 和层 3）、WG3（无线网络架构和接口）、WG4（射频性能）和 WG5（终端一致性测试），共 5 个工作组。

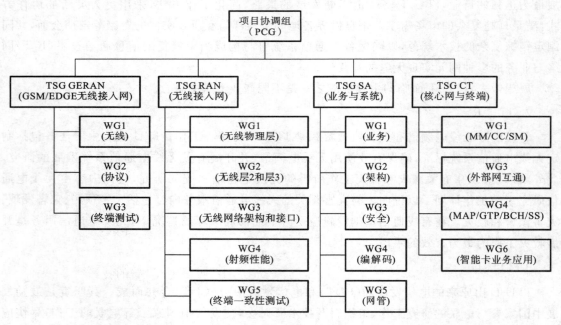

图 1-6　3GPP 组织结构图

为了满足新的市场需求，3GPP 规范不断增添新特性来增强自身能力。为了向开发商提供稳定的实施平台并添加新特性，3GPP 使用并行版本体制，目前的协议版本如图 1-7 所示。

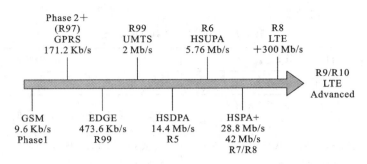

图 1-7 3GPP 协议版本

1.2.3 3GPP2

第三代合作伙伴计划 2(3GPP2)成立于 1999 年 1 月,由美国的 TIA、日本的 ARIB、日本的 TTC、韩国的 TTA 四个标准化组织发起,中国无线通信标准研究组于 1999 年 6 月在韩国正式签字加入 3GPP2。

3GPP2 声称其致力于使 ITU 的 IMT-2000 计划中的(3G)移动电话系统规范在全球发展,实际上它是从 2G 系统的 CDMAOne 标准或者 IS-95 标准发展而来的 CDMA 2000 标准体系的标准化机构,它受到拥有多项 CDMA 关键技术专利的高通公司的较多支持。与之对应的 3GPP 致力于从 GSM 向 WCDMA(UMTS)过渡,因此两个机构存在一定的竞争。

3GPP2 下设 4 个技术规范工作组,即 TSG-A、TSG-C、TSG-S、TSG-X,这些工作组向项目指导委员会(SC)报告工作进展情况。SC 负责管理项目的进展情况,并进行一些协调管理工作。

3GPP2 的 4 个工作组分别负责发布各自领域的标准,各个领域的标准独立编号。

TSG-A 发布的标准有两种类型:技术报告和技术规范,已经发布的技术报告一般会表示为 A.Rxxxx;已经发布的技术规范一般表示为 A.Sxxxx,其中,xxxx 为具体的数字号,这个号码没有特别的规定,一般是按照顺序排列的。没有发布的标准一般会分配一个项目号 A.Pxxxx,其中,xxxx 为具体的数字号,这个号码也没有特别的规定,一般按照顺序排列。

TSG-C 发布的标准也有两种类型:技术要求和技术规范,已经发布的技术要求一般表示为 C.Rxxxx;已经发布的技术规范一般表示为 C.Sxxxx,其中,xxxx 为具体的数字号,这个号码一般是按照顺序排列的。没有发布的标准一般会分配一个项目号 C.Pxxxx,其中,xxxx 为具体的数字号,这个号码一般按照顺序排列。

TSG-S 发布的标准也有两种类型:技术要求和技术规范,已经发布的技术要求一般表示为 S.Rxxxx;已经发布的技术规范一般表示为 S.Sxxxx,其中,xxxx 为具体的数字号,这个号码一般是按照顺序排列的。没有发布的标准一般会分配一个项目号 S.Pxxxx,其中,xxxx 为具体的数字号,这个号码一般按照顺序排列。此外,3GPP2 的一些管理规程性质的文件也用 S.Rxxxx 进行编号。

TSG-X 发布的标准只有一种类型,即技术规范,已经发布的技术规范一般表示为 X.Sxxxx,其中,xxxx 为具体的数字号,这个号码一般是按照顺序排列的。没有发布的标准一般会分配一个项目号 X.Pxxxx,其中,xxxx 为具体的数字号,这个号码一般按照顺序排列。

3GPP2 与 3GPP 的对比如表 1-2 所示。

表 1-2　3GPP2 与 3GPP 的对比

计　划	3GPP	3GPP2
成立时间	1998 年 12 月	1999 年 1 月
发起组织	欧洲的 ETSI、日本的 ARIB 和 TTC、韩国的 TTA 和美国的 T1 标准委员会	美国的 TIA、日本的 ARIB 和 TTC、韩国的 TTA
主要工作	以 GSM 核心网为基础,以 UTRA 为无线接口的 3G 技术规范	以 ANSI-41 核心网为基础,以 CDMA 2000 为无线接口的 3G 技术规范

1.2.4　CCSA

中国通信标准化协会(China Communications Standards Association,CCSA)于 2002 年 12 月 18 日在北京正式成立。该协会是国内企、事业单位自愿联合组织起来,经业务主管部门批准、国家社团登记管理机关登记,开展通信技术领域标准化活动的非营利性法人社会团体。协会采用单位会员制,广泛吸收科研单位、技术开发单位、设计单位、产品制造企业、通信运营企业、高等院校、社团组织等参加。

CCSA 的主要任务是为了更好地开展通信标准研究工作,把通信运营企业、制造企业、研究单位、高等院校等关心标准的企事业单位组织起来,按照公平、公正、公开的原则制定标准,进行标准的协调、把关,把高技术、高水平、高质量的标准推荐给政府,把具有我国自主知识产权的标准推向世界,支撑我国的通信产业,为世界通信作出贡献。

协会遵循公开、公平、公正和协商一致原则组织开展通信标准化研究活动。开展通信标准、技术业务咨询等工作,为国家通信产业的发展作出贡献。协会受业务主管部门委托,在通信技术领域组织开展标准化工作,其主要业务范围如下。

(1)宣传国家标准化法律、法规和方针政策,向主管部门反映会员单位对通信标准工作的意见和要求,促进主管部门与会员之间的交流与沟通。

(2)开展通信标准体系研究和技术调查,提出制定、修订通信标准项目建议。组织会员参与标准草案的起草,进行意见征求、进行协调、审查,进行标准符合性试验和互联互通试验等标准研究活动。

(3)组织开展通信技术标准的宣讲、咨询、服务及培训工作,推动通信标准的实施。

(4)组织国内外通信技术的研讨、合作与交流活动;搜集、整理国内外通信标准等资料,支撑通信标准研究活动。

(5)承担主管部门、会员单位或其他社会团体委托的与通信标准化有关的工作。

1.2.5　IEEE

电气和电子工程师协会(Institute of Electrical and Electronics Engineers,IEEE)是一个国际性的电子技术与信息科学工程师协会,是目前全球最大的非营利性专业技术学会,其会员人数超过 40 万人,遍布 160 多个国家。IEEE 致力于电气、电子、计算机工程和与科学有关的领域的开发和研究,在太空、计算机、电信、生物医学、电力及消费性电子产品等领域已制定了

900 多个行业标准,现已发展成为具有较大影响力的国际学术组织。

IEEE 现有 42 个主持标准化工作的专业学会或者委员会。为了获得主持标准化工作的资格,每个专业学会必须向 IEEE-SA 提交一份文件,描述该学会选择候选建议提交给 IEEE-SA 的过程和用来监督工作组的方法。当前有 25 个学会正在积极参与制定标准,每个学会又会根据自身领域设立若干个委员会进行实际标准的制定。例如,我们熟悉的 IEEE 802.11、IEEE 802.16、IEEE 802.20 等系列标准,就是 IEEE 计算机专业学会下设的 802 委员会负责主持的。IEEE 802 委员会又称为局域网/城域网标准委员会(LAN/MAN Standards Committee,LMSC),致力于研究局域网和城域网的物理层和 MAC 层规范。

WiMAX 制式就是 IEEE 组织制定的 802.16 系列协议。但是 IEEE 组织只是针对宽带无线制式的物理层(PHY 层)和媒体接入控制层(MAC 层)制定了标准,并没有对高层进行规范。

1.3 3G 基础知识

1.3.1 3G 发展概述

3G 系统,最早由 ITU 于 1985 年提出,当时称为未来公众陆地移动通信系统(future public land mobile telecommunication system,FPLMTS),1996 年更名为国际移动通信-2000(international mobile telecommunication-2000,IMT-2000),意即该系统工作在 2000 MHz 频段,最高业务数据传输速率可达 2000 Kb/s,预期在 2000 年左右得到商用。

3G 的发展经历了以下几个阶段。

第一阶段(20 世纪 70 年代中期至 80 年代中期)是模拟蜂窝移动通信系统。这一阶段相对于以前的移动通信系统,最重要的突破是贝尔实验室在 20 世纪 70 年代提出的蜂窝网的概念。蜂窝网,即小区制,实现了频率复用,大大提高了系统容量。

1G 系统的典型代表是美国的 AMPS(先进的移动电话系统)和后来的改进型 TACS(总接入通信系统),以及 NMT 系统和 NTT 系统等。AMPS 使用模拟蜂窝传输的 800 MHz 频带,在北美、南美和部分环太平洋国家广泛使用;TACS 使用 900 MHz 频带,分 ETACS(欧洲)和 NTACS(日本)两种版本,英国和部分亚洲国家广泛使用此标准。

1G 系统的主要特点是采用频分复用,语音信号为模拟调制,每隔 30 kHz/25 kHz 为一个模拟用户信道。

其主要弊端有:频谱利用率低、业务种类有限、无高速数据业务、保密性差、易被窃听和盗号、设备成本高、设备体积大、设备重量大。为了解决模拟系统中存在的这些根本性技术缺陷,数字移动通信技术应运而生,这就是以 GSM 和 IS-95 为代表的 2G 系统。2G 系统的典型代表是美国的 DAMPS、IS-95 系统和欧洲的 GSM 系统。

GSM 系统发源于欧洲,它是作为全球数字蜂窝通信的 TDMA 标准而设计的,支持 64 Kb/s 的数据传输速率,可与 ISDN 互联。GSM 系统使用 900 MHz 频带,使用 1800 MHz 频带的称为 DCS1800。GSM 系统采用双工方式和时分多址方式,每载频支持 8 个信道,信号带宽为 200 kHz。

2G 系统以传输话音和低速数据为目的,从 1996 年开始,为了解决中速数据传输问题,又出现了 2.5G 的移动通信系统,如 GPRS 和 IS-95B 系统。

CDMA 系统容量大,相当于模拟系统的 10~20 倍,与模拟系统的兼容性好。美国、韩国、香港等国家和地区已经开通了窄带 CDMA 系统,对用户提供服务。由于窄带 CDMA 技术比 GSM 技术成熟得晚,因此其在世界范围内的应用远不及 GSM 技术,只在北美、韩国和中国等地区和国家有较大规模商用。移动通信现在主要提供的服务仍然是语音传输服务以及低速率数据传输服务。由于网络的发展很快,数据和多媒体通信的发展势头很猛,所以,3G 系统的目标就是实现宽带多媒体通信。

3G 的发展受到如下因素的驱动。

(1) 国际移动通信 IMT-2000 进程(1985 年启动)。

(2) 日益增长的无线业务需求。许多系统,如 D-AMPS、GSM、PDC、PHS,已经超出容量。

(3) 希望实现更高质量的语音业务。

(4) 希望在无线网络中引入高速数据和多媒体业务。

(5) 基本每 10 年一代的移动通信发展速度。

3G 发展历程如图 1-8 所示。

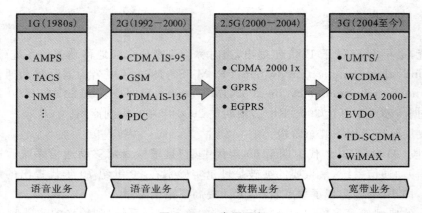

图 1-8　3G 发展历程

3G 系统致力于为用户提供更好的语音、文本和数据服务。3G 技术的优点是能极大地增加系统容量、提高通信质量和数据传输速率。此外,利用在不同网络间的无缝漫游技术,可将无线通信系统和 Internet 连接起来,从而可对移动终端用户提供更多、更高级的服务。

宽带上网是 3G 手机的一项很重要的功能,它能让人们在手机上收发语音邮件、写博客、聊天、搜索、下载图铃等。其实,目前的无线互联网门户也已经可以提供这些功能,但 GPRS 网络的数据传输速度还不能让人非常满意。3G 系统时代来了,手机变成小电脑就再也不是梦想了。

由于 2G 系统获得了巨大成功,因此,用户的高速增长与有限的系统容量和有限的业务之间的矛盾渐趋明显,3G 系统的标准化工作从 1997 年开始进入实质阶段。

1.3.2　3G 系统制式的演进

3GPP 的目标是实现由 2G 网络到 3G 系统网络的平滑过渡,包括 GSM 向 WCDMA 的演进、IS-95A 向 CMDA 2000 的演进、TD-SCDMA 的演进。

1. GSM 向 WCDMA 的演进

GSM 向 WCDMA 的演进策略为：目前的 GSM→HSCSD(数据传输速率为 14.4～64 Kb/s)→GPRS(数据传输速率为 144 Kb/s)→EDGE(数据传输速率为 473.6 Kb/s)→IMT-2000 WCDMA(DS)。

高速电路交换数据(high-speed circuit-switched data，HSCSD)技术是对电路交换数据(circuit switched data，CSD)技术的提升。电路交换数据技术是 GSM 移动系统最初的一种传输机制。在电路交换数据技术中，信道是以电路交换方式来进行分配的。高速电路交换数据技术与电路交换数据技术的差别在于利用不同的编码方式和/或多重时隙来提高数据的传输量。高速电路交换数据是具有更高数据传输速率的通信技术 EDGE 和 UMTS 的一种选择。

通用分组无线业务(general packet radio service，GPRS)是 GSM 移动电话用户可用的一种移动数据业务。GPRS 可以说是 GSM 的延续。GPRS 和以往连续在频道传输的方式不同，其是以封包(packet)方式来传输的，因此，使用者所负担的费用是以传输资料为单位来计算的，理论上较为便宜。GPRS 的数据传输速率可提升至 56 Kb/s，甚至 114 Kb/s。

增强型数据传输速率 GSM 演进技术(enhanced data rate for GSM evolution，EDGE)是一种从 GSM 到 3G 的过渡技术，它主要是在 GSM 系统中采用了新的调制方法，即最先进的多时隙操作和 8PSK(8 相移键控)调制技术。由于 8PSK 调制技术可将现有 GSM 网络采用的 GMSK 调制技术的符号携带信息空间从 1 扩展到 3，因此，每个符号所包含的信息是原来的 3 倍。

WCDMA R99(R99 为 WCDMA 的版本号)标准接入部分主要定义了全新的 5 MHz 每载频的宽带码分多址接入网，采纳了功率控制、软切换及更软切换等 CDMA 关键技术，基站只做基带处理和扩频，接入系统智能集中于 RNC 系统统一管理，引入了适于分组数据传输的协议和机制，数据传输速率可支持 144 Kb/s、384 Kb/s，理论上可达 2 Mb/s。基站和 RNC 系统之间采用基于 ATM 系统的 Iub 接口，RNC 系统分别通过基于 ATM AAL2 的 Iu-CS 标准和 AAL5 的 Iu-PS 标准分别与核心网的 CS 域和 PS 域相连。WCDMA R99 组网结构如图 1-9 所示。

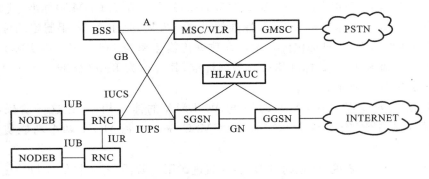

图 1-9 WCDMA R99 组网结构

在核心网定义的过程中，R99 标准充分考虑到了向下兼容 GPRS 标准，其电路域与 GSM 系统完全兼容，通过编解码转换器实现话音由 ATM AAL2 至 64K 电路的转换，以便与 GSM

MSC 互通。分组域仍然采用了 GPRS SGSN 系统和 GGSN 系统的网络结构,相对于 GPRS 系统,增加了服务级别的概念,分组域的业务质量保证能力提高,带宽增加。

从系统角度来看,系统仍然采用分组域和电路域分别承载与处理的方式,分别接入 PSTN 和公用数据网。从一般观点来看,R99 标准比较成熟,较适用于需要立即部署网络的新运营商,同时也适用于拥有 GSM/GPRS 网络的既有移动网络运营商,因其充分考虑了对现有产品的向下兼容及投资保护,目前的商业部署全都采用了 R99 标准,其主要优点在于:技术成熟,风险小;多厂商供货环境已形成;互联互通测试基本完成。

但也正因为考虑了向下兼容,R99 标准存在如下缺点。

(1) 核心网因考虑向下兼容,其发展滞后于接入网,接入网已分组化的 AAL2 话音仍须经过编解码转换器转化为 64K 电路,降低了话音质量,核心网的传输资源利用率低。

(2) 核心网仍采用过时的 TDM 技术,虽然技术成熟,互通性好,价格合理,但在未来存在技术过时,厂家后续开发力度不够,备品与备件不足,新业务跟不上的问题,从 5~10 年期投资的角度来看,仍属投资浪费。

(3) 分组域和电路域两网并行,不仅投资增加,而且网管复杂程度提高,网络未来维护费用较高,演进思路不清晰。

(4) 网络智能仍然基于节点,全网新业务部署仍需逐点升级,耗时且成本高。

2. IS-95A 向 CDMA 2000 的演进

IS-95 标准是由高通公司发起的第一个基于 CDMA 的数字蜂窝标准。基于 IS-95 标准的第一个品牌是 CDMAOne。IS-95 标准也叫 TIA-EIA-95 标准,它是一个使用 CDMA 的 2G 标准,一个数据无线电多接入方案,其用来发送声音、数据和在无线电话和蜂窝站点间发送信号数据(如被拨电话号码)。IS-95 是 TIA 为 CDMA 技术的空中接口标准分配的编号,其中,IS 全称为 interim standard,即暂时标准。CDG(CDMA 发展组织)为该技术申请了 CDMAOne 的商标。IS-95 标准及其相关标准是最早商用的基于 CDMA 技术的移动通信标准,它或者它的后继 CDMA 2000 也经常被简称为 CDMA。

CDMA 2000 即为 CDMA 2000 1xEV,其是一种 3G 标准。其发展分两个阶段:CDMA 2000 1xEV-DO,即采用话音分离的信道传输数据;CDMA 2000 1xEV-DV,即数据信道与话音信道合一。

IS-95A 标准是 1995 年美国 TIA 正式颁布的窄带 CDMA(N-CDMA)标准,其数据传输速率为 14.4 Kb/s;IS-95B 标准是 IS-95A 标准的进一步发展,是于 1998 年制定的标准,能满足更高数据传输速率的需求,可提供的理论最大数据传输速率为 115.2 Kb/s,实际只能实现 64 Kb/s。IS-95A 标准和 IS-95B 标准均有一系列标准,其总称为 IS-95 标准。IS-95A 向 CDMA 2000 的演进如图 1-10 所示。

向全 IP 演进的过程中,CDMA 2000 与 WCDMA 的体系相同,在这一阶段,将目前的 IOS4. X 标准中的 MSC 分裂成 MSC Server/GMSC Server 和 MGW 两个功能实体,并支持 ATM/IP 传输。

对于 CDMA 2000 来说,这是向全 IP 协议演进的第一阶段,开始将信令与传输分开、核心网与接入网分开,各自独立发展。在这个阶段,对于核心网中的电路部分,信令与承载分开,信令在 IP 协议传输,承载继续沿用原来的承载方式。分组部分和接入网独立发展。接入网部分采用 IP 协议传输(如 A3、A7、A9、A11 等)。空中接口采用 RELEASE0 或 RELEASEA。

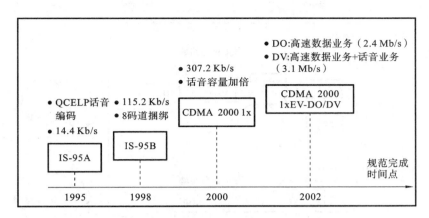

图 1-10 IS-95A 向 CDMA 2000 演进

在这个阶段，全 IP 协议中引进了 IP Multimedia Domain 和 Legacy MS Domain Support 两个概念。前者处理 VoIP、多媒体，以及二者的混合业务，后者实现对全 IP 协议中传统手机的支持。通过漫游信令处理原来的 ANSI-41 电路网中的业务。IP Multimedia Domain 虽然也支持传统手机，但是信令和业务均在 IP 协议上传输，它与通过漫游信令解决原来用户的业务是不同的概念。在全 IP 协议中，由于有两个域的支持，双模手机可以根据自己的能力选择相应的模式向全 IP 协议的无线接入网（RAN）注册。RAN 应该支持两种域的接入。空中接口需要增加全 IP 协议中 IP 域的会话发起协议（SIP 协议）呼叫信令的承载，但对传统移动台（MS）的支持可以继续采用原来的接口。

在 RAN 中，内部接口通过全 IP 协议开放，特别是声码器部分的接口应该是开放的，可以使声码器能方便地移到核心网。声码器的位置最终将从基站控制器（BSC）移到 MGW。这时，A1、A2、A5 接口演变成 A1′、A2′ 及 A5′ 接口，语音和 SS7 信令由 IP 协议传输。

RAN 向着全 IP 协议和更开放的方向演进，不仅支持传统的 MS，而且支持核心网的多媒体域。

两种制式第二阶段网络的主要差别如下。

（1）对于 R-SGW，两种制式采用的事务处理能力应用部分（TCAP）和移动应用部分（MAP）信令不同。

（2）对于分组数据，WCDMA 的服务 GPRS 支持节点（SGSN）和 GPRS 网关支持节点（GGSN）主要采用 GPRS 隧道协议（GTP 协议），CDMA 2000 的分组数据服务节点（PDSN）与归属代理（HA）之间主要采用移动 IP（MIP）协议。

（3）CDMA 2000 基站与核心网间的语音采用 EVRC/RTP 的形式传输，WCDMA 基站与核心网间的语音采用 ATM AAL2 承载。

（4）AAA 服务器在 WCDMA 中是可选的，在 CDMA 2000 中是网络的一部分。

CDMA 2000 网络结构如图 1-11 所示。

3. TD-SCDMA 的演进

TD-SCDMA 标准的发展始于 1998 年，在当时的邮电部科技司的直接领导下，原电信科学技术研究院组织队伍在 SCDMA 技术的基础上，研究和起草了符合 IMT-2000 标准要求的我国的 TD-SCDMA 标准建议草案。该标准草案以智能天线、同步码分多址、接力切换、时分

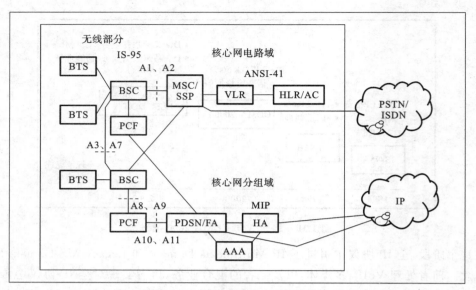

图 1-11　CDMA 2000 网络结构

双工为主要特点，于 ITU 征集 IMT-2000 3G 移动通信无线传输技术候选方案的截止日期——1998 年 6 月 30 日提交到 ITU，从而成为 IMT-2000 标准的 15 个候选方案之一。ITU 综合了各评估组的评估结果。在 1999 年 11 月的赫尔辛基 ITU-RTG8/1 第 18 次会议上和 2000 年 5 月的伊斯坦布尔 ITU-R 全会上，TD-SCDMA 标准被正式接纳为 CDMATDD 制式的方案之一。

1.3.3　3G 移动通信制式与其他制式的区别

造成技术不同的原因主要有下面两个。

1）兼容性问题

3G 网络一定要与 2G 网络兼容，即 3G 网络是基于 2G 网络逐步发展而来的。2G 网络有两大核心网：GSM MAP 网络和 IS-41 网络。

对于无线接口，美国 IS-95CDMA 和 IS-136 TDMA 的运营者强调后向兼容（演进性）；欧洲 GSM、日本 PDC 的运营者强调无线接口不后向兼容（革命型）。

2）频谱对技术的选用起着重要的作用

在频谱方面，关键的问题是 ITU 分配的 ITM-2000 频率在美国已用于 PCS 业务，由于美国要与 2G 共用频谱，所以特别强调无线接口的后向兼容，在技术上强调逐步演进。其他大多数国家有新的 IMT-2000 频段，新频段有很大的灵活性。另外就是知识产权起着非常重要的作用，Qualcomm 公司有自己的专利声明；还有就是竞争也是一个造成技术不同的主要因素。

核心网全面进入"IP"协议时代，融合、智能、容灾和绿色环保是其主要特征。从电路域看，移动软交换已经全面从 TDM 的传输电路转向 IP 电路；从分组域看，宽带化、智能化是其主要特征；从用户数据看，新的 HLR 被广泛接受，逐步向未来的融合数据中心演进。另外，运营商纷纷将容灾和绿色环保提到战略的高度；移动通信网络在未来发展和演进上殊途同归，在 4G 时代，GSM 和 CDMA 两大阵营将共同走向 IMS＋SAE＋LTE 架构。

图 1-12 所示的是 3 种 3G 制式核心网与无线接入网接口的对应关系。

3 种 3G 标准制式的特点与优势如下。

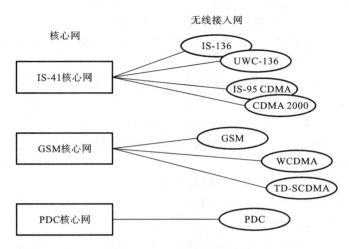

图 1-12 核心网与无线接入网接口的对应关系

1）TD-SCDMA

特点：对业务支持具有灵活性。

优势：中国自有 3G 技术，获政府支持。

2）WCDMA

特点：WCDMA 标准是当前世界上采用的国家及地区最多的、终端种类最丰富的一种 3G 标准。已有 538 个 WCDMA 运营商在 246 个国家和地区开通了 WCDMA 网络，3G 商用市场份额超过 80％，而 WCDMA 向下兼容的 GSM 网络已覆盖 184 个国家和地区，遍布全球。WCDMA 用户数已超过 6 亿户。

优势：有较高的扩频增益，发展空间较大，全球漫游能力最强，技术成熟性最佳。

3）CDMA 2000

特点：CDMA 2000 标准是由宽带 CDMA（CDMA IS-95）技术发展而来的宽带 CDMA 技术，也称为 CDMA Multi-Carrier。

优势：可以从原有的 CDMA 1x 直接升级到 3G 标准，建设成本低廉。

3 种 3G 标准制式的比较如表 1-3 所示。

表 1-3 3 种 3G 标准制式的比较

制 式	WCDMA	CDMA 2000	TD-SCDMA
核心网	基于 GSM-MAP	基于 ANSI-41	基于 GSM-MAP
双向信道带宽	10 MHz	2.5 MHz	1.6 MHz
帧长	10 ms	可变	10 ms（分两个 5 ms 子帧）
基站同步	异步（同步可选）	同步	同步
功率控制	开环＋快速闭环 1500 Hz	开环＋快速闭环 800 Hz	开环＋慢速闭环 200 Hz

3 种制式的主要区别是空中接口不同，即无线传输技术不同。另外，TD-SCDMA 标准还采用了智能天线、联合检测、上行同步、接力切换等对系统性能有很大提高的关键技术。

1.3.4　3G 频谱分配

国际电联对 3G 系统 IMT-2000 划分了 230MHz 频率，即上行 1885～2025MHz、下行

2110～2200MHz,共230MHz。其中,1980～2010MHz(地对空)和2170～2200MHz(空对地)用于移动卫星业务。上下行频带不对称,主要考虑可使用双频 FDD 方式和单频 TDD 方式。此规划在 WRC92 上得到通过。

2002 年,我国对 3G 系统使用的频谱作出了如下规划。

1) 主要工作频段

频分双工(FDD)方式:1920～1980 MHz、2110～2170 MHz。

时分双工(TDD)方式:1880～1920 MHz、2010～2025 MHz。

2) 补充工作频段

频分双工(FDD)方式:1755～1785 MHz、1850～1880 MHz。

时分双工(TDD)方式:2300～2400 MHz。

3) 卫星移动通信系统工作频段

卫星移动通信系统工作频段为 1980～2010 MHz、2170～2200 MHz。

欧洲陆地系统工作频段为 1900～1980 MHz、2010～2025 MHz 和 2110～2170 MHz,共计 155 MHz。北美情况较为复杂,3G 系统低频段的 1850～1990 MHz 处,实际已经划给 PCS 使用,且已划成 2×15 MHz 和 2×5 MHz 的多个频段。PCS 业务已经占用了 IMT-2000 的频谱,虽然进行过调整,但调整后 IMT-2000 的上行频段与 PCS 的下行频段仍需共用。这种安排不大符合一般基站发高收低的配置。在日本,1893.5～1919.6 MHz 已用于 PHS 频段,还可以提供 135 MHz 的 3G 系统频段(1920～1980 MHz,2110～2170 MHz,2010～2025 MHz)。目前,日本正在致力于清除与 3G 系统频率有冲突的问题。

在我国,WCDMA 能够使用的频段如下。

1) 主要工作频段

主要工作频段为 1920～1980 MHz、2110～2170 MHz。

WCDMA 频点计算方式:每个频段基本带宽为 5 MHz,故采用 2.4 MHz 为中心断点计算频点号,上行中心频点号为 9612～9888 MHz,下行中心频点号为 10562～10838 MHz。

2) 补充工作频段

补充工作频段为 1755～1785 MHz、1850～1880 MHz。

中国移动和中国联通目前已有的 GSM 频段可以用于 WCDMA。

1.3.5 3G 业务

3G 业务依据不同的层次可以分为不同的种类。按照面向用户需求的业务划分,可以分为通信类业务、娱乐类业务、资讯类业务,以及互联网业务。

通信类业务:通常包括基础话音业务、视像业务,以及利用手机终端进行即时通信的相关业务。

娱乐类业务:与现有的手机娱乐业务多半依靠文字类的短消息传递相比,3G 的娱乐类业务称得上"声色俱佳"。

资讯类业务:由于 3G 网络的大容量与高数据传输速率,3G 运营商所提供的资讯类业务大多摆脱了 2G 时代的纯文字内容,更多的是通过视频、音频来实现资讯内容的实时交互性传达。

互联网业务:3G 通常被认为是移动通信与互联网融合的一个典型运用。运营商在开发

3G 业务时,除了延续移动通信的传统业务外,也开发了与互联网有关的业务,以适应时代的要求。

由于各地的文化、需求层次不同,运营商在不同区域内主推的业务不尽相同,各个区域的用户对于不同的 3G 种类也有不同的偏好:在欧洲,通信、资讯类业务比较受人们欢迎;在亚洲的日、韩地区,娱乐类业务则更容易被用户接受。

1.4　3G 标准向 LTE 标准发展的驱动力

1.4.1　LTE 标准发展原因

LTE 标准发展的驱动力有很多,从移动运营商的角度考虑,主要有图 1-13 所示的两个原因。

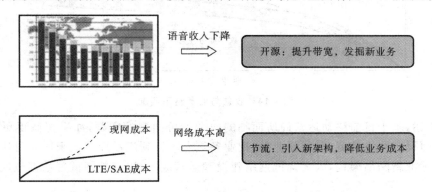

图 1-13　LTE 标准发展驱动力

1) 语音收入下降

这个问题我们每个人可能都会有切身体会,从我们每个月的语音话费支出就可以明显感觉到,它在不断减少。因为运营商的资费标准在不断降低,且运营商受到 OTT 即时语音软件的冲击,如 QQ、微信、Skype 等。对移动运营商来说,靠话费赚钱的时代已经结束,流量经营正成为核心。目前,全球用户数量仍在增长,但是增长率呈直线下降的趋势,新用户数增长的速率在放缓,全球移动用户基本达到饱和。这也意味着运营商想通过增加用户的方式来获得更大收益已经变得非常困难。

与此对应的是,语音 ARPU 不断下降,数据 ARPU 逐年上升。ARPU(average revenue per user)是指平均每个电信用户创造的业务收入。在电信市场上,ARPU 是衡量运营商营运水平的重要指标。

在成熟的市场中,造成 ARPU 下降的主要原因是话音业务的费用下降,之后是使用量的降低。但在高速增长的新兴市场中,移动电话使用者的收入水平不高是主要因素。

TeleGeography 的分析师指出,对于 ARPU 高的运营商,预付费用户的比例较低,而 3G 用户数的增长很快。用户使用数据业务越来越多,从而填补了话音业务萎缩带来的亏空。

2) 网络成本高

由于现阶段 3G 网络的架构相当复杂,建设和运营成本相较之前大幅增加,如果基于现有

3G 网络大力发展流量经营,势必会导致成本支出很大,甚至造成亏损。如图 1-14 所示,现网的收益和业务量不匹配,收益并未随着业务量线性增长,只有降低每数据位成本才能获得利润。所以运营商需要引进新架构,大幅度降低网络建设和运营成本。随着移动互联网的不断发展,以及国家对于 4G 网络等诸多方面的不断扶持和探索,4G 网络的运营成本已经在逐步降低,同 3G 网络的运营成本相比,4G 网络的已经大大降低,虽然运营成本大大降低,但是 4G 网络相比 3G 网络,在使用效率上提升了 3 倍多。

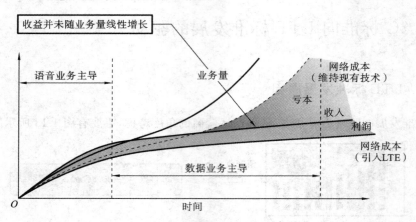

图 1-14　收益与业务量不匹配

综上所述,基于目前移动运营商所面临的两个不可回避的问题,如果想获得更大收益,必须要开源,即提升网络带宽,开展新业务,把业务重点转移到流量经营上来。同时还要节流,即引入 LTE 标准新网络架构,大大降低网络建设和运营成本,以有效降低每数据位成本。

1.4.2　LTE 标准的设计目标

LTE 标准的所有需求可以概括成:网络性能更好、网络成本更低。网络性能更好包括更广的覆盖范围、更大的系统容量、更高的频谱效率、更短的等待时间、更快的移动速度、更丰富的业务种类、更佳的业务质量;网络成本更低包括更低的部署成本和运营成本。

为了满足这样的需求,就需要明确 LTE 标准在无线接口和网络架构方面演进的设计目标。先从覆盖范围、系统容量、频谱效率、时延等方面做简单的介绍。

(1) 广覆盖、高容量。

支持 100 km 范围内的小区,在 5 MHz 带宽内,LTE 标准要支持 200 个激活用户,带宽在 5～20 MHz 范围内要支持 400 个激活用户。

(2) 高频谱效率。

LTE 标准的频谱效率是 3G 标准的 3～5 倍,其带宽配置灵活,支持 1.4 MHz、3 MHz、5 MHz、10 MHz、15 MHz、20 MHz。

(3) 高峰值数据传输速率。

下行峰值数据传输速率为 100 Mb/s,上行峰值数据传输速率为 50 Mb/s。

(4) 高移动速度。

一般在 350 km/h 的移动速度下,还可保持较高的业务性能。在某些频段甚至支持在 500 km/h 范围内,提供与 3GPP R6 质量相等或者更优的业务性能。

（5）低时延。

无线接入网 UE 到基站 eNodeB 的用户面时延低于 10 ms，控制面时延低于 100 ms。网络架构扁平化是 LTE 标准实现低时延的主要手段。

（6）低成本。

为了降低建网成本，和传统网络对比，LTE 标准采用了扁平化的网络架构，取消了 RNC 和 CS 域，如图 1-15 所示。

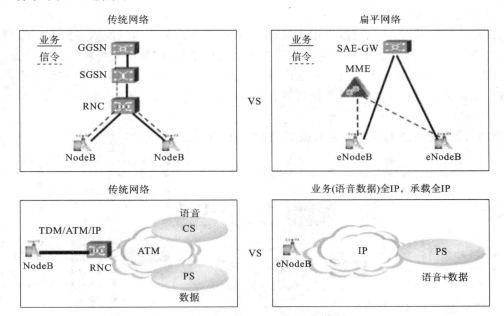

图 1-15 传统网络和扁平网络对比

为了降低运营成本，运营商要求 LTE 标准具备自组织网络（SON）功能，即要求 LTE 标准的网络具有自规划、自配置、自优化、自维护的能力，目的是降低规划、优化、维护的成本，降低运营成本。

1.4.3 LTE 标准业务类型

LTE 网络的上网速度更快、数据资费更便宜，其功能更强大、更智能化，主要的应用如下。

（1）移动远程医疗。

4G 网络能够实时传输各种数据及现场图像，这为远程快速医疗的实现提供了可能。在比赛现场或救护车上，通过 4G 标准网络，病人的情况可以实时传送给医疗团队，医疗团队对现场情况作出评估并给予指导。如此，清晰、快速的远程医疗指导将得以实现，危急病人可及时得到专家治疗，绝不会错过治疗的"黄金半小时"。据了解，目前杭州正在试点，为高血压和糖尿病病人戴上一个特殊装置，能够全天候检测他们的血压和血糖变化，并把数据传到医院。

（2）移动高清监控。

如今的有线监控主要应用于固定场景。在 4G 时代，公交车的无线监控能随时随地掌握行进车辆的情况。利用 TD-LTE 标准的网络高速上行的特点，4G 网络将监控的视频信号无线回传，通过 TD-LTE 标准的网络实时点播监控录像，可实现随时随地有效监控。对比如今有线监控部署投入成本太高、受自然条件限制等因素,这种无线监控部署不仅能够方便地进行视频回传,还能对油田、大坝、森林、海岸线等无人值守、监控难度较大的区域方便地进行监控。

（3）无线采访。

在 4G 标准时代,无线采访也会越来越普及。媒体利用一个支持移动 4G 标准的无线摄像机(每个摄像机内置一个 4G 模块或者配置一张 4G 上网卡)就可以直接把采访的现场情况发送到采样中心进行剪辑并发布,在紧急情况下,可以减小采访工作的准备难度。

（4）异地比赛实时传送。

4G 时代的到来,让市民可以不用置身现场,通过户外大屏幕等就能欣赏到正在激烈进行的体育比赛。比如,亚运会的多个项目分别在多个城市举行,广州主会场和监控中心通过 4G 网络可以及时了解最新情况。对于水上比赛项目,TD-LTE 系统的 CPE 可以安置在水上项目的岸边,或者帆船船头,这样便可监控到每条比赛船只的情况,实时传送,让观众第一时间了解进展及详情。

当然,LTE 标准的移动业务还有很多,如图 1-16 所示。

图 1-16　LTE 标准的移动业务

1.5　LTE 技术特点

TD-LTE(TD-SCDMA long term evolution)技术,是 TDD 版本的 LTE 技术。TDD 技术和 FDD 技术的差别就是 TDD 技术采用的是不对称频率,它是用时间进行双工的;而 FDD 技术采用的是上下行对称频率,它是用频率来进行双工的。

1.5.1　TD-LTE 技术特点

TD-LTE 技术的特点如下。

（1）通信数据传输速率有所提高,在 20 MHz 带宽内下行峰值数据传输速率为 100 Mb/s,上行峰值数据传输速率为 50 Mb/s。

（2）提高了频谱效率，下行链路的频谱效率为 5 (b/s)/Hz(R6 HSDPA 的 3～4 倍)；上行链路的频谱效率为 2.5 (b/s)/Hz(R6 HSUPA 的 2～3 倍)。

（3）具有简单的网络架构和软件架构，以信道共用为基础，以分组域业务为主要目标，系统在整体架构上将基于 IP 协议分组交换。

（4）服务质量（QoS）有保证，只要合理进行系统设计和严格执行 QoS 机制，就能保证实时业务（如 VoIP）的服务质量。

（5）系统部署灵活，能够支持 1.4～20 MHz 的多种系统带宽，保证了将来在系统部署上的灵活性。

（6）具有非常低的网络时延，控制面的低于 100 ms，用户面的低于 10 ms。

（7）增加了小区边界数据传输速率，在保持目前基站位置不变的情况下，增加小区边界数据传输速率，OFDM 支持的单频率网络技术可提供高效率的多播服务。

（8）强调后向兼容，支持已有的 3G 系统和非 3GPP 规范系统的协同运作。

（9）覆盖范围广。在 0～5 km 范围内满足上述（2）的频谱效率，在 5～30 km 范围内轻微降低。最大覆盖范围可达 100 km。

概括来说，与 3G 相比，LTE 标准更具技术优势，其可以用先进、高速、高效、低价、即时、融合这六个关键词来形容，也可以概括为"五个更加"：更加宽的带宽、更加大的容量、更加高的数据传输速率、更加低的时延、更加低的成本。

1.5.2 FDD-LTE 技术特点

FDD-LTE 标准主要的关键技术有 OFDM 技术、MIMO 技术、循环前缀（CP）技术、为了减小峰均比而使用的单载波频分多址（SO-FDMA）技术等。接下来详细讲解部分技术，简析这些技术的优劣。

正交频分复用（orthogonal frequency division multiplexing，OFDM）技术是一种多载波调制技术，早在 20 世纪 60 年代就已经提出了 OFDM 技术的概念，不过由于其实现复杂度高，大家并不怎么关注它。之后，DFT（离散傅里叶变换）、FFT（快速傅里叶变换）的提出以及 DSP（数字信号处理）芯片技术的发展，极大减小了 OFDM 技术实现的复杂度和成本，OFDM 技术逐步在通信领域得到了广泛的应用，并且成为高速移动通信的主流技术。OFDM 技术使用相互重叠但正交的窄带传输数据，相比传统的多载波系统具有更高的频谱利用率。3GPP 选择 OFDM 技术作为 LTE 技术下行数据传输制式。

OFDM 技术的原理是将高速的数据流分解为多路并行的低速数据流，在多个载波上同时进行传输。OFDM 技术允许子载波频谱部分重叠，只要能满足子载波之间相互正交就可以从混叠的子载波上分离出数据信息。由于 OFDM 技术允许子载波频谱混叠，其频谱利用率大大提高，因而其成为一种高效的调制方式。

相比于传统的 FDM（频分复用）技术，OFDM 技术的频带利用率大大提高了，如图 1-17 所示。

OFDM 技术相比于传统的单载波系统，它的优势是无可比拟的。

（1）频谱利用率高。OFDM 技术中各个子载波之间是彼此重叠、相互正交的，从而极大地提高了频谱利用率。

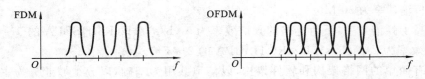

图 1-17　FDM 技术与 OFDM 技术对比

（2）抗多径干扰。为了最大限度地消除符号间干扰，在 OFDM 技术符号之间插入 CP。当 CP 长度大于无线信道的最大时延扩展时，前一个符号的多径分量不会对下一个符号造成干扰。

（3）抗频率选择性衰落。无线信道的频率会出现选择性衰落，而 OFDM 系统可以通过动态子载波分配，充分利用信噪比高的子载波，以提高系统性能。

但是，OFDM 技术的缺陷也非常明显。

（1）OFDM 技术具有较高的峰均比，比 CDMA 技术的高很多，从而会影响射频放大器的效率，增加硬件成本。

（2）对同步误差较敏感，时间偏移会导致 OFDM 系统子载波的相位偏移，而频率偏移误差会导致子载波间失去正交性，从而带来子载波之间的干扰，影响接收性能。

（3）对频偏和相位噪声比较敏感，这会导致各个子载波之间的正交性恶化，仅 1% 的频偏就会使信噪比下降 30 dB。

多天线技术是移动通信领域中无线传输技术的重大突破。通常多径效应会引起衰落，因而被视为有害因素，然而，多天线技术却能将多径作为一个有利因素加以利用。多输入多输出（multiple input multiple output，MIMO）技术利用空间中的多径因素，在发射端和接收端采用多个天线，通过空时处理技术实现分集增益或复用增益，充分利用空间资源，提高频谱利用率。

LTE 系统中的 MIMO 技术主要包括空间分集、空间复用，以及波束赋形 3 大类。

（1）空间分集。采用多个收发天线的空间分集可以很好地对抗传输信道的衰落。空间分集分为发射分集、接收分集和接收发射分集三种。

（2）空间复用。空间复用的主要原理是利用空间信道的弱相关性，通过在多个相互独立的空间信道上传输不同的数据流，从而提高峰值的数据传输速率。LTE 系统中的空间复用技术包括开环空间复用和闭环空间复用两种。

（3）波束赋形。MIMO 中的波束赋形方式与智能天线系统中的波束赋形方式类似，在发射端将待发射数据矢量加权，形成某种方向图后到达接收端，接收端再对收到的信号进行上行波束赋形，抑制噪声和干扰。与常规智能天线不同的是，原来的下行波束赋形只针对一根天线，现在需要针对多根天线。借助下行波束赋形，信号在用户方向上得到加强，借助上行波束赋形，用户可具有更强的抗干扰能力和抗噪能力。因此，和发射分集类似，可以利用额外的波束赋形增益提高通信链路的可靠性，也可在同样可靠性下利用高阶调制提高频谱利用率等。

1.5.3　TD-LTE 技术与 FDD-LTE 技术的区别

TD-LTE 技术是 TDD 版本的 LTE 技术，FDD-LTE 技术是 FDD 版本的 LTE 技术。这两种 LTE 技术的最大区别就在于空中接口双工方式的不同。但由于无线技术存在差异、使用频段不同等因素，FDD-LTE 技术的标准化与产业化发展都领先于 TDD-LTE 技术。FDD-

LTE 技术已成为当前世界上采用最广泛的、终端种类最丰富的一种准 4G 标准。

在原有的模拟和数字蜂窝系统中,均采用了 FDD 双工/半双工方式。在 3G 技术的三大国际标准中,WCDMA 系统和 CDMA 2000 系统也采用了 FDD 双工方式,而 TD-SCDMA 系统采用的是 TDD 双工方式。FDD 双工采用成对频谱资源配置,上下行传输信号分布在不同频带内,并设置一定的频率保护间隔,以免产生相互间干扰。而 TDD 双工方式则采用非成对频谱资源配置,可灵活配置于不对称业务中,以充分利用有限的频谱资源,得到更高的频谱效率,满足更高的系统带宽要求。

TD-LTE 系统与 FDD-LTE 系统在空中接口协议栈设计方面绝大部分是相同的,如表 1-4 所示,只是在物理层实现方面有些区别,如表 1-5 所示。

表 1-4　TD-LTE 技术与 FDD-LTE 技术的相同点

名　称	TD-LTE	FDD-LTE
带宽	1.4 MHz,3 MHz,5 MHz,10 MHz,15 MHz,20 MHz	
多址接入	下行:OFDMA;上行:SC-FDMA	
调制方式	QPSK,16QAM,64QAM	
功控	开环功控和闭环功控的组合	
AMC(自适应编码调制)	支持	
移动性	支持最大速率为 450 km/h,支持 RAT 内/间的切换	
语音解决方案	CSFB,SRVCC	

表 1-5　TD-LTE 技术与 FDD-LTE 技术的不同点

名　称	TD-LTE	FDD-LTE
频段	频带号为 33～43;目前国内主要使用 BAND38/39/40	频带号为 1～14,17～31;目前国内主要使用 BAND1/3
双工模式	TDD	FDD
帧结构	Type2	Type1
上下行子帧配置	根据不同的上下行子帧配置,分配给上行和下行的子帧个数可以灵活调整	所有子帧只能分配给上行或者下行
同步	TDD 系统要求时间同步,主同步信号和辅同步信号符号的位置跟 FDD 的不一样	FDD 在支持 eMBMS 时才考虑时间同步
RRU	需要 T/R 转换器,该转换器将带来 2～2.5 dB 的插损和新增延迟	需要双工器,该双工器将带来 1 dB 的插损
Beam Forming(波束赋形)	支持	不支持
MIMO 模式	支持模式 1～8	支持模式 1～6
网络干扰	要求整网严格同步	当使用不同频谱时,保护带能够避免干扰;当相邻小区使用相同频谱时,对同步要求不严格

TD-LTE 技术与 FDD-LTE 技术的峰值传输速率对比如图 1-18 所示。

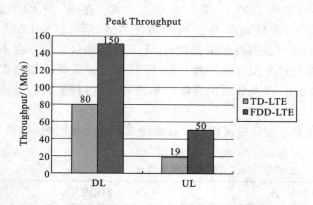

名称	参数
带宽	20 MHz
下行	MIMO（2×2）64 QAM
上行	SIMO（1×2）16 QAM
TDD配置	DL：UL＝2：2

图 1-18 TD-LTE 技术与 FDD-LTE 技术的峰值数据传输速率对比

注意，此时，FDD 上下行各使用 20 MHz 频谱带宽，TDD 上下行共用 20 MHz 频谱带宽，从图 1-18 中很容易看出，FDD-LTE 系统的峰值数据传输速率高于 TD-LTE 系统的。

1.6　TD-LTE 系统版本演进

1.6.1　概述

LTE 技术是 3GPP 提出的一种新的宽带无线空中接口技术，可分为 FDD 和 TDD 两种模式。TD-LTE 技术是一种新一代通信技术，是我国拥有自主知识产权的 TD-SCDMA 技术的后续演进技术。相比于 3G 技术，TD-LTE 技术在系统性能上有跨越式的提高，能够为用户提供更加丰富多彩的移动互联网业务。

当前，全球无线通信正呈现出移动化、宽带化和 IP 化的趋势，移动通信行业的竞争极为激烈。基于 WCDMA 无线接入技术的 3G 技术已逐渐成熟，正在世界范围内广泛推广。随着宽带无线接入概念的出现，Wi-Fi 和 WiMAX 等无线接入方案迅猛发展，为了维持在移动通信行业中的竞争力和主导地位，3GPP 在 2004 年 1 月启动了长期演进计划，以实现 3G 技术向 4G 技术的平滑过渡。LTE 技术计划是 3GPP 最近几年启动的最大科研项目，目标是在相当程度上推动 3G 技术的发展，并满足人们未来 10 年左右对于移动通信的技术要求。3GPP 设计的主要目标是满足低时延、低复杂度、低成本的要求，从而实现更高的用户容量、系统吞吐量和端到端的服务质量。

1.6.2　LTE 标准提出

3G 系统的长期演进研究项目提出后，世界主要的运营商和设备厂家通过会议、邮件讨论等方式，开始形成对 LTE 系统的初步需求。

作为一种先进的技术，LTE 技术需要系统在提高峰值数据传输速率、小区边缘速率、频谱利用率，并降低运营和建网成本方面进行进一步改进，同时为使用户能够获得"Always

Online"的体验,需要降低控制面和用户面的时延。该系统必须能够和现有系统(2G/3G)共存。

在 RAN 侧,将 CDMA 技术改变为能够更有效对抗宽带系统多径干扰的 OFDM 技术。OFDM 技术源于 20 世纪 60 年代,其后不断完善和发展,20 世纪 90 年代后,随着信号处理技术的发展,在数字广播、DSL(数字用户线路)和无线局域网等领域得到广泛应用。OFDM 技术具有抗多径干扰、实现简单、灵活支持不同带宽、频谱利用率高、支持高效自适应调度等优点,是公认的未来 4G 储备技术。

1.6.3 LTE 标准 R8 版本

3GPP 于 2008 年 12 月发布 LTE 标准第一版(即 Release 8,R8),R8 版本为 LTE 标准的基础版本。目前 R8 版本已非常稳定。R8 版本重点针对 LTE/SAE 网络的系统架构、无线传输关键技术、接口协议与功能、基本消息流程、系统安全等方面进行了细致的研究和标准化。

在无线接入网方面,将系统的峰值数据传输速率提高至下行为 100 Mb/s、上行为 50 Mb/s;在核心网方面,引入了纯分组域核心网系统架构,并支持多种非 3GPP 接入网技术接入统一的核心网。

从 2004 年的概念提出,到 2008 年的 R8 版本发布,LTE 标准的商用标准文本制定及发布整整经历了 4 年时间。对于 TDD 方式而言,在 R8 版本中,明确采用 Type2 类型作为唯一的 TDD 物理层帧结构,并且规定了相关物理层的具体参数,即 TD-LTE 标准方案,这为后续技术的发展打下了坚实的基础。

另外,R8 版本中也有许多对 RAN 功能增强的特性,比如对 HSPA+的增强。然而,R8 版本的主要方面是介绍了 LTE 标准。R8 版本中,HSPA+包含了许多关键增强特性,包括以下方面。

(1) 64QAM 和 MIMO。R8 版本合并了 64QAM 功能和 MIMO 功能,使理论的数据传输速率达到 42 Mb/s。

(2) 双小区操作。在 R8 版本中引入的特性双小区 HSDPA(DualCell-HSDPA,DC-HSDPA)在 R9 版本和 R10 版本中得到进一步增强。它使手机能有效使用两个 5 MHz 的 UMTS 载波。假设这两个载波均使用 64QAM 调制方式(即 21.6 Mb/s 的数据传输速率),则最高理论数据传输速率能达到 42 Mb/s。注意,在 R8 版本中,手机是无法同时使用 MIMO 功能和 DC-HSDPA 功能的。

(3) 减少了上行开销。R8 版本还减少了上行开销,主要体现在传输层、报头的开销减少。

1.6.4 LTE R9 版本

2010 年 3 月发布第二版(即 Release 9,R9)LTE 标准,R9 版本为 LTE 标准的增强版本。R9 版本与 R8 版本相比,将针对 SAE 紧急呼叫、增强型 MBMS(E-MBMS)、基于控制面的定位业务,及 LTE 系统与 WiMAX 系统间的单射频切换优化等课题进行标准化。

另外,R9 版本还将开展一些新课题的研究与标准化工作,包括公共告警系统(public warning system,PWS)、业务管理与迁移(service alignment and migration,SAM)、Home eNodeB 安全性,及 LTE 技术的进一步演进与增强(LTE-Advanced)等。

1.6.5 LTE R10 版本

2009 年 9 月，LTE-A 标准作为 IMT-Advanced 技术提交到国际电信联盟（ITU），同时 3GPP 启动 LTE-A/WiFi（R10 版本）的研究，2011 年 2 月，3GPP 完成了 LTE-A R10 基本版本并提交。

LTE-Advanced 版本指的是 LTE 标准在 R10 以及之后的技术版本。LTE 标准支持 FDD 和 TDD 两种双工方式，在 LTE R8 版本中，采用 20MHz 的通信带宽，空中接口的下行峰值数据传输速率超过 300 Mb/s，上行方向的峰值数据传输速率也超过了 80 Mb/s。而 LTE R10 版本将支持 100 MHz 的通信带宽，空中接口的峰值数据传输速率超过 1 Gb/s。值得一提的是，作为 TD-SCDMA 技术的后续演进，LTE 标准的 TDD 模式又称为 TD-LTE/TD-LTE-Advanced 模式。

R10 版本将要引入载波聚合技术，可以聚合 5 个 20 MHz 的单元载波，实现 100 MHz 的全系统带宽（见图 1-19）。

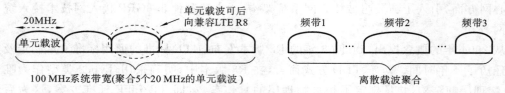

图 1-19　载波聚合

LTE R8 版本支持下行最多 4 天线的发送，最大可以空间复用 4 个数据流的并行传输，在 20MHz 带宽的情况下，可以实现超过 300 Mb/s 的峰值数据传输速率。在 R10 版本中，下行支持的天线数目将扩展到 8 个。相应地，最大可以空间复用 8 个数据流的并行传输，峰值频谱效率提高了一倍，达到 30 （b/s）/Hz。同时，在上行也将引入 MIMO 的功能，支持最多 4 天线的发送，最大可以空间复用 4 个数据流，达到 16 （b/s）/Hz 的上行峰值频谱效率（见图 1-20）。

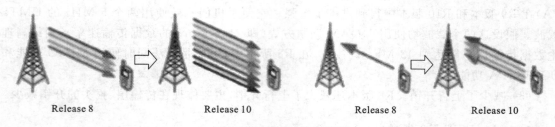

图 1-20　MIMO 技术增强

中继技术是 LTE 标准将在 R10 版本引入的另一项重要功能（见图 1-21）。传统基站需要在站点上提供有线链路的连接以进行"回程传输"，而中继站通过无线链路进行网络端的回程传输，因此可以更方便地进行部署。根据使用场景的不同，LTE 标准中的中继站可以用于对基站信号进行接力传输，从而扩展网络的覆盖范围；或者用于减小信号的传播距离，提高信号质量，从而提高热点地区的数据吞吐量。

中继站扩展网络覆盖   中继站提高热点吞吐量

图 1-21 中继技术

1.6.6 LTE 标准发展演进

TD-LTE 标准是中国主导的具有"国际化"特征的标准。TD-LTE 标准的技术优势体现在数据传输速率、时延和频谱利用率等多个方面,使得运营商能够在有限的频谱带宽资源上具备更强大的业务提供动力,这正是全球移动通信产业孜孜以求的目标所在。基于 TDD 技术的网络部署不需要成对频谱,并且通过日益发展的宽带功放技术,可以把零散的频谱聚合起来提供业务,更提高了运营商的频谱资源利用率和网络部署率。可以预见,TD-LTE 标准必将成为移动宽带时代的主力军,为运营商提升 ARPU、提升用户体验、拓宽行业应用前景提供重要的动力。

2008 年 3 月,在 LTE 标准化终于接近完成之时,一个在 LTE 标准的基础上继续演进的项目——先进的 LTE(LTE-Advanced)标准项目又在 3GPP 拉开了序幕。3GPP R10 版本完整定义。LTE-A 标准的关键技术特性,它是在 LTE R8/R9 版本的基础上进一步演进和增强的标准,它的一个主要目标是满足 ITU-R 关于 IMT-A(4G)标准的需求,因此,R10 版本也称为真正 4G 技术的第一个标准版本。同时,为了维持 3GPP 标准的竞争力,3GPP 制定的 LTE 技术需求指标要高于 IMT-A 标准的。

LTE 标准相对于 3G 技术,名为"演进",实为"革命",但是 LTE-Advanced 标准不会成为再一次的"革命",而是在 LTE 标准基础上的平滑演进。LTE-Advanced 系统应自然地支持原 LTE 标准的全部功能,并支持与 LTE 标准的前后向兼容性,即 LTE R8 版本的终端可以介入未来的 LTE-Advanced 系统,LTE-Advanced 系统也可以接入 LTE R8 系统。

在 LTE 标准基础上,LTE-Advanced 标准的发展更多地集中在 RRM 技术和网络层的优化方面,主要使用了如下新技术。

(1) 载波聚合。把连续频谱或若干离散频谱划分为多个成员载波(component carrier,CC),允许终端在多个子频带上同时进行数据收发。通过载波聚合,LTE-A 系统可以支持最大 100 MHz 带宽,最大峰值数据传输速率可达 1 Gb/s。

(2) 增强上下行 MIMO。LTE R8/R9 版本数据传输下行支持最高 4 数据流单用户 MIMO,上行只支持多用户 MIMO。LTE-A 标准为提高吞吐量和峰值数据传输速率,在下行支持最高 8 数据流单用户 MIMO,上行支持最高 4 数据流单用户 MIMO。

(3) 中继技术。基站不直接将信号发送给 UE,而是先发给一个中继站(relay station,RS),然后再由 RS 将信号转发给 UE。无线中继很好地解决了传统直放站的干扰问题,不但可使蜂窝网络容量提升、覆盖面扩展,更可以提供灵活、快速的部署,弥补回传链路缺失的问题。

(4) 协作多点传输(coordination on multiple point,CoMP)技术。该技术是 LTE-A 标准

为了实现干扰规避和干扰利用而进行的一项重要研究。包括两类：小区间干扰协调技术，也称为"干扰避免"；协作式 MIMO 技术，也称为"干扰利用"。两种方式通过不同的技术降低小区间干扰，提高小区边缘用户的服务质量和系统的吞吐量。

课后习题

一、选择题（不定项选择）

1. 第三代合作伙伴计划（3GPP）是由（   ）组织在 1998 年发起成立的。

A. TTC   B. TIA   C. T1   D. ARIB   E. TTA   F. ETSI

2. 第三代合作伙伴计划 2（3GPP2）是由（   ）组织在 1999 年 1 月发起成立的。

A. TTC   B. TIA   C. T1   D. ARIB   E. TTA   F. ETSI

3. 目前，3G 存在四种标准，分别是（   ）。

A. WCDMA   B. TD-SCDMA   C. CDMA 2000

D. WiMAX   E. GSM

4. WCDMA 标准提供的业务类型有（   ）。

A. 会话类   B. 流类   C. 背景类   D. 交互类

5. 常见的多址方式有（   ）。

A. FDMA   B. TDMA   C. FDD   D. CDMA

6. LTE 系统中，MIMO 技术主要包括（   ）。

A. 空间分集   B. 空间复用   C. 波束赋形   D. 功率控制

7. LTE 系统支持可变带宽，以下属于 LTE 支持的系统带宽有（   ）。

A. 1.4 MHz   B. 3 MHz   C. 15 MHz   D. 20 MHz

8. LTE 技术标准是在 3GPP 组织发布的（   ）版本中提出的。

A. R6   B. R7   C. R8   D. R9

二、填空题

1. 国内三大运营商使用的 3G 网络制式分别是：中国移动_____，中国联通_____，中国电信_____。

2. WCDMA 标准使用的频段是上行_____ MHz，下行_____ MHz，下行信道带宽是_____ MHz。

3. WCDMA 标准的码片传输速率是_____ Mc/s，无线帧长度是_____ ms。

4. 在双工方式上，WCDMA 和 CDMA 2000 属于_____双工方式，而 TD-SCDMA 属于_____双工方式。

5. LTE 系统包括_____和_____两种制式。

6. LTE 系统采用的上下行多址接入方式分别是上行采用_____，下行采用_____。

7. LTE 系统采用循环前缀技术用于消除多径扩展引起的_____干扰和_____干扰。

三、判断题

1. WCDMA 系统中的 Uu 接口，Iub 接口，Iu 接口都是开放接口。（   ）

2. 在电磁波的传播过程中，由于传播媒介及传播途径随时间的变化而引起的接收信号强

弱变化的现象叫作衰落。（　　）

3. 通过载波聚合，LTE-A 系统可以支持最大 100MHz 带宽，最大峰值数据传输速率可达 1 Gb/s 以上。（　　）

4. TD-LTE 标准与 FDD-LTE 标准采用不同的双工方式，但是使用相同的帧结构。（　　）

四、简答题

1. 4G 系统的特征有哪些？

2. 请简述 LTE-A 系统中的中继技术。

第 2 章 3G WCDMA 通信网模块

2.1 CDMA 基本原理

2.1.1 多址技术

多址技术是指把处于不同地点的多个用户接入一个公共传输媒质，实现各用户之间通信的技术。多址技术多用于无线通信，多址技术又称为多址连接技术。

使用多址技术的通信系统，在发射端给用户信息赋予不同的特征，然后向空中发射，自然合路，在接收端根据不同的特征，从空中提取自己的信号。

多址技术的主要作用是提高频率利用率，提高通信系统容量。

常见的多址技术有 FDMA（频分多址）技术、TDMA（时分多址）技术和 CDMA（码分多址）技术，如图 2-1 所示。

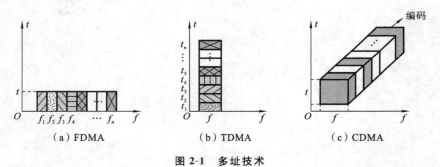

（a）FDMA   （b）TDMA   （c）CDMA

图 2-1　多址技术

1. FDMA 技术

FDMA 技术以频率区分不同的用户信号，每个用户占用一个频道传输信息，其原理是在发射端把每个用户的信息调制到不同载频上传输，用户在接收端接收、解调自己的信息。

FDMA 技术具有如下特点。

（1）频率利用率低，系统容量有限，每个频道仅传输一路话音。

（2）信息连续传输。

（3）FDMA 技术不需要复杂的成帧、同步和突发脉冲序列的传输，MS（移动台）设备相对简单。技术成熟，易实现，但系统中多个频率信号易相互干扰，且保密性差。

（4）eNodeB（基站）的共用设备成本高且数量大，每个信道需要一套收发信机。

（5）越区切换时，只能在话音信道中传输数字指令，要抹掉一部分话音来传输突发脉冲序列。

FDMA 技术独立应用于模拟系统,即 1G 系统,其工作示意图如图 2-2 所示。

2. TDMA 技术

TDMA 技术以传输时间区分不同的用户信号,每个用户占用一个频道的不同时间段传输信息。TDMA 技术的原理是在发射端把每个用户的信息调制到一个载频上,在规定的时间段传输特定用户的信息,用户在接收端在规定的时间段接收、解调自己的信息。

TDMA 的多址方式具有如下特点。

(1)少量发射机可避免多发射机同时工作产生的互调干扰,抗干扰能力强,保密性好。

(2)不存在频率分配问题,对时隙的管理和分配简单而经济。时隙动态分配,有利于提高容量,系统容量较 FDMA 技术的大。

(3)空闲时隙可用来检测信号强度或控制信息,有利于加强网络的控制功能和保证 MS 的越区切换。

(4)需要严格定时与同步,以免信号重叠或混淆,因为信道时延不固定。

(5)可提高频谱利用率,减少 eNodeB 工作频道数,从而降低 eNodeB 造价,方便非话业务的传输。

GSM 系统采用的多址方式为 FDMA 与 TDMA 相结合的方式,TDMA 技术工作示意图如图 2-3 所示。

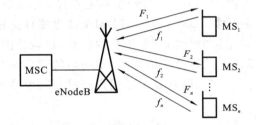

图 2-2　FDMA 技术工作示意图

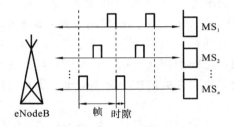

图 2-3　TDMA 技术工作示意图

3. CDMA 技术

CDMA 技术以不同编码特征区分不同的用户信号,每个用户、信息、基站用不同的编码调制(地址调制)。其原理是在发射端把不同用户信息用不同的地址码调制后传输,接收端用与发射端相同的地址码解调自己的信息。

CDMA 技术的多址方式具有如下特点。

(1)频率利用率高,使用相同频率,占用相同带宽,同时收发信号。

(2)容量大,CDMA 技术的容量约是 TDMA 技术的 4~6 倍,约是 FDMA 技术的 20 倍。

(3)具有软容量特性,高负荷时,适当降低通信质量可提高系统容量;高负荷小区可适当降低导频信号强度,使周边用户切换到相邻低负荷小区。

(4)具有软切换特性,MS 在切换时先不中断与原基站的连接,在与目标基站建立可靠通信后,再中断与原基站的通信,一个 MS 可有多个 BTS 同时提供通信连接。

(5)上下行功率控制,GSM 中利用 APC 对 MS 进行功率控制(上行),CDMA 技术可对 MS 进行上行信号功率控制,也可对 BTS 进行下行信号功率控制。

(6)抗干扰、抗衰落、保密性好。

在 3G 系统(包含 WCDMA、CDMA 2000、TD-SCDMA)中,CDMA 技术成为了该系统的

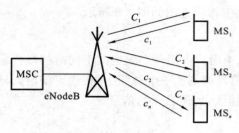

图 2-4　CDMA 技术工作示意图

核心技术,CDMA 技术工作示意图如图 2-4 所示。

2.1.2　扩频通信技术

1. 扩频通信理论基础

扩频通信技术,即扩展频谱通信(spread spectrum communication)技术,它与光纤通信、卫星通信一同被誉为进入信息时代的三大高技术通信传输方式。

扩频通信的基本思想和理论依据是香农公式,此公式显示了系统容量与频带宽度的对应关系:

$$C = B \times \log_2(1 + S/N)$$

式中,C 为信道容量;B 为信号频带宽度;S 为信号平均功率;N 为噪声平均功率。

由这个公式我们可以看出,适当增加信号带宽,就可以在信噪比降低的情况下,以原信息传输速率可靠地传输信息。

2. CDMA 技术扩频通信原理

码分多址是一种利用扩频技术所形成的不同的码序列实现的多址方式,也就是说,CDMA 技术是以不同的代码序列实现通信的。它不像 FDMA 技术、TDMA 技术那样把用户的信息从频率和时间上进行分离,它可在一个信道上同时传输多个用户的信息,也就是说,允许用户之间的相互干扰。其关键是信息在传输以前要进行特殊的编码,编码后的信息混合后不会丢失原来的信息。有多少个互为正交的码序列,就可以有多少个用户同时在一个载波上通信。

每个发射机都有自己唯一的代码(伪随机码),同时接收机也知道要接收的代码,用这个代码作为信号的滤波器,接收机就能从所有其他信号的背景中恢复出原来的信息码,我们把这一过程称为解扩。

扩频通信系统的基本组成如图 2-5 所示。扩频通信系统除了具有一般通信系统所具有的信息调制和射频调制模块外,还增加了扩频调制模块,即增加了扩频调制和解扩部分。

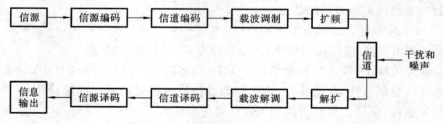

图 2-5　扩频通信系统基本组成框图

CDMA 技术扩频通信系统的实现有三种方式:直接序列扩频(DSSS)、跳频扩频(FHSS)和跳时扩频(THSS),如图 2-6 所示。

CDMA 技术采用直接序列扩频技术,使用一组正交(或准正交)的伪随机噪声序列,通过相关处理来实现多个用户共享空间传输的频率资源和同时入网接续的功能。CDMA 技术扩频通信原理如图 2-7 所示。

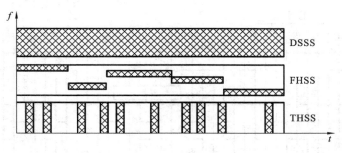

图 2-6 三种 CDMA 技术扩频方式概念示意图

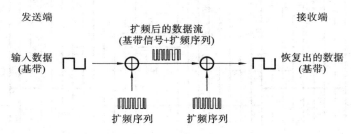

图 2-7 CDMA 技术扩频通信原理

在发送端,有用信号经扩频处理后,频谱被展宽;在接收端,利用伪码的相关性作解扩处理后,有用信号频谱被恢复成窄带谱。

宽带无用信号与本地伪码不相关,因此不能解扩,仍为宽带谱;窄带无用信号被本地伪码扩展为宽带谱。由于无用的干扰信号为宽带谱,而有用信号为窄带谱,我们可以用一个窄带滤波器排除带外的干扰电平,于是窄带内的信噪比就大大提高了。

通常,CDMA 技术可以采用连续多个扩频序列进行扩频,然后以相反的顺序进行频谱压缩,恢复出原始数据,如图 2-8 所示。

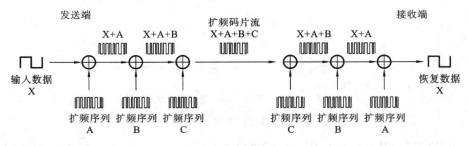

图 2-8 多次连续扩频

直接序列扩频的码序列时域变化过程如图 2-9 所示。

扩频通信系统频谱变换过程如图 2-10 所示,从图 2-10 可以知道:

(1) 在发射端,信息数据经过信息调制器后,输出的是窄带信号,经过扩频调制(加扩)后频谱被扩展成宽带信号;

(2) 在接收端,输入接收机的宽带信号中加有噪声信号,经过扩频解调(解扩)后,有用信号变成窄带信号,而噪声信号变成宽带信号,再经过窄带滤波器,滤掉有用信号带外的噪声信号,从而降低了噪声干扰信号的强度,改善了信噪比。

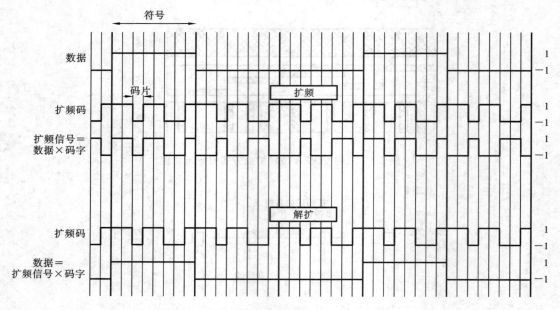

图 2-9　直接序列扩频的码序列时域变化过程

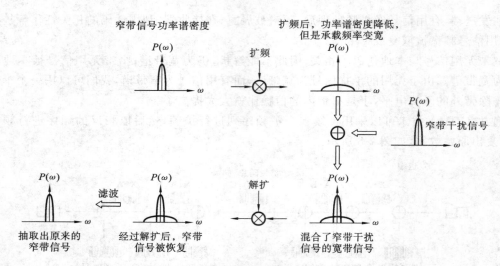

图 2-10　扩频通信系统频谱变换过程

扩频通信的特点是传输信息所用的带宽远大于信息本身的带宽。扩频通信技术在发送端以扩频编码进行扩频调制,在接收端以相关解调技术接收信息,这一过程使其具有诸多优良特性。

在 CDMA 技术里用来区分接收端用的一串二进制码为扩频码,扩频码用来与基带数字信号相乘,即做模二加(二进制加法不考虑进位,和异或逻辑运算的结果是一样的)运算,基带信号扩频之后,带宽增加了,带宽上的平均功率下降了。

扩频码正交就是指扩频码与扩频码相乘后积分为 0,即做模二加后 0(−1)和 1 的个数相同。注意,数字信号是离散的,对其积分实际上就是累加。扩频码与扩频码之间的不相关即正交性,用来滤去其他扩频码扩频后的信号干扰,这是实现码分复用的关键技术。

2.1.3　WCDMA 协议版本演进

3GPP 关于 WCDMA 网络技术标准的演进主要分为 R99 版本、R4 版本、R5 版本、R6 版本和 R7 版本等几个阶段,如图 2-11 所示。无线网络的演进主要是通过采用高阶调制方式和各种有效的纠错机制等技术,不断增强空中接口的数据吞吐能力,而核心网络主要利用控制与承载、业务与应用相分离的思路,逐步从传统的 TDM 组网方式向全 IP 协议组网方式演进,最终使无线网络和核心网络全部走向 IP 协议化,在整个技术演进过程中保证业务的连续性和网络的安全性等。

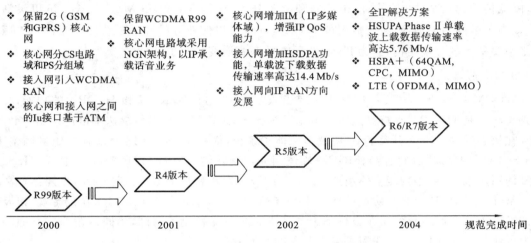

图 2-11　WCDMA 协议版本的演进

1. R99 版本

最早出现的各种第三代规范被汇编成最初的 R99 版本,于 2000 年 3 月完成,后续版本不再以年份命名。

WCDMA R99 版本在新的工作频段上引入了基于每载频 5MHz 带宽的 CDMA 无线接入网络,无线接入网络主要由 NodeB(负责基带处理、扩频处理)和 RNC(负责接入系统控制与管理)组成,同时引入了适于分组数据传输的协议和机制,数据传输速率可支持 144 Kb/s、384 Kb/s,理论上可达 2 Mb/s。

WCDMA R99 版本核心网络在网络结构上与 GSM 的保持一致,其电路域(CS 域)仍采用 TDM 技术,分组域(PS 域)则基于 IP 技术来组网。WCDMA R99 版本的 3G MSC/VLR 与无线接入网络(RAN)的接口 Iu-CS 采用 ATM 技术承载信令和话音,分组域 R99 SGSN 与 RAN 通过 ATM 进行信令交互,媒体流使用 AAL5 承载 IP 分组包。另外,为满足 RNC 之间的软切换功能,RNC 之间还定义了 Iur 接口。而 GSM 的 A 接口采用基于传统 E1 的 7 号信令协议,BSC/PCU 与 SGSN 之间的 Gb 接口采用帧中继承载信令和业务。因此,R99 版本与 GSM/GPRS 的主要差别体现在传输模式和软件协议的不同。

在用户的安全机制上,GSM 由 AuC 提供鉴权三元组,采用 A3/A8 算法对用户进行鉴权及业务加密;R99 版本由 AuC 提供鉴权五元组,定义了新的用户加密算法(UEA),并采用

Authentication Token 机制增强用户鉴权机制的安全性。

2. R4 版本

WCDMA R4 版本与 R99 版本相比,无线接入网的网络结构没有改变,其区别主要在于引入了 TD-SCDMA 技术,同时对一些接口协议的特性和功能进行了增强。

在电路域核心网中主要引入了基于软交换架构的分层架构,将呼叫控制与承载层相分离,通过 MSC Server、MGW 将语音和控制信令分组化,使电路交换域和分组交换域可以承载在一个公共的分组骨干网上。R4 版本主要实现了语音、数据、信令承载统一,这样可以有效降低承载网络的运营和维护成本;而在核心网中采用压缩语音的分组传送方式,可以节省传输带宽,降低传输建设成本;另外,由于控制和承载分离,使得 MGW 和 MSC Server 可以灵活放置,提高了组网的灵活性,集中放置的 MSC Server 可以使业务的开展更快捷。当然,R4 版本网络主要基于软交换结构,这为其向 R5 版本的顺利演变奠定了基础。

3. R5 版本

WCDMA R5 版本在无线网络中主要引入基于 IP 协议的 RAN 和 HSDPA 的功能,尤其引入关注的是 HSDPA 支持高速下行分组数据接入,理论峰值数据传输速率可达 14.4 Mb/s。

在核心网,R5 协议引入了 IP 协议多媒体子系统,简称 IMS。IMS 叠加在分组域网络上,由 CSCF(呼叫状态控制功能)、MGCF(媒体网关控制功能)、MRF(媒体资源功能)和 HSS(归属签约用户服务器)等功能实体组成。IMS 的引入,为开展基于 IP 协议技术的多媒体业务创造了条件。目前,基于 SIP 协议的业务主要有:VoIP、PoC、即时消息、MMS、在线游戏,以及多媒体邮件等。全球运营商正在进行基于 SIP 协议的系统和业务测试,不同运营商的互通测试成为了业界关注的焦点,它代表了未来业务的发展方向。

4. R6 版本

WCDMA R6 版本在无线网络中主要引入 HSUPA 的功能。

HSUPA 是上行链路方向(从移动终端到无线接入网络的方向)针对分组业务的优化和演进的技术。利用 HSUPA 技术,上行用户的峰值数据传输速率可以提高 2～5 倍,达到 5.76 Mb/s,HSUPA 还可以使小区上行的吞吐量比 R99 版本的多出 20%～50%。

5. R7 版本

从 WCDMA R7 版本开始,HSPA 技术进一步演进到 HSPA+,引入了更高阶的调制方式和 MIMO。同时,基于 OFDM 和 MIMO 的 LTE 技术也逐渐完成了标准化。

LTE 项目是 3G 技术的演进,LTE 技术是 3G 技术与 4G 技术之间的一个过渡,它改进并增强了 3G 技术的空中接入技术,采用 OFDM 和 MIMO 技术。在 20 MHz 频谱带宽下能够提供下行 100 Mb/s 与上行 50 Mb/s 的峰值数据传输速率。改善了小区边缘用户的性能,提高了小区容量和降低了系统时延。

HSPA+技术的宗旨是要保持和 UMTS 第 6 版本(R6 版本)的后向兼容性,同时在 5MHz 带宽下要达到和 LTE 相仿的性能。希望在短期内以较小的代价改进系统、提高系统性能的 HSPA 运营商就可以采用 HSPA+技术进行演进。

HSPA+系统的峰值数据传输速率可由原来的 14 Mb/s 提高到 25 Mb/s。另外,通过对 HSPA+进一步改进,可以将系统峰值数据传输速率提高到 42 Mb/s 左右。

2.2 WCDMA 无线接口

2.2.1 WCDMA 无线接口概述

在 UMTS 系统中,移动用户终端(UE)与系统固定网络之间通过无线接口上的无线信道相连,无线接口定义无线信道的信号特点、性能,在 3G 的 WCDMA 系统中,无线接口称为 Uu 接口,该接口在 WCDMA 系统中是最重要的接口。

WCDMA 无线接口协议栈如图 2-12 所示。

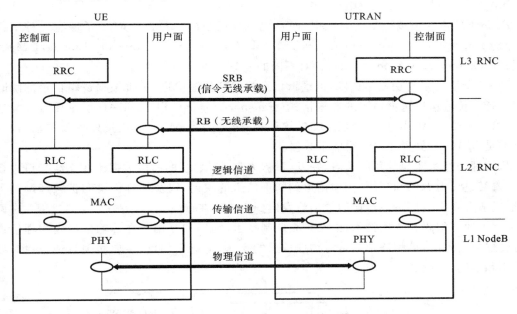

图 2-12 WCDMA 无线接口协议栈

图 2-12 中自上而下是发射路径,自下而上是接收路径。从协议结构来看,WCDMA 无线接口水平分为三个层,垂直分为两个面。

从水平来看,整个接口由层 1、层 2、层 3 组成。层 1 即物理层(PHY);层 2 即数据链路层,包括 MAC(媒体接入控制)、RLC(无线链路控制)、BMC(广播/组播控制)、PDCP(分组数据汇聚协议)等子层;层 3 即网络层,包括 RRC(无线资源控制)。图 2-12 所示的各个方块代表各自协议子层的一个实体,不同层/子层间的圆圈部分为它们之间的业务接入点(SAP)。

从协议层次的角度看,WCDMA 无线接口上存在三种信道:物理信道、传输信道、逻辑信道。RLC 与 MAC 之间的 SAP 提供逻辑信道,MAC 与物理层之间的 SAP 提供传输信道,物理层上承载的就是物理信道。物理层通过传输信道向 MAC 层提供业务,而传输数据本身的属性决定了传输信道的种类和如何传输;MAC 层通过逻辑信道向 RRC 层提供业务,而发送数据本身的属性决定了逻辑信道的种类。NodeB 实现层 1 即物理层的功能,RNC 实现层 2 和层 3 的功能(引入 HSDPA 后,层 2 的部分功能被放到了 NodeB 侧),因此可以认为 Uu 接口是

UE 和 RNS 之间的接口。

垂直来看,整个接口分为两个面,即控制面(C-plane)和用户面(U-plane)。PDCP 和 BMC 这两个子层只存在于用户面上。控制面主要用来承载信令和系统广播消息,用户面主要用来承载用户的业务数据。一般来说,Iu-CS 接口的业务数据是直接传到 RLC 层的;Iu-PS 接口的业务数据通过 PDCP 层处理后,传到 RLC 层;多媒体广播/组播业务数据通过 BMC 层处理后,传到 RLC 层。

RRC 层是整个 Uu 接口的核心,与其他层/子层都有 SAP 连接。RRC 层负责管理 Uu 接口的各项内容,特别是层 1 和层 2 的行为。同时,系统广播消息和高层信令通过 RRC 层处理之后,向下传到 RLC 层。

PDCP 子层负责对 IP 包的报头进行压缩和解压缩,以提高空中接口无线资源的利用率。

BMC 子层负责控制广播/组播业务。

RLC 子层不仅承载控制面的数据,而且也承载用户面的数据。RLC 子层有三种工作模式,分别是透明模式(transparent mode,TM)、非确认模式(unacknowledged mode,UM)和确认模式(acknowledged mode,AM),针对不同的业务采用不同的模式。

MAC 子层的主要功能是调度,把逻辑信道映射到传输信道,负责根据逻辑信道的瞬时源速率为各个传输信道选择适当的传输格式(transport format,TF)。MAC 层主要有 3 类逻辑实体,第一类是 MAC-b,负责处理广播信道数据;第二类是 MAC-c,负责处理公共信道数据;第三类是 MAC-d,负责处理专用信道数据。

从物理层技术实现的角度来看,在发射端,来自 MAC 层的高层数据流在无线接口进行发射前,要经过信道编码和复用、传输信道到物理信道的映射,以及物理信道的扩频和调制等操作,形成适合在无线接口上传输的数据流发射到空中。在接收端,则是一个逆向过程。在网络侧,下行主要有编码和复用技术,以及扩频调制技术,编码和复用是在传输信道到物理信道的映射过程中实现的,扩频调制则是对物理信道的操作;上行则相反,主要实现解调、解扩,以及解复用和解码,如图 2-13 所示。

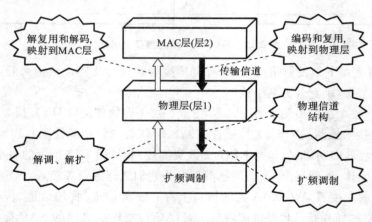

图 2-13　物理层技术实现

2.2.2　WCDMA 无线接口关键技术

通信系统是由通信中所需要的一切技术设备和传输媒质构成的总体。WCDMA 通信模型如图 2-14 所示。

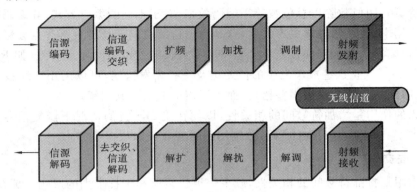

图 2-14　WCDMA 通信模型

从图 2-14 可以看出，信息的传递需要经过这一序列过程：信源编码/信源解码、信道编码及交织/去交织及信道解码、扩频/解扩、加扰/解扰、调制/解调、射频发射/射频接收，这些过程分别对应发射和接收过程。

1. 信源编码/信源解码

信源编码的作用是设法减少码元数目和降低码元传输速率，即通常所说的数据压缩，并将信源的模拟信号转化成数字信号，以实现模拟信号的数字化传输。

WCDMA 系统采用 AMR 语音编码，自适应多码率编译码器是一种在较大数据传输速率范围内的编译码器，AMR 编解码器也用在多种蜂窝系统中协调编译码器标准。AMR 编码有以下特点。

（1）具有多速率。AMR 编码有 8 种编码速率，从 12.2 Kb/s 到 4.75 Kb/s，与目前各种主流移动通信系统（如 GSM，IS-95，PDC 等）使用的编码兼容，利于设计多模终端。

（2）AMR 的数据传输速率由接入网来控制。

（3）多种语音速率与目前各种主流移动通信系统使用的编码方式兼容，有利于设计多模终端。

（4）根据用户与基站的距离，自动调整语音速率，减少切换，减少掉话。

（5）根据小区负荷，自动降低部分用户语音速率，节省部分功率，从而容纳更多用户。

2. 信道编码/信道解码

在传输数字信号时，出于各种原因，传送的数据流中会产生误码，从而使接收端产生图像跳跃、不连续等现象。信道编码这一环节，可对数据流进行相应的处理，使系统具有一定的纠错能力和抗干扰能力，可极大地避免数据流传送中误码的发生。误码的处理技术有纠错、交织、线性内插等。

提高数据传输效率、降低误码率是信道编码的任务。信道编码的本质是增加通信的可靠性。但信道编码会使有用的信息数据传输减少，信道编码的过程是在源数据流中加插一些码元，从而达到在接收端进行判错和纠错的目的，这就是我们常常说的开销。这就好像运送一批玻璃杯一样，为了保证运送途中不出现打烂玻璃杯的情况，我们通常都用一些泡沫或海绵等物将玻璃杯包装起来，这种包装使玻璃杯所占的容积变大，原来一部车能装 5000 个玻璃杯，现在就只能装 4000 个了，显然包装的代价使运送玻璃杯的有效个数减少了。同样，在带宽固定的信道中,总的传送码率也是固定的,由于信道编码增加了数据量,因此只能以降低传送有用信息码率为代价。有用位数除以总位数等于编码效率,对于不同的编码方式,其编码效率不同。

在实际应用中,位差错经常成串发生,这是由于持续时间较长的衰落谷点会影响到几个连续的位,而信道编码仅在检测和校正单个差错和不太长的差错串时才最有效(如 RS 只能纠正 8 B 的错误)。为了纠正这些成串发生的位差错及一些突发错误,可以运用交织技术来分散这些误差,使长串的位差错变成短串差错,从而可以用前向码对其纠错。

信道编码的作用是增加符号间的相关性,以便在受到干扰的情况下恢复信号。WCDMA 的信道编码类型有卷积码和 Turbo 码,分别用于语音业务和数据业务。

3. 交织/去交织

交织的作用是打乱符号间的相关性,减少信道快衰落和干扰带来的影响。那么,为什么交织可以减少信道快衰落带来的影响呢?因为信道的快衰落是成块出现的,通过交织,可以把成块的误码分散。交织过程如图 2-15 所示。

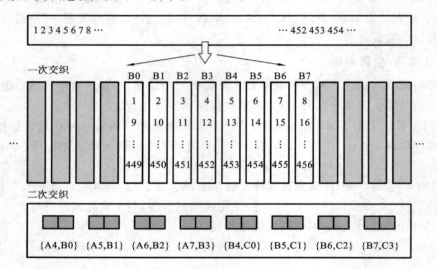

图 2-15 交织过程

4. 扩频/解扩

扩频是一种信息处理传输技术。扩频技术利用同欲传输数据(信息)无关的码对被传输信号进行频谱扩展,使之占有远远超过被传送信息所必需的最小带宽。扩频具有以下特性:扩频信号是不可预测的伪随机的宽带信号;扩频信号带宽远大于欲传输数据(信息)带宽;接收机中必须有与宽带载波同步的副本。

扩频的基本方法主要有直接序列(DS)、跳频(FH)、跳时(TH)和线性调频(Chirp)。目前人们所熟知的 CDMA 技术就是直接序列扩频技术的一个应用。而跳频、跳时等技术则主要应用于军事领域,以避免己方通信信号被敌方截获或者干扰。扩频的主要特点为:抗干扰,抗多径衰落,具有低截获概率,具有码分多址能力,具有高距离分辨率和可精确定时等。

作为 CDMA 技术来说,用户工作在同一个中心频率上,所有的用户信息叠加在空中接口上发射并通过码字来区分。所以码字的选择非常重要,那么系统应对码字有怎样的特性要求呢?怎样来区分用户呢?这里涉及一个重要的概念,就是码字的正交。需要明确两个概念——自相关性和互相关性。

　　自相关性指的是作为一个码字序列在相位同步的前提条件下,有 100% 的相关性。对于二进制位流来说,也就是自身进行异或运算后为 0 序列,对相乘运算来说,若得到的是 100% 的 +1,则称为完全正相关,若得到的是 100% 的 −1,则称为完全负相关,即相位偏转。选择码字时,要求码字具有良好的自相关性,以使相关解调器可以很容易捕捉到码字的存在。

　　互相关性指的是不同码字之间的相关特性,要使系统得以实现码分复用,不同码字应保证不相关,简单来说,系统希望码字能完全正交。但在实际系统中,这种完全正交的特性是比较难实现的,所以希望码字的互相关性越低越好。在同步条件下,码字进行相乘运算,若结果为 50% 的 +1 和 50% 的 −1,则完全正交;对于二进制位流运算,结果为 50% 的 +1 和 50% 的 0 表示完全正交。良好的自相关性和较低的互相关性,是对码字的基本要求。

　　WCDMA 的扩频码为正交可变扩频因子(orthogonal variable spreading factor,OVSF),即系统根据扩频因子的大小给用户分配资源,数值越大,提供的带宽越小。

　　OVSF 是一个实现码分多址信号传输的代码,它由 Walsh 函数生成,OVSF 码互相关为零,相互完全正交。

　　用 OVSF 乘以调制后的信号,就是扩频,扩频原理如图 2-16 所示,同时,乘出来的信号可能不相关,也就是说,可利用扩频来区分一个时隙里面的多个码道。所以,OVSF 是用来扩频的,也是用来区分信道的,其又可称为扩频码、信道化码。

UE1:	$\overline{+1}$						
				$\overline{-1}$			
				$\overline{+1}$			
UE2:	$\overline{-1}$						
c1:	+1	−1	+1	−1	+1	−1	+1	−1
c2:	+1	+1	+1	+1	+1	+1	+1	+1
UE1×c1:	+1	−1	+1	−1	−1	+1	−1	+1
UE2×c2:	−1	−1	−1	−1	+1	+1	+1	+1
UE1×c1+UE2×c2:	0	−2	0	−2	0	+2	0	+2

图 2-16 扩频原理

　　OVSF 扩频码长度:上行 2～256 chip,下行 4～512 chip。OVSF 在上下行信道的作用为:在上行信道,OVSF 用于区分同一个用户的不同业务,OVSF 在用户间互用;在下行信道,OVSF 用于区分用户,OVSF 在小区间复用。

　　OVSF 的生成原理如图 2-17 所示。

　　在发送端输入的信息先被调制成数字信号,然后用由扩频码发生器产生的扩频码序列去调制数字信号,以展宽信号的频谱。再将展宽后的信号调制到射频发送出去。在接收端收到的宽带射频信号变频至中频,然后用由本地产生的与发送端相同的扩频码序列去进行相关解扩。信号再经解调,恢复成原始信息输出。

　　由此可见,一般的扩频通信系统都要进行三次调制和相应的解调。一次调制为信息调制,二次调制为扩频,三次调制为射频调制,以及相应的信息解调、解扩和射频解调。与一般通信系统比较,扩频通信系统就是多了扩频和解扩部分。解扩原理如图 2-18 所示。

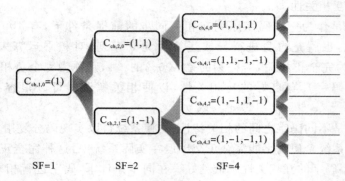

SF=1   SF=2   SF=4

图 2-17　OVSF 的生成原理

UE1×c1＋UE2×c2：	0	−2	0	−2	0	+2	0	+2
UE1 使用 c1 解扩： c1	+1	−1	+1	−1	+1	−1	+1	−1
解扩结果：	0	+2	0	+2	0	−2	0	−2
积分判决：	+4(表示+1)				−4(表示−1)			
UE2 使用 c2 解扩： c2	+1	+1	+1	+1	+1	+1	+1	+1
解扩结果：	0	−2	0	−2	0	+2	0	+2
积分判决：	−4(表示−1)				+4(表示+1)			

图 2-18　解扩原理

采用扩频技术,在发射链路的某处简单地引入相应的扩频码,这个过程称为扩频处理,可将信息扩散到一个更宽的频带内。在接收链路中进行数据恢复之前要移去扩频码,该过程称为解扩。解扩是在信号的原始带宽上重新构建信息。显然,信息传输通路的两端需要预先知道扩频码。

5. 加扰/解扰

虽然 OVSF 可以在同一小区下区分不同的用户,但是小区之间还是有相互间干扰的。为此,WCDMA 系统引入了扰码(scrambling code),每个小区都有一个主扰码,扰码可以在小区之间复用。WCDMA 系统采用伪随机码作为扰码,又称为金码(gold code),金码的特性是互相关性很小。

在上行信道,扰码用于区分用户。上行有 2^{24} 个上行长扰码和 2^{24} 个上行短扰码。

在下行信道,扰码用于区分小区(扇区载频),下行有 $2^{18}−1＝262143$ 个扰码,但目前只使用 0～8191 号扰码中的主扰码,不使用短码。扰码每 10ms 重复一次,长度是 38400 chip。

扰码分为 512 集(set),每集包含 1 个主扰码和 15 个从扰码,主扰码包括的扰码号为 $n＝16×i(i=0,1…511)$,对应集 i 的从扰码的扰码号为 $16×i＋k(k=1,2…15)$,如图 2-19 所示。512 个主扰码又可以分为 64 组(group),每一组有 8 个主扰码,第 j 个主扰码组包括的扰码号为 $8×j＋16×k$,其中,$j=0,1…63,k=0,1…7$。

扩频码在上下行信道也有类似扰码的作用,二者有什么区别呢?如表 2-1 所示。

6. 调制/解调

调制就是对信号源的信息进行处理,并将其加到载波上,使其变为适合于信道传输的过程。一般来说,信号源的信息(也称为信源)含有直流分量和频率较低的频率分量,一般称

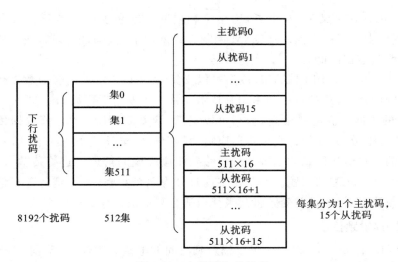

图 2-19　主扰码和从扰码

表 2-1　扰码和扩频码的区别

特 性	扩 频 码	扰 码
用途	上行链路:区分同一终端不同的物理信道 下行链路:区分同一小区中不同用户的下行物理信道	上行链路:区分终端 下行链路:区分小区
长度	4~256 个码片,下行链路还包括 512 个码片	上行链路:运行 10 ms 相当于 38400 码片 下行链路:运行 10 ms 相当于 38400 码片
码字数目	码字数目=扩频因子	上行链路:几百万个码片 下行链路:512 个码片
码族	OVSF	Gold
对传输带宽的影响	拓展了传输带宽	没有影响传输带宽

其为基带信号。基带信号往往不能作为传输信号,因此必须把基带信号转变为一个相对基带频率而言频率非常高的信号,以适合于信道传输。这个信号叫作已调信号,而基带信号叫作调制信号。调制是通过改变高频载波,即消息的载体信号的幅度、相位或者频率,来使其随着基带信号幅度的变化而变化来实现的。而解调则是将基带信号从载波中提取出来以便预定的接收者(也称为信宿)处理和理解的过程。

不同的调制方式可以影响空中接口提供数据业务的能力。WCDMA R99/R4 版本采用 QPSK(正交相移键控)技术,下行最大数据传输速率为 2.7 Mb/s。QPSK 分为绝对相移和相对相移两种。由于绝对相移方式存在相位模糊问题,所以在实际中主要采用相对相移方式,即 DQPSK(差分正交相移键控),它具有一系列独特的优点,目前其已经广泛应用于无线通信中,已成为现代通信中一种十分重要的调制/解调方式。

WCDMA HSDPA 版本采用 16QAM(16 正交幅度调制),下行最大数据传输速率为 14.4 Mb/s。QAM 是英文 quadrature amplitude modulation 的缩写,意为正交幅度调制,是一种数字调制方式。16QAM 定义了 16 个点,用相位和幅度一起来表示位信息。每个点用 4 位表示,用幅度加相位来表示一个点。16QAM 调制方式携带了更多的位信息,使空中接口能够实现更强的传输业务数据的能力。

WCDMA HSPA+采用 64QAM,最高可以支持 38.015 Mb/s 的峰值数据传输速率。在使用同轴电缆的网络中,这种数字频率调制技术通常用于发送下行数据。在一个 6 MHz 的信道中,64QAM 的数据传输速率很高,最高可以支持 38.015 Mb/s 的峰值数据传输速率。但是,其对干扰信号很敏感,这使得它很难适应嘈杂的上行传输(从电缆用户到 Internet)。

调制的目的是将传送信息的基带信号搬移到相应频段的信道上进行传输,以解决信源信号与客观信道特性相匹配的问题。调制在实现时分为两个步骤:首先是将含有信息的基带信号调制至某一载波上,再通过上变频将其搬移至适合某信道传输的射频频段上。

7. 射频发射/射频接收

射频(radio freq uency,RF)表示可以辐射到空间的电磁频率,频率范围为 300 kHz~300 GHz。射频电流是高频电流(每秒变化大于 10000 次的电流)的简称。

在电子学理论中,电流流过导体,导体周围会形成磁场;交变电流通过导体,导体周围会形成交变的电磁场,称为电磁波。当电磁波频率低于 100 kHz 时,电磁波会被地表吸收,不能形成有效的传输,但当电磁波频率高于 100 kHz 时,电磁波可以在空气中传播,并经大气层外缘的电离层反射,形成远距离传输能力,我们把具有远距离传输能力的高频电磁波称为射频。射频技术在无线通信领域中被广泛使用,有线电视系统就是采用射频传输方式工作的。

2.2.3　WCDMA 抗衰落技术

无线通信是利用电磁波信号可以在自由空间中传播的特性进行信息交换的一种通信方式,近些年在信息通信领域中,发展最快、应用最广的就是无线通信技术。

电磁波在传播过程中会出现衰落,在无线通信过程中,受气候、环境、距离等各种因素的影响,信号会失真,自然的和人为的障碍会使得通信中断,发射机和接收机的相对移动会使得接收信号强弱发生变化,所以,在无线通信中,电磁波的衰落是不可避免的,譬如在接听电话的时候,声音一会儿强,一会儿弱,这就是衰落现象。

移动通信中信号随接收机与发射机之间的距离不断变化便会产生衰落,衰落又分为慢衰落和快衰落两种,由于在传播路径上受到建筑物或山丘等的阻挡所产生的阴影效应而产生的损耗称为慢衰落,又称阴影衰落,此时,信号强度曲线中值呈现慢速变化,它反映了中等范围内数百米波长数量级接收电平的均值变化而产生的损耗,一般遵从对数正态分布。

慢衰落产生的原因如下。

(1) 路径损耗,这是产生慢衰落的主要原因。

(2) 障碍物阻挡电磁波,产生阴影区。

(3) 天气变化、障碍物和移动台的相对速度变化、电磁波的工作频率变化。

快衰落,又称瑞利衰落,是移动台附近的散射体(地形、地物和移动体等)引起的多径传播信号在接收点相叠加,造成接收信号快速起伏的现象。信号强度曲线的瞬时值呈快速变化。

快衰落产生的原因如下。

（1）多径效应。

（2）多普勒效应。

可见，快衰落与慢衰落并不是两个独立的衰落（虽然它们的产生原因不同），快衰落反映的是瞬时值，慢衰落反映的是瞬时值加权平均后的中值，如图 2-20 所示。

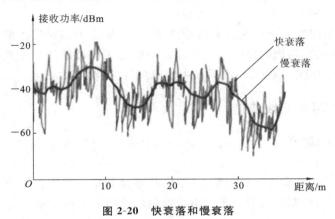

图 2-20　快衰落和慢衰落

那么，我们如何克服通信过程中的衰落呢？

根据产生的原因不同，快衰落又分为时间选择性衰落、空间选择性衰落、频率选择性衰落等几种类型。

时间选择性衰落是指用户的快速移动在频域上产生多普勒效应从而引起的频率扩散。在不同的时间内，衰落特性不一样。由于用户的高速移动在频域引起了多普勒频移，因此在相应的时域上其波形产生了时间选择性衰落。最有效的克服方法是，采用信道交织编码技术，交织编码的目的是把一个较长的突发差错离散成随机差错，再用纠正随机差错的编码技术消除随机差错。交织深度越大，则离散度越大，系统抗突发差错的能力也就越强。交织及去交织过程如图 2-21 所示。

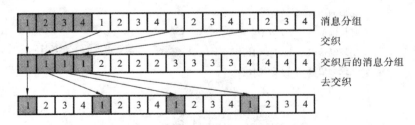

图 2-21　交织及去交织过程

信道编码技术通过给原数据添加冗余信息，从而获得纠错能力，适合纠正非连续的少量错误，目前使用较多的是卷积编码和 Turbo 编码，信道编码技术的形象比喻如图 2-22 所示。

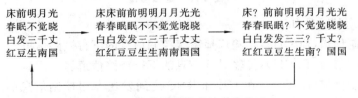

图 2-22　信道编码技术的形象比喻

空间选择性衰落是指不同地点、不同传输路径的衰落特性不一样,这是由于开放型的时变信道使天线的点波束产生了扩散,空间选择性衰落通常又称为平坦瑞利衰落,这里的平坦特性是指在时域、频域中不存在选择性衰落。最有效的克服手段是采用空间分集和其他空域处理方法。空间分集是利用多副接收天线来实现的。在发送端采用一副天线发射,而在接收端采用多副天线接收。空间分集的优点是分集增益高。

频率选择性衰落是指不同的频率衰落特性不一样,从而引起时延扩散,在不同的频段上,衰落特性不一样,这是信道因时域的时延扩散而产生的在频域的选择性衰落。最有效的克服方法有自适应均衡、OFDM 及 CDMA 系统中的 RAKE 接收等。

2.2.4 WCDMA 无线信道

信息传输的通道即为信道。从不同协议层次上讲,WCDMA 承载用户各种业务的信道可分为以下三类。

(1)逻辑信道。直接承载用户业务。MAC 层在逻辑信道上提供数据传输业务。逻辑信道通常可以分为两类:控制信道和业务信道。控制信道用于传输控制面信息,而业务信道用于传输用户面信息。

(2)传输信道。物理层对 MAC 层提供的服务。传输信道就是传输通信的通道,是一个逻辑虚拟概念,它必须附加在物理信道上,根据传输的是针对一个用户的专用信息,还是针对所有用户的公共信息,分为专用信道和公共信道。

(3)物理信道。各种信息在无线接口传输时的最终体现形式。

1. 逻辑信道

WCDMA 空中接口根据为 MAC 层提供的不同类型的数据传输业务定义了多种逻辑信道,MAC 层在逻辑信道上提供数据传输业务。逻辑信道可分为控制逻辑信道(CCH)和业务逻辑信道(TCH)(见图 2-23)。

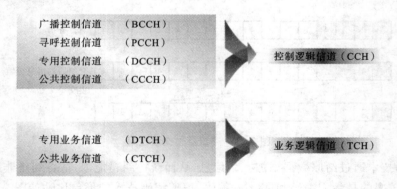

图 2-23 逻辑信道

控制逻辑信道的功能如下。

(1)广播控制信道(BCCH):传输广播系统控制信息的下行链路信道。

(2)寻呼控制信道(PCCH):传输寻呼信息的下行链路信道。

(3)专用控制信道(DCCH):在 UE 和 RNC 之间发送专用控制信息的点对点双向信道,该信道在 RRC 连接建立期间建立。

（4）公共控制信道（CCCH）：在网络和 UE 之间发送控制信息的双向信道，这个逻辑信道总是映射到 RACH/FACH 上。

业务逻辑信道的功能如下。

（1）专用业务信道（DTCH）：用于传输用户信息的、专用于一个 UE 的点对点信道。该信道在上行链路和下行链路都存在。

（2）公共业务信道（CTCH）：向全部或者一组特定 UE 传输专用用户信息的点对多点下行信道。

2. 传输信道

传输信道定义了在空中接口上数据传输的方式和特性。传输信道一般分为两类：专用信道和公共信道（见图 2-24）。专用信道使用 UE 的内在寻址方式；公共信道如果需要寻址，必须使用明确的 UE 寻址方式。注意，仅存在一种类型的专用信道，即专用传输信道（DCH），它是一个上行或下行传输信道，用于传送用户的专用信息，包括业务数据以及高层信令。DCH 在整个小区或小区内的某一部分使用波束赋形的天线进行发射。

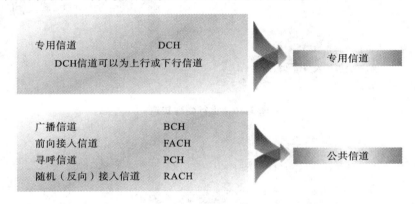

图 2-24　传输信道

各个传输信道的功能如下。

（1）广播信道（BCH）是一个下行传输信道，用于广播系统或小区特定的信息。BCH 总是在整个小区内发射，并且有一个单独的传送格式。

（2）前向接入信道（FACH）是一个下行传输信道。FACH 在整个小区或小区内某一部分使用波束赋形的天线进行发射。FACH 使用慢速功控的技术工作。

（3）寻呼信道（PCH）是一个下行传输信道。PCH 总是在整个小区内进行发射。PCH 的发射与物理层产生的寻呼指示的发射是相随的，以支持有效的睡眠模式。

（4）随机接入信道（RACH）是一个上行传输信道。RACH 总是在整个小区内进行接收。RACH 的特性是带有碰撞冒险的，使用开环功率控制。

3. 物理信道

WCDMA 空中接口中的物理信道定义为一个特定的载频、扰码、信道化码（也就是扩频码）和载波相位（0 或 π/2）的组合。对 WCDMA 来讲，一个 10ms 的无线帧被分成 15 个时隙（在码片传输速率为 3.84 Mcps 时为 2560 chip/slot），如图 2-25 所示。一个物理信道定义为一个码或多个码。物理信道分为上行物理信道（见图 2-26）和下行物理信道（见图 2-27）。

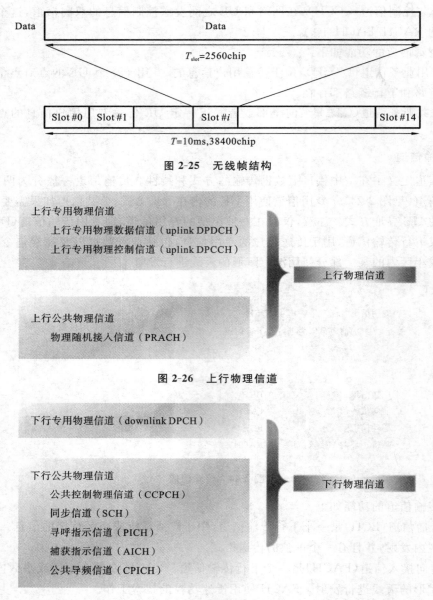

图 2-25　无线帧结构

图 2-26　上行物理信道

图 2-27　下行物理信道

各个物理信道的功能如下。

（1）专用物理数据信道（dedicated physical data channel，DPDCH）：上下行双向物理信道，用于承载 DCH 上的用户业务数据。

（2）专用物理控制信道（dedicated physical control channel，DPCCH）：上下行双向物理信道。DPCCH 是物理层产生的信道，不承载高层的任何信息，其是为了配合 DPDCH 的传输和解调所附加的信道。DPDCH 和 DPCCH 统称为专用物理信道（dedicated physical channel，DPCH）。

（3）物理随机接入信道（physical random access channel，PRACH）：上行物理信道，用于

承载 RACH 传输信道。PRACH 分为前缀部分和消息部分。PRACH 的一个重要使用场景是当用户在初始发起呼叫的时候，由于没有分配任何专用信道，因此在上行通过此公共信道联系网络侧，向网络侧申请建立连接。同时该信道也可以用来承载少量的上行数据以及其他公共信令。

（4）主公共控制物理信道（primary common control physical channel，P-CCPCH）：下行物理信道，用于承载 BCH 上的系统广播消息，UE 通过读取该信道的内容来获取各种系统下发的参数。

（5）从公共控制物理信道（secondary common control physical channel，S-CCPCH）：下行物理信道，用于承载两个传输信道，一个是 PCH，一个是 FACH。这两个传输信道都映射到 S-CCPCH 上。PCH 承载的是系统的寻呼消息，FACH 可以承载少量的下行数据以及公共信令。

（6）同步信道（synchronisation channel，SCH）：下行物理信道，分为主同步信道（primary SCH，P-SCH）和从同步信道（secondary SCH，S-SCH），主要用于 UE 在开机后与系统进行时隙同步和帧同步的过程，以完成物理层同步。

（7）寻呼指示信道（paging indicator channel，PICH）：下行物理信道，用于发送寻呼指示，以支持 UE 的睡眠模式。用户以一定的时间间隔解调 PICH，查看是否有针对自己所属寻呼组的寻呼消息，若有，则在一定时间间隔后，读取相应的 S-CCPCH，查看是否有针对自己的寻呼内容。

（8）捕获指示信道（acquisition indicator channel，AICH）：下行物理信道，网络侧在接收到 UE 发送的 PRACH 的前缀部分后，在 AICH 上回一个应答消息，指示是否允许 UE 接入。

（9）公共导频信道（common pilot channel，CPICH）：下行物理信道，分为主公共导频信道（primary CPICH，P-CPICH）和从公共导频信道（secondary SCH，S-CPICH）。CPICH 提供其他物理信道的信道估计参考。P-CPICH 在整个小区的覆盖范围中不间断地发射，并承载着小区主扰码的信息。同时，P-CPICH 也是其他物理信道的功率基准，其发射功率决定了小区的覆盖范围。S-CPICH 是可以用在智能天线系统当中的一个解决方案，目前暂未使用。

后面三个信道是在 HSDPA 系统中所采用的信道。

（1）高速共享控制信道（high speed shared control channel，HS-SCCH）：下行物理信道。由于 HSDPA 的用户数据是承载在被多个用户所共享的信道上的，因此 UE 需要先检测 HS-SCCH，看当前是否有针对自己的数据包，然后再确定是否解调共享信道的信息。从这个角度看，HS-SCCH 的功能类似于 PICH 的。HS-SCCH 还包括其他有助于解调共享信道的必要信息。

（2）高速物理下行共享信道（high speed physical downlink shared channel，HS-PDSCH）：下行物理信道，用于承载用户的高速数据。该信道被本小区的 HSDPA 用户所共享。

（3）高速专用物理控制信道（high speed dedicated physical control channel，HS-DPCCH）：上行物理信道，用于 UE，反馈下行数据接收是否成功，以及反馈下行链路质量信息。

其实，信道、链路等都是人为概念，是一系列数据流或调制后的信号的分类名称，其名称是以信号的功用来确定的。逻辑信道定义传送信息的类型，这些信息可能是独立成块的数据流，也可能是夹杂在一起但是有确定起始位的数据流，这些数据流包括了所有用户的数据。传输信道主要是对经特定处理后的,逻辑信道信息再加上传输格式等指示信息后的数据流进行传输,这些数据流仍然包括所有用户的数据。物理信道则是对属于不同用户、不同功用的传输信道数据流分别按照相应的规则确定其载频、扰码、扩频码、开始/结束时间等,并在最终将其调制为模拟射频信号发射出去。不同物理信道上的数据流分别属于不同的用户或者有不同的功能。链路是指特定的信源与特定的用户之间传输信息中的传输状态与传输内容的统称,比如说,某用户与基站之间的上行链路代表二者之间传输的数据内容以及操作过程状态。链路包括上行、下行等。简单来讲:

  逻辑信道={所有用户(包括基站、终端)的纯数据集合}

  传输信道={定义传输特征参数并进行特定处理后的所有用户的数据集合}

  物理信道={定义物理媒介中传送特征参数的各个用户的数据的总称}

打个比方,某人写信给朋友:

  逻辑信道=信的内容

  传输信道=平信、挂号信、航空快件等送信方式

  物理信道=写上地址,贴好邮票后的信件

各个信道是有着一定的承载关系的:逻辑信道经过 MAC 层的处理映射到传输层,也就是传输信道上承载逻辑信道;传输信道经过物理层的处理映射到物理信道,也就是物理信道上承载传输信道。三种信道的承载关系如图 2-28 所示。

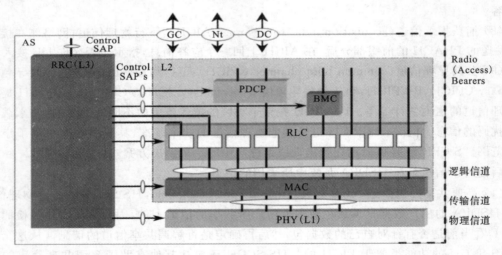

图 2-28 三种信道的承载关系

2.2.5 WCDMA 呼叫流程

WCDMA 呼叫流程如图 2-29 所示。

1. CS 起呼流程

电路交换业务起呼流程主要包括以下几个基本步骤。

(1) 建立 RRC 连接。起呼时,UE 的 RRC 接收到非接入层的请求,发送 RRC 连接建立请求消息给 UTRAN,该消息包含被叫 UE 号码、业务类型等。UTRAN 接收到该消息后,根据

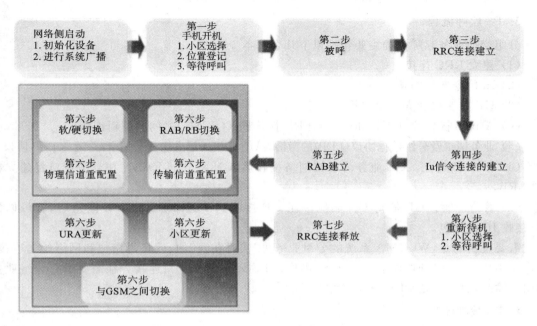

图 2-29 WCDMA 呼叫流程图

网络情况分配无线资源,并在 RRC CONNECTION SETUP 消息中发送给 UE,UE 将根据消息配置各协议层参数,同时返回确认消息。RRC 连接建立有两种情况:公共信道上的 RRC 连接建立和专用信道上的 RRC 连接建立。二者的区别在于 RRC 连接使用的传输信道不同,因而连接建立的流程有所区别。

(2) Iu 信令连接的建立。在 RRC 连接建立后,UE 将向 CN 发送业务请求。此时 UE 的 RRC 发送 INITIAL DIRECT TRANSFER 消息,在该消息中包含非接入层的信息(CM SERVICE REQUEST)。RNC 接收到该消息后,RNC 的 RANAP 发送 INITIAL UE MES-SAGE,将 UE 的非接入层消息透明转发给 CN,在该消息发送的同时建立 Iu 信令连接。在 Iu 信令连接建立后,UE 和 CN 之间的非接入层消息传输使用 DOWNLINK DIRECT TRANS-FER 和 UPLINK DIRECT TRANSFER 消息进行。

(3) 鉴权。Iu 信令连接建立后,CN 需要对 UE 进行鉴权。鉴权是非接入层功能,在 UT-RAN 中透明传输。

(4) RAB 的建立。UE 业务请求被网络接收后,CN 将根据业务情况分配无线接入承载(RAB)。同时在空中接口建立相应的无线承载(RB)。需要注意的是,若在 RRC 连接的建立中建立了无线链路,则需要进行无线链路的重配置过程,若在 RRC 连接中没有建立无线链路,即建立了公共信道上的 RRC 连接时,则在此应进行无线链路的建立。

(5) 等待应答。此时,UE 将等待被呼叫方应答,进入通话状态。

2. CS 被呼流程

CS 被呼流程基本与 CS 起呼流程相似,只是在 RRC 连接建立前,UE 首先接收到寻呼信道上的 PAGING TYPE 1 消息,然后再进行 RRC 连接的建立。以后的部分与 CS 起呼流程的相同。

3. PS 起呼流程

分组交换业务起呼流程主要包括以下几个基本步骤。

（1）建立 RRC 连接。

（2）Iu 信令连接的建立。

（3）UE 的鉴权和安全模式控制。

（4）Attach 操作建立 UE 和服务 GPRS 业务节点（SGSN）之间的逻辑连接。

（5）业务请求及分组数据协议（PDP）的激活。UE 非接入层发送业务请求，并激活 PDP 协议。

（6）RAB 的建立。UE 业务请求被网络接收后，CN 将分配 RAB。在空中接口将建立相应的 RB。

（7）等待应答。UE 等待 CN 响应。在 UE 接收到 PDP RESPONSE 消息后，就可以发送/接收 IP 数据包。

需要说明的是，WCDMA 系统的分组业务是"实时在线"的，就是说用户和网络始终连接。通常在用户 UE 开启时，便进行 Attach 操作，与 SGSN 建立逻辑连接。在需要进行分组业务数据传输时，直接激活 PDP 协议就可以了。

4. PS 被呼流程

与电路交换一样，PS 被呼流程也与 PS 起呼流程相似，只是在接收到 PAGING 消息后进行 RRC 连接的建立。

2.3　WCDMA 关键技术

2.3.1　RAKE 接收机

多径效应是指在电波传播信道中由多径传输现象引起的干涉时延效应。在实际的无线电波传播信道（包括所有波段）中，常有许多时延不同的传输路径。各条传播路径会随时间变化而变化，参与干涉的各分量场之间的相互关系也随时间变化而变化，由此引起合成波场的随机变化，从而形成总的接收场的衰落。因此，多径效应是衰落的重要成因。多径效应对于数字通信、雷达最佳检测等都有着十分严重的影响（见图 2-30）。

RAKE 接收技术是第三代 CDMA 移动通信系统中的一项重要技术。在 CDMA 移动通信系统中，由于信号带宽较宽，存在着复杂的多径无线电信号，通信受到多径效应的影响。RAKE 接收技术实际上是一种多径分集接收技术，其可以在时间上分辨出细微的多径信号，并对这些分辨出来的多径信号分别进行加权调整，使之复合成加强的信号。由于该接收机中的横向滤波器具有类似于锯齿状的抽头，就像耙子一样，故称该接收机为 RAKE 接收机。

其实，RAKE 接收机所做的就是：通过多个相关检测器接收多径信号中的各路信号，并把它们合并在一起。图 2-31 所示的为一个 RAKE 接收机的原理框图，该接收机是专为 CDMA 系统设计的经典的分集接收机，其理论基础就是：当传播时延超过一个码片周期时，多径信号实际上可看作是互不相关的。

RAKE 接收机是一种能分离多径信号并有效合并多径信号能量的最终接收机。而在

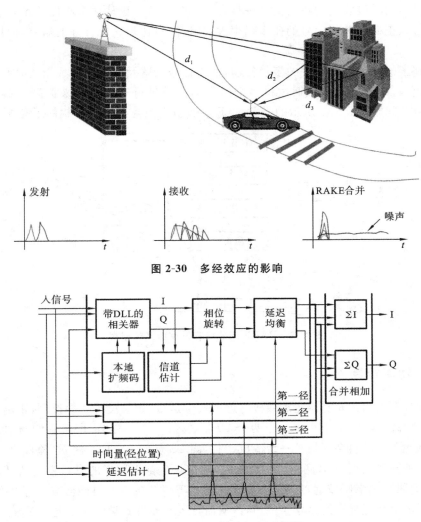

图 2-30   多经效应的影响

图 2-31   RAKE 接收机原理框图

CDMA 系统中,接收信号的强度大主要得益于 RAKE 接收机的合并技术,而根据合并技术的方式不同,可将合并分为三类:选择性合并、最大比合并、等增益合并。

1)选择性合并

将所有的接收信号送入选择逻辑,选择逻辑从所有的接收信号中选择出具有最高基带信噪比的基带信号作为输出。

2)最大比合并

这种方法对 M 路信号进行加权,再进行同相合并。最大比合并的输出信噪比等于各路信噪比之和。所以,即使各路信号都很差,以至于没有一路信号可以被单独解调,最大比方法仍能合成一个达到解调所需信噪比要求的信号,在所有已知的线性分集合并方法中,这种方法的抗衰落性是最佳的。

3)等增益合并

这种方法把各支路信号进行同相后再相加,只不过加权时各路的加权因子相同。这样,接收机仍然可以对同时接收到的各路信号进行合并,并且,接收机从大量不能够正确解调的信号中合成一个可以正确解调的信号的概率仍很大,其性能只比最大比合并的略差,但比选择性合并的好不少。

前面提到了电波传播信道中的多径传输,使得信号衰落及信号间形成干扰,而多径效应是衰落的重要成因,RAKE 接收机通过将多个路径的信号进行有效合并来提高增益,很好地解决了信号的衰落问题,图 2-32 所示的是 RAKE 接收机有效克服多径干扰的示意图。

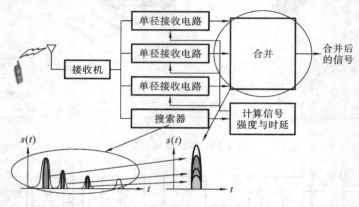

图 2-32　RAKE 接收机有效克服多径干扰

2.3.2　功率控制

进行功率控制的目的是克服远近效应。远近效应是指,如果没有功率控制,距离 BS 近的一个 UE 就能影响甚至阻塞整个小区。当两个 UE 的发射功率一样时,由于它们与 BS 的距离不同,距离 BS 较近的 MS 就会对另外一台造成干扰,离 BS 远的 UE 信号将被"淹没"(见图 2-33)。就好比一个老师同时在跟 A、B 两位学生交流时,两位学生都以同样的音量来说话,但 A 学生离老师很近,而 B 学生离老师较远,这样,在交流过程中,B 学生的声音可能会被 A 学生的声音所淹没而使老师听不清甚至听不到 B 学生的声音,从而导致老师与 B 学生无法进行交流。

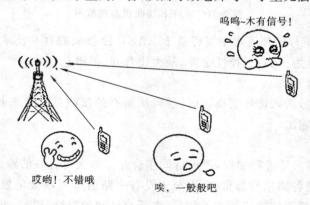

图 2-33　远近效应

功率控制指的是为使小区内所有 MS 到达 BS 时,信号电平基本维持在相等水平、通信质量维持在一个可接受水平,而对 MS 功率进行的控制(见图 2-34)。上面例子中,老师无法跟

A、B 两个学生正常交流,于是老师让 A 学生降低音量、B 学生提高音量,这样老师便可以听清两位学生的声音,从而进行正常的交流,老师让两位学生进行音量调整的过程就像 BS 让手机调整发射功率的过程一样。

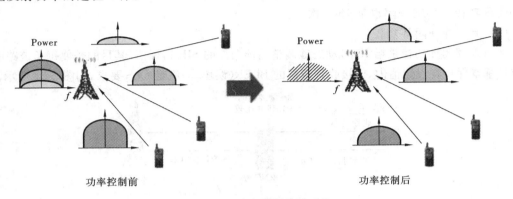

图 2-34 功率控制前后对比

在 WCDMA 系统中,功率控制按方向分为上行(或称为反向)功率控制和下行(或称为前向)功率控制两类;按 MS 和 BS 是否同时参与又分为开环功率控制和闭环功率控制两类。闭环功率控制是指发射端根据接收端送来的反馈信息对发射功率进行控制的过程,通常分为上行内环闭环功控、上行外环闭环功控,以及下行闭环功控;而开环功率控制不需要接收端的反馈,发射端根据自身测量得到的信息对发射功率进行控制。

(1)开环功率控制。

开环功率控制根据上行链路的干扰情况估算下行链路,或根据下行链路的干扰情况估算上行链路,其是单向不闭合的(见图 2-35)。开环功率控制仅仅在进行开机的时候才需要。

开环功率控制的目的是粗略估计初始发射功率,当 MS 发起呼叫时需要进行开环功率控制,从广播信道得到导频信道的发射功率,再测量自己收到的功率,将两项相减后得到下行链路损值。根据互易原理,由下行链路损值近似估计上行链路损值,从而计算出 MS 的发射功率。

(2)上行内环闭环功控。

上行内环闭环功控在 NodeB 与 UE 之间的物理层进行,目的是使 BS 接收到的每个 UE 信号的位能量相等,如图 2-36 所示。

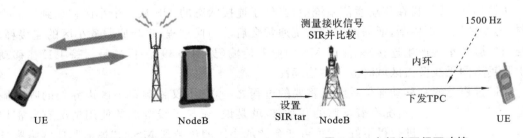

图 2-35 开环功率控制　　　　图 2-36 上行内环闭环功控

首先,NodeB 测量接收到的上行信号的信干比(SIR),并和设置的目标 SIR(目标 SIR 由 RNC 下发给 NodeB)相比较,如果测量 SIR 小于目标 SIR,则 NodeB 在 DPCH 中的 TPC 标识通知 UE 提高发射功率,反之,通知 UE 降低发射功率。

因为 WCDMA 在空中传输以无线帧为单位，每一帧包含有 15 个时隙，传输时间为 10 ms，所以，每时隙传输的频率为 1500 次/s；DPCH 在无限帧中的每个时隙中传送，所以其传输的频率为 1500 次/s，而且上行内环闭环功控的 TPC 标识是包含在 DPCH 里面的，所以，上行内环闭环功控的传输频率也是 1500 次/s。

（3）上行外环闭环功控。

上行外环闭环功控是指 RNC 动态地调整内环功控的 SIR 目标值，其目的是使每条链路的通信质量基本保持在设定值内，使接收到数据的 BLER(误块率)满足 QoS 要求，如图 2-37 所示。

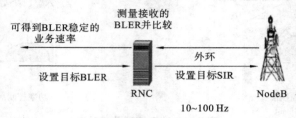

图 2-37　上行外环闭环功控

上行外环闭环功控由 RNC 执行。RNC 测量从 NodeB 传送来的数据的 BLER 并和目标 BLER(QoS 中的参数，由核心网下发)相比较，如果测量 BLER 大于目标 BLER，则 RNC 重新设置目标 tar(调高 tar)并将其下发到 NodeB；反之，RNC 调低 tar 并将其下发到 NodeB。上行外环闭环功控的周期一般为一个 TTI(10 ms、20 ms、40 ms、80 ms)的数量级，即 10～100 Hz。

由于无线环境复杂，仅根据 SIR 进行功率控制并不能真正反映链路的质量。而且，网络的通信质量是通过 QoS 来衡量的，而 QoS 的表征量为 BLER，而非 SIR。所以，上行外环闭环功控根据实际的 BLER 来动态调整目标 SIR，从而满足 QoS 的要求。

（4）下行闭环功控。

下行闭环功控和上行闭环功控的原理相似。下行内环功控由手机控制，目的使手机接收到 NodeB 信号的位能量相等，以解决下行功率受限问题；下行外环功控由 UE 的层 3 控制，通过测量下行数据的 BLER，进而调整 UE 物理层的目标 SIR，最终使 UE 接收到的数据的 BLER 满足 QoS 的要求，如图 2-38 所示。

2.3.3　切换

所谓切换，就是指在移动通信系统中，当处于连接状态的 MS 从一个小区移动到另一个小区时，为了使通信不中断，通信网控制系统通常会启动切换过程(将与原服务小区的连接释放，并与新的服务小区产生连接)来保证 MS 的业务传输(见图 2-39)。目的是保持 UE 在移动过程中跨越不同无线覆盖区域时业务的连续性。

切换过程是蜂窝移动通信系统最重要的过程之一，它不仅影响着小区边界处的呼叫服务质量，还与网络的负载情况有着紧密的联系，也就是说，还与无线资源的使用情况有着密切的联系。如果切换过程进行得不好，就很可能会造成小区的过载和 MS 的"掉话"，使网络服务质量大大下降。

手机用户对网络的最大意见体现在经常掉话方面。这是因为手机越区切换时采用的是"硬切换"，在从一个 BS 覆盖区进入另一个 BS 覆盖区时要先断掉与原 BS 的联系，然后再寻找新进入的覆盖区的 BS 进行联系，这就是通常所说的"先断后接"，当然这个断的时间差仅为几

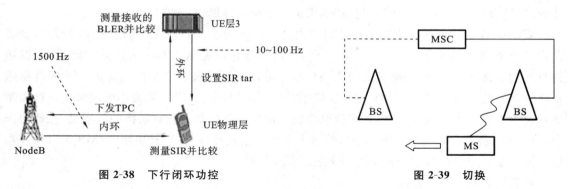

图 2-38 下行闭环功控 | 图 2-39 切换

百毫秒,在正常情况下,人们无法感觉到,只是一旦手机因进入屏蔽区或信道繁忙而无法与新 BS 联系时,掉话就会产生。GSM 系统使用的切换就是硬切换。而 WCDMA 系统内的硬切换是指在一个 WCDMA 系统内,如果两个小区的载波频率不同,或者两小区指配的业务信道的帧偏置不同,它们之间的切换必须采用硬切换,即"先断开,后建立"。系统间的硬切换主要是指 WCDMA 系统与其他系统(如 GSM 或模拟系统)之间的切换。这也必须先中断原来的链路,所以必须采用硬切换。

硬切换的特点有:

(1) 先中断原小区的链路,后建立目标小区的链路;

(2) 通话会产生"缝隙";

(3) 非 CDMA 系统都只能进行硬切换。

根据切换的类型不同,硬切换分为如下几类:

(1) 不同载频间的硬切换;

(2) 同一载频下的硬切换(强制性硬切换);

(3) 系统间硬切换(如与 GSM 之间);

(4) 不同模式间硬切换(如 FDD 与 TDD 之间)。

与硬切换的"先断后接"(见图 2-40)不同,WCDMA 系统使用的软切换让手机不断掉与原 BS 的联系而同时与新 BS 联系,当手机确认已经和新 BS 联系后,才与原 BS 的联系断掉,也就是"先接后断"(见图 2-41),掉话的可能几乎为零。

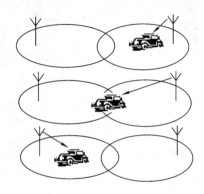

图 2-40 硬切换,"先断后接"

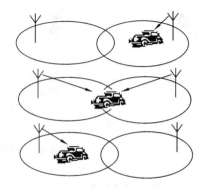

图 2-41 软切换,"先接后断"

WCDMA 系统引入了微小区结构来增加系统容量,这时,小区覆盖面积小,切换的发生率比较高,这就更加需要一个好的切换技术来保证系统的性能。

WCDMA 的软切换和更软切换是频率内切换。软切换的特点是"先建立,后断开",也就是说,MS 在离开其服务小区(主小区)之前,就已经与它可能到达的小区建立了联系,所以切换具有健壮性。另外,软切换带来的宏分集增益可以明显提高处于小区边缘的 MS 的链路通信质量。因此,软切换是 WCDMA 系统应用最为广泛的切换技术。随着小区扇区化以提高系统容量的方案逐渐得到采纳,更软切换也得到了运用。更软切换和软切换的区别是:在软切换中,MS 在切换过程中与属于不同小区的多个扇区产生连接,而在更软切换中,MS 在切换过程中与同一小区中的具有相同频率的多个扇区产生连接。

软切换有如下几个特点:

(1) CDMA 系统所特有,只能发生在同频小区间;

(2) 先建立目标小区链路,后中断原小区链路,可以避免通话"缝隙";

(3) 软切换会比硬切换占用更多的系统资源;

(4) 当进行软切换的两个小区属于同一个 NodeB 时,上行的合并可以进行最大比合并,此时为"更软切换"。

硬切换是指 MS 在不同频道之间切换,如同一 MSC 或不同 MSC 之间的不同频道之间的切换、CDMA 系统到模拟系统的切换等。这些切换需要 MS 变更收发频率,即先切断原来的收发频率,再搜索、使用新的频道。硬切换会造成通话短暂中断,当切换时间较长时(大于 200 ms),将影响用户通话。

软切换是指相同的 CDAM 频道中的切换,不需要变换收发频率,只需对引导 PN 码的相位作调整。软切换时,CDMA 系统 MS 利用 RAKE 接收机的多个单路径接收支路,开始与新的 BS 建立业务链路,但同时不中断与原来服务基站的业务链路,直到 MS 接收到原 BS 的信号低于一个门限值时才切断与原 BS 的联系。

硬切换与软切换的连接比较如图 2-42 所示。软切换用 soft handoff 来表示,硬切换一般用 handover 来表示。

(a) 硬切换　　　　(b) 软切换

图 2-42　硬切换与软切换的连接比较

2.3.4　码资源管理

WCDMA 系统是一种码分多址的扩频通信系统,在上行方向用扰码来区分不同的 UE,用正交可变扩频因子的信道化码进行扩频。在下行方向用主扰码来识别不同的小区,用正交可变扩频因子的信道化码进行扩频,并用其区分同一小区内不同的下行信道,如图 2-43 所示。

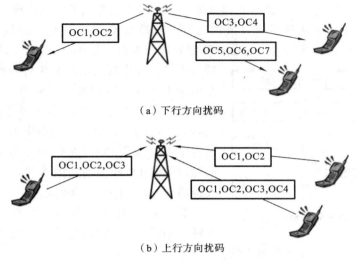

（a）下行方向扰码

（b）上行方向扰码

图 2-43　WCDMA 系统扰码的作用

WCDMA 下行方向共有 8192 个扰码,分成 512 组,每组包含 1 个主扰码和 15 个辅扰码,每个小区分配 1 个唯一的主扰码和对应的辅扰码组。下行公共信道用主扰码加扰,以识别不同的小区。

WCDMA 下行方向用 OVSF 的信道化码对信道进行扩频,并利用不同信道化码的正交性来分离不同的下行信道。OVSF 码可以用码树来表示,码树上的码可以表示为 Cch、SF、k,其中,SF 为扩频因子,k 为码号,$0 \leqslant k \leqslant SF-1$。由于下行信道要相互正交,因此,在一个码被分配以后,其所在码树上的下层低速的码节点和上层高速的码节点将不能再被分配,即被阻塞。由于下行信道化码是一种受限的资源,因此其分配不合理,就会降低系统容量,因此,下行信道化码的分配和管理是 WCDMA 系统中码资源管理的核心内容。

1）信道化码

WCDMA 系统是一个码分多址的接入系统,该系统使用 OVSF 码来扩频。在 OVSF 码家族中,同一代的 OVSF 码是完全正交的,不同代但没有直接关系的 OVSF 码也是相互正交的,但不同代有直接关系的 OVSF 码则不完全正交。

2）扰码

WCDMA 使用 Gold 码来为数据加扰。下行链路 Gold 码的序列长度为 $2^{18}-1$,上行链路 Gold 码的序列长度为 $2^{25}-1$。Gold 码具有低的相关性,这大大降低了将一个 Gold 码被误认为是另一个 Gold 码的可能性,因此,使用 Gold 码对信道化的信号进行加扰是非常理想的。在 WCDMA 系统中,Gold 码序列被截成 38400 个码片,于 10 ms 的无线帧相匹配。

WCDMA 在上行方向一共有 2^{24} 个长扰码和 2^{24} 个短扰码可用,上行扰码资源很丰富,在分配时只要保证每个 UE 分配的扰码不同就行了。

总之,信道化码可起到扩频的作用。扰码在上行起到区分用户作用,在下行起到区分小区作用。

2.3.5 接纳和负荷控制

一个新的连接请求是否被接入及通过怎样的方式接入等决策问题构成了接入控制的核心任务。其原则是:接入新连接不应以牺牲已有的连接的 QoS 为代价。在接入一个新连接之前,接入控制必须检查请求接入是否会牺牲规划好的覆盖区域或已有连接的质量。有效、完善的接入控制算法对当前的系统容量作出限制,从而很好地保障已有连接的通信质量并最大限度地提高系统资源利用率。即当小区容量处于饱和状态时不再接纳新连接请求,以保证已有用户的 QoS 要求;当小区容量未达到饱和时,在保证已有用户 QoS 要求的同时,尽可能多地接纳新的连接请求,以充分利用无线资源,其过程如图 2-44 所示。

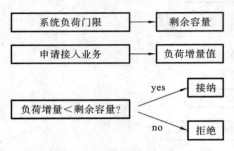

图 2-44 RNC 进行呼叫接纳控制

总的来说,接入控制的目的有:接入或拒绝用户的呼叫请求;尽可能避免系统过载;根据干扰和无线资源测量来决定是否接入;优化网络收益。

系统不断在实时测量系统小区的负荷,当负荷平均值在一个设定的时间内超越某一个门限值时就有必要进行负荷控制。简单来说,负荷一般指对网络数据流的限制,使发射端不会因为发送的数据流过大或过小而影响数据传输的效率。在小区管理的移动系统中也会存在要求负荷平衡的问题,希望将某些"热点小区"的负荷分担到周围负荷较低的小区中,以提高系统容量的利用率,此时就用到了负荷控制技术。

负荷控制的核心思想是保证系统在稳定运行的前提下,最大限度地接入尽可能多的业务,以达到高效运行的目的。WCDMA 负荷控制流程如图 2-45 所示。

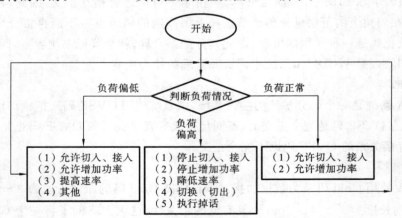

图 2-45 WCDMA 负荷控制流程

小区呼吸(cell breathing)是指如果一个移动电话同时被多个 BS 覆盖,BS 会根据自身的负荷调整作用范围的一种技术。当小区超负荷时,会缩小服务范围,以减少用户量。用户的流量会通过那些空闲的邻近 BS 转发。

一个小区内,其他手机发射的信号对于某一个手机来说都是干扰。用户数越多,干扰越大,此时这个手机就会增大发送功率(通过功率控制实现)来达到反向的解调门限,而对于前向而言,BS 为了防止更多的用户接入系统,造成当前的手机无法解调,也会减小发送功率(也是通过功率控制实现),此时小区的覆盖面积就会减小。

小区呼吸(见图 2-46)的主要目的是将某些"热点小区"的负荷分担到周围负荷较轻的小区中,以提高系统容量的利用率。

图 2-46　小区呼吸

WCDMA 系统引入了多媒体业务和每种业务所具有的不同的 QoS 概念。多业务环境和 WCDMA 系统本身的特点使得在规划 WCDMA 系统时有许多不同于 GSM 系统规划的地方。特别要注意的是,规划 WCDMA 系统时,小区的覆盖和负荷要相互结合起来考虑。在上行链路由于限制了 MS 的最大发射功率而限制了小区的覆盖范围;在下行链路由于干扰而限制了小区的容量。WCDMA 系统无线网络规划要在容量、覆盖、QoS 三者间寻求最佳点。

WCDMA 系统本身是一个干扰受限系统,在对其进行网络规划的时候,对容量和覆盖的规划要结合起来考虑,主要原因是小区的负荷会对小区允许的最大传播损耗产生影响,也就是对覆盖产生影响,同时小区负荷又是小区容量的决定因素。当负荷比较小时,WCDMA 系统上行链路覆盖受限,当负荷比较大时,下行链路容量受限。因此,覆盖和容量的规划对于上、下行链路是不同的。

在 WCDMA 无线网络规划的初始化布局阶段,上行链路功率预算一般基于链路质量方程。当上行链路负荷因子趋于 1 时,小区达到它的极点容量,或者渐进小区容量。当用户数据传输速率不太高时,上行链路小区的负荷因子和小区的覆盖几乎呈线性关系。

WCDMA 系统下行链路相比于上行链路具有如下不同:

(1) BS 的发射功率由它所服务的所有 MS 共享;

(2) 不同 MS 是否会遭受到相邻小区的干扰,取决于 MS 在小区中的位置;

(3) 下行链路的负荷因子与正交系数有很大关系。

同上行链路一样,当下行链路负荷因子趋于 1 时,下行链路容量也达到它的最大值,即极点容量,此时所需的 BS 功率达到无限。所以在做网络规划时,小区的负荷一般不能太大,负荷因子应该保持在一个比 1 小的值,以便使整个网络达到稳定状态。

2.3.6　MIMO 技术

MIMO 系统又称为多入多出系统,指在发射端和接收端同时使用多根天线的通信系统,在不增加带宽的情况下可成倍地提高通信系统的容量和频谱利用率。

MIMO 技术最早由马可尼于 1908 年提出,他利用多天线来抑制信道衰落。20 世纪 70 年代有人提出将多入多出技术用于通信系统,但是对无线移动通信系统多入多出技术产生巨大推动的工作则是在 20 世纪 90 年代由 Bell 实验室学者完成的:1995 年 Telatar 给出了在衰落情况下的 MIMO 容量;1996 年 Foshinia 给出了 D-BLAST 算法;1998 年 Tarokh 等讨论了用于多入多出的空时码;1998 年 Wolniansky 等人采用 V-BLAST 算法建立了一个 MIMO 实验系统,在室内实验中达到了 20 (b/s)/Hz 的频谱利用率,这一频谱利用率在普通系统中极难实现。这些工作受到各国学者的极大注意,并使得 MIMO 技术的研究工作得到了迅速发展。

当前,MIMO 技术主要通过以下三种方式来提升无线数据传输速率及品质。

(1) 空间复用(spatial multiplexing)技术。系统将数据分割成多份,分别在发射端的多根天线上发射出去,接收端接收到多个数据的混合信号后,利用不同空间信道间独立的衰落特性,区分出这些并行的数据流,从而达到在相同的频率资源内获取更高数据传输速率的目的,如图 2-47 所示。

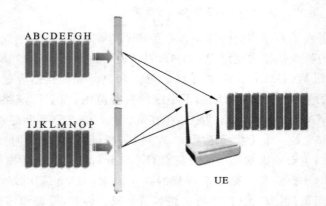

图 2-47　空间复用示意图

空间复用技术是在发射端发射相互独立的信号,在接收端采用干扰抑制的方法进行解码的,此时的空中接口信道容量随着天线数量的增加而线性增大,从而能够显著提高系统的数据传输速率,就好比大合唱那样,多个人同时发出不同的声音,而我们的耳朵可以同时接收所有人的声音,而且音量要比一个人发出的声音要高。

(2) 传输分集技术,以空时编码为代表。在发射端对数据流进行联合编码以减少由于信道衰落和噪声所导致的符号错误。空时编码在发射端增加信号的冗余度,以使信号在接收端获得分集增益。可以这么理解,对于同样的一个信息,通过不同的编码方式来整合出多种不同形式的同一个信息,即不同版本的同一个信息,不同版本的信息通过多路发射,在接收端同时接收这些信息并解码,以此来降低信息的错误率,提高信息的正确率及通信质量,如图 2-48 所示。

(3) 波束赋形。系统通过多根天线产生一个具有指向性的波束,将信号能量集中在欲传输的方向上,从而提升信号质量,并减少对其他用户的干扰。

波束赋形技术又称为智能天线,对多根天线输出信号的相关性进行相位加权,以使信号在某个方向形成同相叠加,在其他方向形成相位抵消,从而实现信号的增益,如图 2-49 所示。

当系统发射端能够获取信道状态信息时,系统会根据信道状态调整每根天线发射信号的相位(数据相同),以保证在目标方向达到最大增益;当系统发射端不知道信道状态时,可以采用随机波束赋形方法实现多用户分集。可以想象一下舞台上的追光灯,演员走到哪灯光就打

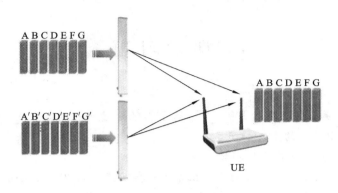

图 2-48　传输分集技术示意图

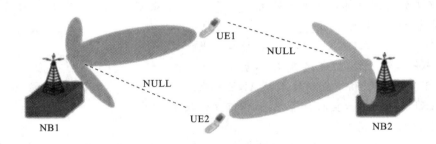

图 2-49　波束赋形示意图

到什么位置,以提高演员所在区域的光亮,波束赋形也是如此,只不过提高的不是用户的光亮,而是用户的信号增益。

空间复用能最大化 MIMO 系统的平均发射数据传输速率,但只能获得有限的分集增益,其在信噪比较小时使用,可能无法使用高阶调制方式,如 16QAM 等。

无线信号在密集城区、室内等环境中会频繁反射,这使得多个空间信道之间的衰落特性更加独立,从而使得空间复用的效果更加明显。

无线信号在市郊、农村地区,多径分量少,各空间信道之间的相关性较大,因此空间复用的效果要差许多。

对发射信号进行空时编码可以获得额外的分集增益和编码增益,从而可以在信噪比相对较小的无线环境下使用高阶调制方式,但无法获取空间并行信道带来的数据传输速率收益。空时编码在无线相关性较大的场合也能很好地发挥效能。

因此,在 MIMO 技术的实际使用中,空间复用技术往往和空时编码结合使用。当信道处于理想状态或信道间相关性小时,发射端采用空间复用的发射方案,例如密集城区、室内等场景;当信道间相关性大时,采用空时编码的发射方案,例如市郊、农村地区。这也是 3GPP 在 FDD 系统中推荐的方式。波束赋形技术在能够获取信道状态信息时,可以实现较好的信号增益及干扰抑制,因此比较适合 TDD 系统。波束赋形技术不适合密集城区、室内等环境,由于存在反射,一方面接收端会收到太多路径的信号,导致相位叠加的效果不佳;另一方面,大量的多径信号会导致 DOA 信息估算困难。

课后习题

一、选择题

1. 下列描述中属于快衰落的是_____，属于路径传播损耗的是_____，属于慢衰落的是_____。以下选项中正确的是（   ）。

a 电波在自由空间传播产生的损耗

b 由于在传播路径上受到建筑物及山丘等的阻挡所产生的阴影效应而产生的损耗

c 由于多径传播而产生的衰落

    A. a、b、c   B. c、b、a   C. c、a、b   D. b、c、a

2. 为了克服时间选择性衰落可采用_____，为了克服频率选择性衰落可采用_____，为了克服空间选择性衰落可采用_____。正确的是（   ）。

    A. 信道交织技术，RAKE 接收方式，空间分集方式

    B. RAKE 接收方式，信道交织技术，空间分集方式

    C. 空间分集方式，信道交织技术，RAKE 接收方式

    D. RAKE 接收方式，空间分集方式，信道交织技术

3. 功率控制的作用是（   ）。

    A. 降低多余干扰   B. 解决远近效应   C. 解决阴影效应   D. 调节手机音量

4. 快速闭环功率控制的频率为（   ）。

    A. 200 Hz   B. 1000 Hz   C. 1500 Hz   D. 2000 Hz

5. 切换过程中 UE 处于（   ）状态。

    A. CELL_PCH   B. CELL_DCH   C. CELL_FACH   D. URA_PCH

6. 切换的目的是（   ）。

    A. 处理移动造成的越区   B. 平衡负载

    C. 保证通信质量   D. 提高码资源利用率

7. WCDMA 系统内环功率控制标准为（   ）。

    A. 功率平衡   B. 误码率平衡   C. 信噪比平衡   D. 误块率平衡

8. WCDMA 系统上行链路功率控制中，基站频繁估计接收到的 SIR，并与目标 SIR 相比较，根据比较结果命令移动台增加或降低功率，这种功率控制机制是（   ）。

    A. 开环功率控制机制   B. 上下闭环功率控制机制

    C. 下行闭环功率控制机制   D. 分集接收

9. 软切换时，移动台处于_____、两个扇区覆盖的重叠区域，在切换期间每个连接的_____功率控制环路处于激活状态。正确的是（   ）。

    A. 一个基站，一条   B. 一个基站，两条

    C. 两个基站，一条   D. 两个基站，两条

10. 更软切换时，移动台处于_____、两个扇区覆盖的重叠区域，在切换期间每个连接的_____功率控制环路处于激活状态。正确的是（   ）。

    A. 一个基站，一条   B. 一个基站，两条

C. 两个基站,一条　　　　　　　　　　　D. 两个基站,两条

11. 开环功率控制的精度(　　)闭环功率控制的精度。

A. 大于　　　　　　B. 小于　　　　　　C. 接近　　　　　　D. 不好说

12. 下列关于 MIMO 技术的描述,正确的是(　　)。

A. 使用空间复用技术能够提升数据传输速率

B. 使用传输分集技术能够提升数据传输的可靠性

C. 使用波束赋形技术能够有效降低干扰

D. 以上都不对

13. 下列关于 MIMO 技术的应用场景,描述正确的是(　　)。

A. 在密集城区或室内等场景使用空间复用技术能获得较好的复用增益

B. 在郊区或农村等场景使用传输分集技术能获得较大的分集增益

C. 在密集城区使用波束赋形技术能有效降低干扰

D. 在郊区、农村等开阔场景使用波束赋形技术能有效提高信号质量

二、填空题

1. 快衰落可以分成三类,分别是_____、_____和_____。

2. RAKE 接收机的合并方式有三种,分别是_____、_____和_____。其中,抗衰落性能最好的是_____。

3. 功率控制按照功率控制环路类型,可以分为_____和_____。

4. UE 的两个基本操作模式是_____和_____。

5. 如果基站的发射功率为 43 dBm,则对应_____W。

6. WCDMA 系统的上行链路极限容量一般受限于_____,下行链路极限容量一般受限于_____,当小区覆盖范围比较小时,也可能受限于_____。

7. 切换是用户在移动过程中为保持与网络的持续连接而发生的,一般情况下,切换可以分为三个步骤,分别是_____、_____和_____。

三、判断题

1. 在 WCDMA 系统中,开环功率控制一般只应用在物理连接建立时初始化发射功率。(　　)

2. 小区呼吸现象可以有效减少导频污染。(　　)

3. 软切换比硬切换占用更少的系统资源。(　　)

四、简答题

1. 切换包括硬切换和软切换,请描述二者之间的区别。

2. 上行内环功率控制的频率是多少?请写出详细的计算过程。

第 3 章　WCDMA 系统结构模块

3.1　GSM 系统网络构架

GSM 系统由以下分系统构成：网络子系统（NSS）、基站子系统（BSS）、移动台（MS）和操作维护子系统（OMS）。它包括了从固定用户到移动用户（或相反）所经过的全部设备。

3.1.1　移动台

移动台（MS）是公用 GSM 移动通信网中用户使用的设备，也是用户能够直接接触的整个 GSM 系统中的唯一设备。MS 的类型不仅包括手持台，还包括车载台和便携式台。随着 GSM 标准的数字式手持台功能的增加和进一步小型化，手持台的用户将占整个用户的极大部分。

除了通过无线接口接入 GSM 系统的常用无线和处理功能外，MS 必须提供与使用者之间的接口。比如完成通话呼叫所需要的传声器、扬声器、显示屏和按键，或者与其他一些终端设备（TE）之间的接口。比如提供与个人计算机或传真机连接的接口，或同时提供这两种接口。因此，根据应用与服务情况，MS 可以是单独的移动终端（MT）、手持机、车载机，也可由移动终端直接与终端设备相连接而构成，或者由移动终端通过相关终端适配器（TA）与终端设备相连接而构成，如图 3-1 所示，这些都归类为 MS 的重要组成部分之一——移动设备。

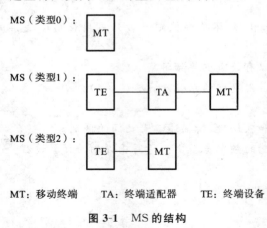

图 3-1　MS 的结构

MS 另外的一个重要组成部分是用户识别模块（SIM），它基本上是一张符合 ISO 标准的"智慧"卡，它包含所有与用户有关的和某些无线接口的信息，其中也包括鉴权和加密信息。使用 GSM 标准的 MS 都需要插入 SIM 卡，只有当处理异常的紧急呼叫时，可以在不用 SIM 卡的情况下操作 MS。SIM 卡的应用使 MS 并非固定地缚于一个用户,因此,GSM 系统是通过 SIM 卡来识别移动电话用户的,这为将来发展个人通信打下了基础。

3.1.2　基站子系统

基站子系统(BSS)包含 GSM 数字移动通信系统中无线通信部分的所有地面基础设施,通过无线接口直接与 MS 实现通信连接。BSS 具有控制功能与无线传输功能,完成无线信道的发送、接收和管理。它由基站控制器(base station controller,BSC)和基站收发信台(base transceiver station,BTS)两部分组成。

1) BSC

BSC 的一侧与移动交换子系统相连接,另一侧与 BTS 相连接。一个基站子系统只有一个 BSC,而有多套 BTS。BSC 的功能是负责控制和管理,BSC 通过 BTS 和 MS 的指令来管理无线接口,主要进行无线信道分配、释放以及越区信道的切换管理。

2) BTS

BTS 负责无线传输,每个 BTS 有多部收发信机(TRX),即占用多个频率点,每部 TRX 占用一个频率点,而每个频率点又分成 8 个时隙,这些时隙就构成了信道。BTS 是覆盖一个小区的无线电收发信设备。

BTS 还有一个重要的部件称为码型转换和速率适配单元,简称 TRAU。它的作用是将 GSM 系统中的话音编辑信号与标准 64 Kb/s 的 PCM 相配合,例如 MS 发话后,首先进行语音编码,信号变为 13 Kb/s 的数字流,信号经 BTS 收信机接收后,输出的仍为 13 Kb/s 的信号,该信号需经 TRAU 变为 64 Kb/s 的 PCM 信号后,才能在有线信道上传输。同时,要传送较低速率的数据信号时,也需借助 TRAU 将信号变成标准信号。

3.1.3　网络子系统

网络子系统(NSS)包括以下几个部分:移动交换中心(MSC)、归属位置寄存器(HLR)、拜访位置寄存器(VLR)、认证(鉴权)中心(AUC)、设备标志寄存器(EIR)。

1) 移动交换中心

它主要处理与协调 GSM 系统内部用户的通信接续。MSC 对位于其服务区内的移动台进行交换与控制,同时提供移动网与固定公众电信网的接口。作为交换设备,MSC 具有完成呼叫接续与控制的功能,同时还具有无线资源管理和移动性管理等功能,例如 MS 位置的登记与更新,MS 的越区转接控制等。移动用户没有固定位置,要为网内用户建立通信时,路由都先接到一个关口交换局(GMSC),即由固定网接到 GMSC。GMSC 的作用是查询用户的位置信息,并把路由转到移动用户当时所拜访的移动交换局(VMSC)。GMSC 首先根据移动用户的电话号码找到该用户所属的 HLR,然后从 HLR 中查询到该用户目前的 VMSC。GMSC 一般都与某个 MSC 合在一起,只要使 MSC 具有关口功能就可实现。MSC 通常是一个大的程控数字交换机,能控制若干个 BSC。GMSC 与固定网相接,固定网有公共交换电话网(PSTN)、综合业务数字网(ISDN)、分组交换公用数据网(PSPDN)和电路转换公共数据网(CSPDN)。MSC 与固定网互联需要通过一定的适配才能符合对方网络对传输的要求,称其为适配功能(IWF)。

2）归属位置寄存器

HLR 是管理移动用户的数据库,作为物理设备,它是一台独立的计算机。每个移动用户必须在某个 HLR 中登记注册。数字蜂窝通信网应包括一个或多个 HLR。HLR 所存储的信息分两类:一类是有关用户参数的信息,例如用户类别、所提供的服务、用户的各种号码、识别码,以及用户的保密参数等;另一类是用户当前的位置信息,例如 MS 漫游号码、VLR 地址等,用于建立至 MS 的呼叫路由。HLR 不受 MSC 的直接控制。

3）拜访位置寄存器

VLR 是存储用户位置信息的动态链接库,当漫游用户进入某个 MSC 区域时,必须在 MSC 相关的 VLR 中进行登记,VLR 分配给移动用户一个漫游号。在 VLR 中建立用户的有关信息,其中包括移动用户识别码(MSI)、移动台漫游号(MSRN)、移动用户所在位置区的标志,以及向用户提供的服务等参数,而这些信息是从相关的 HLR 中传过来的。MSC 在处理入网和出网呼叫时需要查访 VLR 中的有关信息。一个 VLR 可以负责一个或多个 MSC 区域。由于 MSC 与 VLR 之间的交换信息很多,所以二者的设备通常合在一起。

4）认证(鉴权)中心

AUC 直接与 HLR 相连,是认证移动用户身份及产生相应认证参数的功能实体。认证参数包括随机号码(RAND)、信号响应(SREC)和密匙(KC)。AUC 对移动用户的身份进行认证,将用户的信息与 AUC 的 RAND 进行核对,合法用户才能接入网络,并得到网络的服务。

5）设备标志寄存器

EIR 是存储有关 MS 设备参数的数据库,用来实现对移动设备的识别、监视、闭锁等功能。EIR 只允许合法的设备使用,它与 MSC 相连接。

3.1.4 操作维护子系统

操作维护子系统(OMS)维护管理的目的是使网络运营者能监视和控制整个系统,把需要监视的内容从被监视的设备传到网络管理中心,显示给管理人员;同时,应该使管理人员在网络管理中心能修改设备的配置和功能。

OMS 需完成许多任务,包括移动用户管理、移动设备管理,以及网络操作和维护。

移动用户管理包括用户数据管理和呼叫计费。用户数据管理一般由 HLR 来完成,HLR 是 NSS 功能实体之一。SIM 的管理也可认为是用户数据管理的一部分,但是,对于相对独立的 SIM 管理,还必须根据运营部门的 SIM 管理要求和模式采用专门的 SIM 个人化设备来完成。呼叫计费可以由移动用户所访问的各个移动业务交换中心 MSC 和 GMSC 分别处理,也可以通过 HLR 或独立的计费设备来集中处理计费数据。

移动设备管理是由 EIR 来完成的,EIR 与 NSS 的功能实体之间是通过 SS7 信令网络的接口互联的,为此,EIR 也归入 NSS 的组成部分之一。

完成网络操作与维护管理的设施称为操作与维护中心(OMC)。从电信管理网络(TMN)的发展角度考虑,OMC 还应具备与高层次的 TMN 进行通信的接口功能,以保证 GSM 网络能与其他电信网络一起纳入先进、统一的电信管理网络,进行集中操作与维护管理。直接面向 GSM 系统的 BSS 和 NSS 的各个功能实体的操作与维护中心归入 NSS 部分。

可以认为,操作支持子系统(OSS)不包括与 GSM 系统的 NSS 和 BSS 部分密切相关的功能实体,其是一个相对独立的管理和服务中心,主要包括网络管理中心(NMC)、安全性管理中心(SEMC)、用于用户识别卡管理的个人化中心(PCS)、用于集中计费管理的数据后处理系统(DPPS)等功能实体。

3.2 GPRS 系统网络构架

3.2.1 GPRS 演进过程

1. GPRS 的产生

通用分组无线服务(general packet radio service,GPRS)技术是在现有的 GSM 移动通信系统基础上发展起来的一种移动分组数据技术。GPRS 通过在 GSM 移动通信网络中引入分组交换的功能实体,完成用分组方式进行数据传输。GPRS 系统可以看作是在原有的 GSM 电路交换系统的基础上进行的业务扩充,以支持移动用户利用分组数据移动终端接入 Internet 或其他分组数据网络。

以 GSM、CDMA 为主的数字蜂窝移动通信和以 Internet 为主的分组数据通信是目前信息领域增长最为迅猛的两大产业,正呈现出相互融合的趋势。GPRS 可以看作是移动通信和分组数据通信融合的第一步。

在目前的话音业务继续保持发展的同时,对 IP 和高速数据业务的支持已经成为 2G 系统演进的方向,而且这也将成为 3G 系统的主要业务特征。

GPRS 包含丰富的数据业务,如 PTP 点对点数据业务、PTM-M 点对多点广播数据业务、PTM-G 点对多点群呼数据业务、IP-M 广播业务。这些业务已具有了一定的调度功能,再加上 GSM-phase 2+ 中定义的话音广播及话音组呼业务,GPRS 已能完成一些调度功能。

GPRS 主要的应用领域有电子邮件收发、WWW 浏览、信息查询、远程监控等。

2. GPRS 的发展

GPRS 通过在原 GSM 网络的基础上增加一系列的功能实体来完成分组数据功能,新增功能实体完成 GPRS 业务,原 GSM 网络则完成话音功能。

GPRS 新增功能实体有服务 GPRS 支持节点、网关 GPRS 支持节点、点对多点数据服务中心等,并对一系列原有功能实体的软件功能进行了增强。GPRS 协议大规模地借鉴及使用了数据通信技术及产品,包括帧中继、TCP/IP 协议、X.25 协议、X.75 协议、路由器、接入网服务器、防火墙等。

GPRS 最早在 1993 年提出,1997 年出台了第一阶段的协议,到目前为止 GPRS 协议还在不断更新,2000 年初推出 SMG30,匿名接入功能在新的协议中不再体现。GPRS 协议除包含新出台的协议外,还对原有的一些协议进行了较多的修改。

3.2.2 GPRS 网络结构

GPRS 网络引入了分组交换和分组传输的概念,这使 GSM 网络对数据业务的支持在网络体系上得到了加强。图 3-2 从不同的角度给出了 GPRS 网络的组成示意图。

GPRS 其实是叠加在现有的 GSM 网络上的另一个网络,GPRS 网络在原有的 GSM 网络

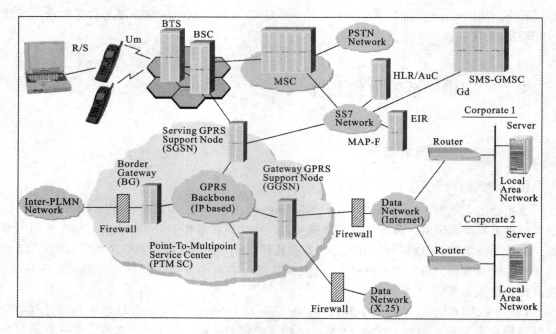

图 3-2　GPRS 网络组成示意图

的基础上增加了 SGSN、GGSN 等功能实体。GPRS 和 GSM 网络共用 BSS 系统,但要对软硬件进行相应的更新;同时必须对 GPRS 网络和 GSM 网络各实体的接口作相应的界定;另外,要求 MS 提供对 GPRS 业务的支持。GPRS 支持通过 GGSN 实现和 PSPDN 的互联,接口协议可以是 X.75 协议或者是 X.25 协议,同时 GPRS 还支持和 IP 网络的直接互联。GPRS 网络组成如图 3-3 所示。

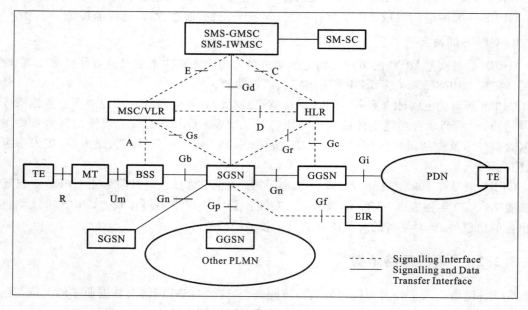

图 3-3　GPRS 网络组成

1. 主要网络实体

GPRS MS 终端设备是终端用户操作和使用的计算机终端设备,在 GPRS 系统中用于发送和接收终端用户的分组数据。可以将 TE 作为独立的桌面计算机,也可以将 TE 的功能集成到手持的移动终端设备上,同 MT 合二为一。从某种程度上说,GPRS 网络所提供的所有功能都是为了在 TE 和外部数据网络之间建立起一个分组数据传送的通路。

MT 一方面同 TE 通信,另一方面通过空中接口同 BTS 通信,并可以建立到 SGSN 的逻辑链路。GPRS 的 MT 必须配置 GPRS 功能软件,以使用 GPRS 系统业务。在数据通信过程中,从 TE 的观点来看,MT 的作用就相当于将 TE 连接到 GPRS 系统的调制解调器中。MT 和 TE 的功能可以集成在同一个物理设备中。

MS 可以看作是 MT 和 TE 功能的集成实体,其在物理上可以是一个实体,也可以是两个实体(TE+MT)。

MS 有三种类型。

A 类:可同时进行分组交换业务和电路交换业务。

B 类:可同时附着在 GPRS 网络和 GSM 网络上,但不能同时进行电路交换和分组交换业务。

C 类:不能同时附着在 GPRS 网络和 GSM 网络上。

1) 分组控制单元

分组控制单元(PCU)是在 BSS 侧增加的一个处理单元,主要完成 BSS 侧的分组业务处理和分组无线信道资源的管理,目前 PCU 一般实现在 BSC 和 SGSN 之间。

2) 服务 GPRS 支持节点

服务 GPRS 支持节点是 GPRS 网络的一个基本的组成网元,是为了提供 GPRS 业务而在 GSM 网络中引进的一个新的网元设备。其主要的作用就是为本 SGSN 服务区域的 MS 转发输入/输出的 IP 分组,其地位类似于 GSM 电路网中的 VMSC。SGSN 提供以下功能:

(1) 承担本 SGSN 区域内的分组数据包的路由与转发,为本 SGSN 区域内的所有 GPRS 用户提供服务;

(2) 加密与鉴权;

(3) 会话管理;

(4) 移动性管理;

(5) 逻辑链路管理;

(6) 作为与 BSS、GGSN、HLR、MSC、SMS-GMSC、SMS-IWMSC 连接的接口;

(7) 话单产生和输出,主要收集用户对无线资源的使用情况。

此外,SGSN 还集成了类似于 GSM 网络中 VLR 的功能,当用户处于 GPRS Attach(GPRS 附着)状态时,SGSN 存储了同分组相关的用户信息和位置信息。同 VLR 相似,SGSN 的大部分用户信息在位置更新过程中从 HLR 获取。

3) 网关 GPRS 支持节点

网关 GPRS 支持节点也是为了在 GSM 网络中提供 GPRS 业务功能而引入的一个新的网元功能实体,提供数据包在 GPRS 网和外部数据网之间的路由和封装。用户选择哪一个 GGSN 作为网关,是在 PDP 上下文激活过程中根据用户的签约信息,以及用户请求的接入点名确定的。GGSN 主要提供以下功能。

(1) 作为与外部 IP 分组网络连接的接口。GGSN 需要提供 MS 接入外部分组网络的关口功能,从外部网的观点来看,GGSN 就好像是可寻址 GPRS 网络中所有用户 IP 的路由器,需要同外部网络交换路由信息。

(2) GPRS 会话管理,完成 MS 同外部网的通信建立过程。

(3) 将移动用户的分组数据发往正确的 SGSN。

(4) 话单的产生和输出,主要体现用户对外部网络的使用情况。

4) 计费网关

计费网关(CG)主要完成各 GSN 的话单收集、合并、预处理工作,并实现同计费中心之间的接口功能,在原 GSM 网络中并没有这样一个设备。GPRS 用户一次上网过程的话单会从多个网元实体中产生,而且每一个网元设备中都会产生多张话单。引入 CG 的目的是在话单送往计费中心之前对话单进行合并与预处理,以减少计费中心的负担;同时 SGSN、GGSN 这样的网元设备也不需要实现同计费中心的接口功能。

5) 远程接入鉴权与认证服务器

在非透明接入的时候,需要对用户的身份进行认证,远程接入鉴权与认证服务器(remote authentication dial in user service server,RADIUS 服务器)上存储有用户的认证、授权。该功能实体并非 GPRS 所专有的设备实体。

6) 域名服务器

GPRS 网络中存在两种域名服务器,一种是 GGSN 同外部网之间的 DNS 服务器,主要功能是对外部网的域名进行解析,其作用完全等同于固定 Internet 上的普通 DNS 服务器的;另一种是 GPRS 骨干网上的 DNS 服务器,其作用主要有两点,一是在 PDP 上下文激活过程中根据确定的 APN(access point name)解析出 GGSN 的 IP 地址,二是在 SGSN 间的路由区更新过程中,根据旧的路由区号码,解析出老的 SGSN 的 IP 地址。该功能实体并非 GPRS 所专有的设备实体。

7) 边缘网关

边缘网关(BG)实际上就是一个路由器,主要完成分属不同 GPRS 网络的 SGSN、GGSN 之间的路由功能,以及安全性管理功能。该功能实体并非 GPRS 所专有的设备实体。

2. 主要网络接口

1) Um 接口

Um 接口是 MS 与 GPRS 网络侧的接口,通过 MS 完成与网络侧的通信,完成分组数据传送、移动性管理、会话管理、无线资源管理等多方面的功能。

2) Gb 接口

Gb 接口是 SGSN 与 BSS 间的接口(在华为的 GPRS 系统中,Gb 接口是 SGSN 和 PCU 之间的接口),通过该接口,SGSN 完成同 BSS 系统、MS 之间的通信,以完成分组数据传送、移动性管理、会话管理方面的功能。该接口是 GPRS 组网的必选接口。在目前的 GPRS 标准协议中,指定 Gb 接口采用帧中继作为底层的传输协议,SGSN 同 BSS 之间可以采用帧中继网进行通信,也可以采用点对点的帧中继连接进行通信。

3) Gi 接口

Gi 接口是 GPRS 与外部分组数据网之间的接口。GPRS 通过 Gi 接口和各种公众分组网(如 Internet 或 ISDN 网)实现互联,在 Gi 接口上需要进行协议的封装/解封装、地址转换(如私有网 IP 地址转换为公有网 IP 地址)、用户接入时的鉴权和认证等操作。

4) Gn 接口

Gn 接口是 GRPS 支持节点间接口,即同一个 PLMN 内部 SGSN 间、SGSN 和 GGSN 间接口,该接口采用在 TCP/UDP 协议之上承载 GTP 协议(GPRS 隧道协议)的方式进行通信。

5) Gs 接口

Gs 接口是 SGSN 与 MSC/VLR 之间的接口,Gs 接口采用在 7 号信令上承载 BSSAP+协议的方式。SGSN 通过 Gs 接口和 MSC 配合完成对 MS 的移动性管理功能,包括联合的 At-tach/Detach、联合的路由区/位置区更新等操作。SGSN 还将接收从 MSC 传来的电路型寻呼信息,并通过 PCU 下发到 MS。如果不提供 Gs 接口,则无法进行寻呼协调,网络只能工作在操作模式 Ⅱ 或 Ⅲ,这不利于提高系统接通率;如果不提供 Gs 接口,则无法进行联合位置路由更新,不利于减轻系统信令负荷。

6) Gr 接口

Gr 接口是 SGSN 与 HLR 之间的接口,Gr 接口采用 7 号信令上承载 MAP+协议的方式。SGSN 通过 Gr 接口从 HLR 取得关于 MS 的数据,HLR 保存 GPRS 用户数据和路由信息,当发生 SGSN 间的路由区更新时,SGSN 将会更新 HLR 中相应的位置信息;当 HLR 中数据有变动时,也将通知 SGSN,SGSN 会进行相关的处理。

7) Gd 接口

Gd 接口是 SGSN 与 SMS-GMSC、SMS-IWMSC 之间的接口。通过该接口,SGSN 能接收短消息,并将它转发给 MS,SGSN 和 SMS-GMSC、SMS-IWMSC、短消息中心之间通过 Gd 接口配合完成在 GPRS 上的短消息业务。如果不提供 Gd 接口,则当 Class C 手机附着在 GPRS 网上时,它将无法收发短消息。

8) Gp 接口

Gp 接口是 GPRS 网间接口,是不同 PLMN 网的 GSN 之间采用的接口,在通信协议上与 Gn 接口相同,但是增加了边缘网关和防火墙,通过 BG 来提供边缘网关路由协议,以完成归属于不同 PLMN 的 GPRS 支持节点之间的通信。

9) Gc 接口

Gc 接口是 GGSN 与 HLR 之间的接口,主要用于网络侧主动发起对手机的业务请求时,由 GGSN 用 IMSI 向 HLR 请求用户当前 SGSN 地址信息。由于移动数据业务中很少会有网络侧主动向手机发起业务请求的情况,因此目前 Gc 接口作用不大。

10) Gf 接口

Gf 接口是 SGSN 与 EIR 之间的接口,由于目前一般很少用 EIR,因此该接口作用不大。

3.2.3 GPRS 网络的分层结构

HSCSD(high speed circuit switching data)业务是将多个全速业务信道复用在一起,以提高无线接口数据传输速率的一种方式。由于目前 MSC 的交换矩阵的数据传输速率为 64 Kb/s,为了避免对 MSC 进行大的改动,限定输入交换数据传输速率小于 64 Kb/s。这样,GSM 网络在引入 HSCSD 之后,可支持的用户数据传输速率将达到 38.4 Kb/s(4 时隙)、57.6 Kb/s(4 时隙,14.4 Kb/s 信道编码)或 57.6 Kb/s(6 时隙,透明数据业务)。HSCSD 适合提供实时性强的业务,如会议电视,而 GPRS 则适合于突发性的业务。

以下对 GSM 电路交换型数据业务与 GPRS 分组型数据业务的技术特征做对比说明。

1. 电路交换的通信方式

在电路交换的通信方式中,在发送数据之前,首先需要通过一系列的信令过程,为特定的信息传输过程(如通话)分配信道,并在信息的发送方、信息所经过的中间节点、信息的接收方之间建立起连接,然后传送数据,数据传输过程结束后再释放信道资源,断开连接。

图 3-4 所示的是基于电路交换的通信过程示意图。

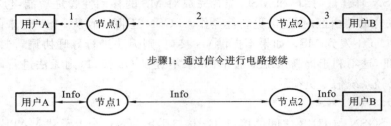

步骤1:通过信令进行电路接续

步骤2:在接续好的话路上进行信息(如话音)传输

图 3-4 基于电路交换的通信过程

电路交换的通信方式一般适用于需要恒定带宽、对时延比较敏感的业务,如话音业务。

2. 分组交换的通信方式

在分组交换的通信方式中,数据被分成一定长度的包(分组),每个包的前面有一个分组头(其中的地址标志指明该分组发往何处)。在进行数据传送之前并不需要预先分配信道、建立连接。而是在每一个数据包到达时,根据数据包头中的信息(如目的地址),临时寻找一个可用的信道资源将该数据报发送出去。在这种传送方式中,数据的发送和接收方同信道之间没有固定的占用关系,信道资源可以看作是由所有的用户共享使用的。

由于数据业务在绝大多数情况下都表现出一种突发性的特点,对信道带宽的需求变化较大,因此采用分组方式进行数据传送将能够更好地利用信道资源。例如用户进行 WWW 浏览时,其大部分时间处于浏览状态,而真正用于数据传送的时间只占很小比例。这种情况下采用固定占用信道的方式,将会造成较大的资源浪费。

图 3-5 所示的是基于分组交换的通信过程示意图。

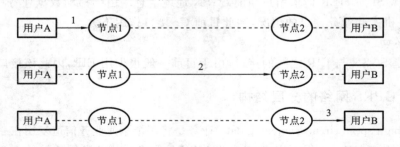

分组在经过的各节点逐个转发

图 3-5 基于分组交换的通信过程

在 GPRS 系统中采用的就是分组通信技术,用户在数据通信过程中并不固定占用无线信道,因此对信道资源能够更合理地运用。

在 GSM 移动通信的发展过程中,GPRS 是移动业务和分组业务相结合的第一步,也是采用 GSM 技术体制的 2G 技术向 3G 技术发展的重要里程碑。

3.3 WCDMA 系统构架

3.3.1 UMTS 系统结构

通用移动通信系统(universal mobile telecommunications system,UMTS)是采用 WCD-MA 空中接口技术的 3G 系统,通常也把 UMTS 系统称为 WCDMA 通信系统。UMTS 系统采用了与 2G 系统类似的结构,包括 RAN 和 CN。其中,RAN 用于处理所有与无线有关的功能,而 CN 处理 UMTS 系统内所有的话音呼叫和数据连接功能,并实现与外部网络的交换和路由功能。CN 从逻辑上分为电路交换域和分组交换域。HLR 是 WCDMA 核心网 CS 域和 PS 域共有的功能节点,它通过 C 接口与 MSC/VLR 或 GMSC 相连,通过 Gr 接口与 SGSN 相连,通过 Gc 接口与 GGSN 相连。HLR 的主要功能是提供用户的签约信息存放、新业务支持、增强的鉴权等功能。UMTS 通信网络结构图如图 3-6 所示。

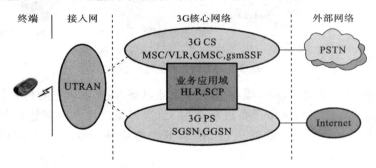

图 3-6 UMTS 通信网络结构图

MSC/VLR 是 WCDMA 核心网 CS 域功能节点,它通过 Iu-CS 接口与 UTRAN 相连,通过 PSTN/ISDN 接口与外部网络(PSTN、ISDN 等)相连,通过 C/D 接口与 HLR/AUC 相连,通过 E 接口与其他 MSC/VLR、GMSC 或 SMC 相连,通过 CAP 接口与 SCP 相连,通过 Gs 接口与 SGSN 相连。MSC/VLR 主要提供 CS 域的呼叫控制、移动性管理、鉴权和加密等功能。

GMSC 是 WCDMA 移动网 CS 域与外部网络之间的网关节点,是可选功能节点,它通过 PSTN/ISDN 接口与外部网络(PSTN、ISDN、其他 PLMN)相连,通过 C 接口与 HLR 相连,通过 CAP 接口与 SCP 相连。它主要可完成 VMSC 功能中的呼入呼叫的路由功能及与固定网等外部网络的网间结算功能。

SGSN 是 WCDMA 核心网 PS 域功能节点,它通过 Iu_PS 接口与 UTRAN 相连,通过 Gn/Gp 接口与 GGSN 相连,通过 Gr 接口与 HLR/AUC 相连,通过 Gs 接口与 MSC/VLR 相连,通过 CAP 接口与 SCP 相连,通过 Gd 接口与 SMC 相连,通过 Ga 接口与 CG 相连,通过 Gn/Gp 接口与 SGSN 相连。SGSN 主要提供 PS 域的路由转发、移动性管理、会话管理、鉴权和加密等功能。

GGSN 是 WCDMA 核心网 PS 域功能节点,通过 Gn/Gp 接口与 SGSN 相连,通过 Gi 接口与外部数据网络（Internet/Intranet）相连。GGSN 主要提供同外部 IP 分组网络的接口功能，GGSN 需要提供 UE 接入外部分组网络的关口功能，从外部网的观点来看，GGSN 就好像是可寻址 WCDMA 移动网络中所有用户 IP 的路由器，需要同外部网络交换路由信息。

UTRAN、CN 与用户设备一起构成了整个 UMTS 系统，UMTS 的系统结构图如图 3-7 所示。

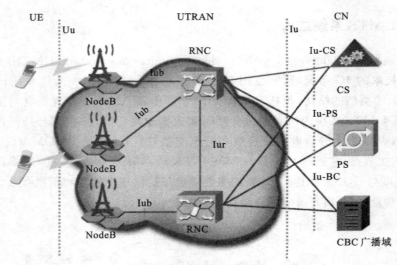

图 3-7　UMTS 系统结构图

UE 由 ME 和 USIM 构成，ME 提供应用和服务，USIM 提供用户身份识别。UE 是用户终端设备，它通过 Uu 接口与网络设备进行数据交互，为用户提供电路域和分组域内的各种业务功能，包括普通话音业务、数据通信、移动多媒体应用、Internet 应用（如 WWW 浏览等）。

UTRAN 即陆地无线接入网，分为基站（NodeB）和无线网络控制器（RNC）两部分。

NodeB 是 WCDMA 系统的基站（即无线收发信机），通过标准的 Iub 接口和 RNC 互联，主要完成 Uu 接口物理层协议的处理。它的主要功能是扩频、调制、信道编码及解扩、解调、信道解码，还包括基带信号和射频信号的相互转换等。

RNC 主要完成连接建立和断开、切换、宏分集合并、无线资源管理控制等功能。

CN 即核心网络，负责实现与其他网络的连接和对 UE 的通信和管理。在 WCMDA 系统中，不同协议版本的核心网设备有所区别。从总体上来说，R99 版本的核心网分为电路域和分组域两大块，R4 版本的核心网也一样，只是把 R99 版本电路域中的 MSC 的功能改为两个独立的实体：MSC Server 和 MGW 来实现。R5 版本的核心网相对 R4 版本来说增加了一个 IP 多媒体域，其他的与 R4 版本基本一样。在后面的版本演进内容将进行详细介绍。

UMTS 系统网络的各个接口使得网络上不同设备间可以进行信息传输及处理，并且具有开放性，UMTS 系统网络的接口类型的介绍如下。

Cu 接口是 USIM 智能卡和 ME 之间的电气接口，遵循智能卡的标准格式。

Uu 接口是 WCDMA 的无线接口，是 UE 接入系统固定网络的必需接口。Uu 接口的开放性可以保证不同制造商设计的 UE 可以接入其他制造商设计的 RAN 中。

Iub 接口是连接 NodeB 与 RNC 的标准接口。制定开放的 Iub 接口就是为了保证不同移动通信设备制造商生产的 NodeB 和 RNC 之间可以互联、互通,使运营商单独购置 NodeB 和 RNC 设备成为可能。

Iur 接口是 RNC 之间的接口,开放的 Iur 接口允许不同设备制造商生产的 RNC 之间进行软切换。

Iu 接口是连接 RAN 与 CN 的标准接口,类似于 GSM 网络中的 A 接口(电路交换)和 Gb(分组交换)接口。开放的 Iu 接口允许运营商购置不同设备制造商生产的 RAN 和 CN 设备铺设网络,这样会使不同设备制造商相互竞争。A 接口和 Gb 接口具有开放性也是 GSM 成功的原因。

3.3.2 UTRAN 系统结构

UTRAN 系统包含一个或几个无线网络子系统。一个 RNS 由一个无线网络控制器和一个或多个基站组成。RNC 用来分配和控制与之相连或相关的 NodeB 的无线资源。NodeB 则完成 Iub 接口和 Uu 接口之间的数据流的转换,同时也参与一部分无线资源管理。UTRAN 系统结构图如图 3-8 所示。

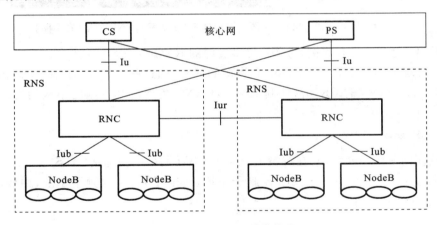

图 3-8　UTRAN 系统结构图

1. RNC 设备

RNC 是新兴 3G 网络的一个关键网元,它用于控制 UTRAN 系统的无线资源,通常通过 Iu 接口与电路域和分组域,以及广播域相连,MS 和 UTRAN 之间的 RRC 协议在此终止。它在逻辑上对应 GSM 网络中的基站控制器(BSC)。RNC 设备如图 3-9 所示。

RNC 包含了所有 CRNC、SRNC 和 DRNC 的功能。

SRNC(服务 RNC)管理 UE 和 UTRAN 之间的无线连接。它是对应于该 UE 的 Iu 接口(Uu 接口)的终止点。无线接入承载的参数映射到传输信道的参数,不论是否进行越区切换,开环功率控制等基本的无线资源管理都是由 SRNC 来完成的。一个与 UTRAN 相连的 UE 有且只能有一个 SRNC。

除了 SRNC 以外,UE 所用到的 RNC 称为 DRNC(漂移 RNC)。一个用户可以没有,也可以有一个或多个 DRNC。即用户在 RNC 之间切换的时候,与 CN 有连接,为 UE 提供资源的

图 3-9 RNC 设备, 机柜(左图), 虚拟插框(右上图), RNC 插框(右下图)

RNC 叫 SRNC; 与 CN 没有连接, 为 UE 提供资源的 RNC 叫 DRNC。

从资源管理的角度来看, 管理 NodeB 资源的 RNC 叫这些 NodeB 的 CRNC。控制 NodeB 的 RNC 称为该 NodeB 的 CRNC(控制 RNC), CRNC 负责对其控制的小区的无线资源进行管理。

2. NodeB 设备

NodeB 在前文已作介绍, 它在逻辑上对应于 GSM 网络中的基站(BTS)。

从逻辑结构上讲, NodeB 主要由控制子系统、传输子系统、射频子系统、中频/基带子系统、天馈子系统等部分组成。

3.3.3 UTRAN 协议结构

UTRAN 各个接口的协议结构是按照一个通用的协议模型设计的。设计的原则是层和面在逻辑上是相互独立的。如果需要, 可以修改协议结构的一部分而无须改变其他部分, 如图 3-10 所示。

从水平层来看, 协议结构主要包含两层: 无线网络层和传输网络层。所有与陆地无线接入网有关的协议都包含在无线网络层, 传输网络层包含 UTRAN 所选用的标准的传输技术, 与 UTRAN 的特定功能无关。

从垂直层来看, 包括控制面和用户面。

控制面包括应用协议(Iu 接口中的 RANAP、Iur 接口中的 RNSAP、Iub 接口中的 NBAP)和用于传输这些应用协议的信令承载。应用协议用于建立到 UE 的承载(例如在 Iu 中的无线接入承载及在 Iur、Iub 中的无线链路), 而这些应用协议的信令承载与接入链路控制应用协议(ALCAP 协议)的信令承载可以一样, 也可以不一样, 它通过 O&M 操作建立。

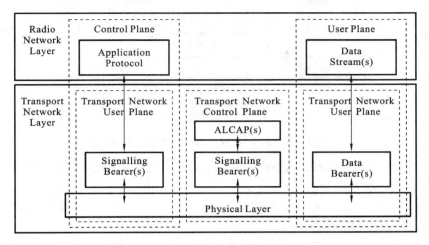

图 3-10　UTRAN 协议结构

　　用户面包括数据流和用于承载这些数据流的数据承载。用户发送和接收的所有信息(例如话音和数据)是通过用户面来进行传输的。传输网络控制面在控制面和用户面之间,只在传输层,不包括任何无线网络控制面的信息,它包括 ALCAP 协议和 ALCAP 协议所需的信令承载。ALCAP 协议建立用于用户面的传输承载。引入传输网络控制面,使得在无线网络层控制面的应用协议的完成与用户面的数据承载所选用的技术无关。

　　在传输网络中,用户面中数据面的传输承载是这样建立的:控制面里的应用协议先进行信令处理,这一信令处理通过 ALCAP 协议触发数据面的数据承载的建立。并非所有类型的数据承载的建立都需通过 ALCAP 协议。如果没有 ALCAP 协议的信令处理,就无须传输网络控制面,而应用预先设置好的数据承载。ALCAP 的信令承载与应用协议的信令承载可以一样,也可以不一样。ALCAP 的信令承载通常是通过 O&M 操作建立的。

　　在用户面里的数据承载和应用协议里的信令承载属于传输网络用户面。在实时操作中,传输网络用户面的数据承载是由传输网络控制面直接控制的。

　　综上所述,UTRAN 遵循以下原则:

　　(1) 信令面与数据面分离;

　　(2) UTRAN/CN 功能与传输层分离,即无线网络层不依赖于特定的传输技术;

　　(3) 宏分集完全由 UTRAN 处理;

　　(4) RRC 连接的移动性管理完全由 UTRAN 处理。

3.3.4　RNC 无线网络控制面协议结构

RNC 无线网络控制面协议结构如图 3-11 所示。

RNC 无线网络控制面协议包括 NBAP 协议、RANAP 协议、RNSAP 协议、RRC 协议等。

NBAP(NodeB application part)协议是基站应用部分协议 Iub 信令协议栈中的协议,主要功能如下。

　　(1) 逻辑操作维护功能,如小区公共信道的建立、重配置和释放;小区与 NodeB 相关的测量控制;故障管理功能,例如资源的闭塞、解闭塞、复位等。

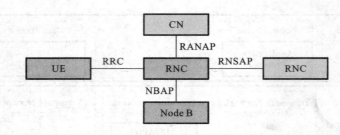

图 3-11　RNC 无线网络控制面协议结构

（2）专用 NBAP 功能，如无线链路的增加、删除和重配置，无线链路相关测量的初始化和报告，无线链路故障管理等功能。

RANAP（radio access network application part）协议是无线接入网络应用部分协议，它是RNC 和 CN 之间的控制面协议。

RNSAP（radio network subsystem application part）协议是无线网络子系统应用部分协议，它是应用于 RNC 与 RNC 之间的协议，即 Iur 上的协议。

RRC（radio resource control）协议是无线资源控制协议。RRC 处理 UE 和 eNodeB 之间控制面的第 3 层信息。其中，第 1 层是物理层，第 2 层是媒介访问控制层，第 3 层是 RRC。

RRC 对无线资源进行分配并发送相关信令，UE 和 UTRAN 之间控制信令的主要部分是RRC 消息，RRC 消息承载了建立、修改和释放层 2 和物理层协议实体所需的全部参数，同时也携带了 NAS（非接入层）的一些信令，如 MM、CM、SM 等。

UTRAN 通用接口协议模型涉及 UTRAN 部分的接口包括 Iu 接口、Iur 接口和 Iub 接口，UTRAN 与 UE 交互信息采用 Uu 接口。在 UTRAN 的各类接口中，协议规定的定义非常详细，而且有相当数量是开放的，这一特点为 WCDMA 的灵活组网提供了可能。UTRAN 地面接口的协议结构是根据相同的通用协议模型设计的，该协议模型的设计思想是要保证各层的用户面和控制面在逻辑上彼此独立，这样可以根据需要对协议结构的某些部分进行修改，而其余部分则保持不变。

3.3.5　核心网基本结构

1. R99 版本网络结构

R99 版本网络结构如图 3-12 所示。

R99 版本核心网只是为 2G 系统向 3G 系统过渡而引入的解决方案，核心网络部分分为CS 域和 PS 域。CS 域以原有的 GSM 网络为基础，PS 域以原有的 GPRS 网络为基础。

CS 域用于向用户提供电路型业务的连接，实现方式包括 TDM 方式和 ATM 方式。它包括 MSC/VLR、GMSC 等交换实体，以及用于与其他网络互通的 IWF 实体等。其中，MSC 完成电路交换型业务的交换功能和信令控制功能；GMSC 是在某一个网络中完成移动用户路由寻址功能的 MSC，GSMC 可以与 MSC 合设，也可分设；IWF 是与 MSC 紧密相关的一个功能实体，其功能是完成 PLMN 网络与 ISDN、PSTN、PDN 网络之间的互通（主要完成信令转换功能），其具体功能可以根据业务和网络种类的不同进行规定。

PS 域用于向用户提供分组型业务的连接，实现方式为 IP 包分组方式。它包括 SGSN、GGSN，以及与其他 PLMN 互联的 BG 等网络实体。GSN（包括 SGSN、GGSN）的功能是完成

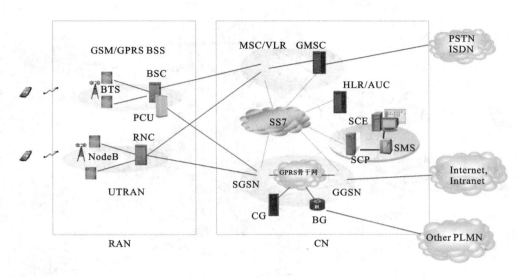

图 3-12　R99 版本网络结构

分组业务用户的分组包的传送；存储用户的签约信息（IMSI、PDP ADDRESS）和位置信息（SGSN：VLR 号码、CELL 或 ROUTING AREA；GGSN：SGSN 号码）。BG 则用于完成两个 GPRS 网络之间的互通，保证网络互通的安全性。

　　CS 域和 PS 域也有共用的功能实体，包括 HLR、VLR、AUC、EIR、SMS 等实体。HLR 完成移动用户的数据管理（MSISDN、IMSI、PDP ADDRESS、LUM INDICATOR、签约的电信业务和补充业务及业务的适用范围）和位置信息管理（MSRN、MSC 号码、VLR 号码、SGSN 号码、GMLC 等）；VLR 处理当前用户的各种数据信息；AUC 存储用户的鉴权信息（密钥）；EIR 存储用户的 IMEI 信息；SMS 分为 SMS-GMSC 和 SMS IMSC，SMS-GMSC 用于保证短消息正确地由 SC 发送至移动用户，SMS IMSC 用于保证短消息正确地由用户发送至 SC。

2. R4 版本网络结构

　　相对于 R99 版本，R4 版本无线接入网网络结构没有改变，只是一些接口协议的特性改变了，一些功能增强了，而核心网电路域变化较大，引入了软交换的概念，将控制和承载分开，原来的 MSC 变为 MSC Server 和媒体网关（MGW），话音通过 MGW 由分组域来传送。R4 版本网络结构如图 3-13 所示。

　　MSC 根据需要分成两个不同的实体：MSC 服务器（MSC Server，仅用于处理信令，即控制）和媒体网关（MGW，用于处理用户数据，即承载）。

　　MSC Server 主要由 MSC 的呼叫控制和移动控制组成，负责完成 CS 域的呼叫处理等功能。MSC Server 终结用户-网络信令，并将其转换成网络-网络信令。MSC Server 也可包含 VLR，以处理移动用户的业务数据和 CAMEL 相关数据。

　　MGW 与 MSC Server、GMSC Server 配合，完成核心网络资源的配置（即承载信道的控制），同时完成回声消除、（多媒体数字）信号的编解码，以及通知音的播放等功能。MSC Server 和 MGW 共同完成 MSC 功能。MSC Server 可通过接口控制 MGW 中媒体通道的关于连接控制的部分呼叫状态。

　　建立固定网用户与移动用户之间的呼叫时，无须知道移动用户所处的位置。此呼叫首先

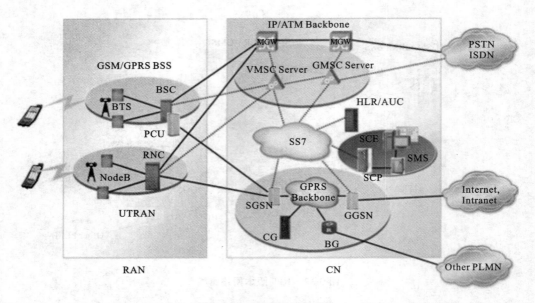

图 3-13　R4 版本网络结构

被接入到入口移动业务交换中心，称为网关 MSC(GMSC)，入口交换机负责获取位置信息，且把呼叫转接到可向该移动用户提供即时服务的 MSC，称为被访 MSC(VMSC)。因此，GMSC具有与固定网和其他 NSS 实体互通的接口。目前，GMSC 功能就是在 MSC 中实现的。

GMSC 服务器(GMSC Server)主要由 GMSC 的呼叫控制和移动控制组成。对应的 GM-SC 也分成 GMSC Server 和 GMGW。

R4 版本承载与控制分离的结构是指控制面的信令和用户面的承载分别由独立的网元——MSC Server 和 MGW 来负责，MSC Server 通过 H.248 协议控制 MGW，R4 版本的核心网电路域采用的就是这种结构，如图 3-14 所示。

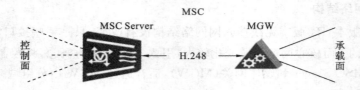

图 3-14　承载面与控制面分离

承载面与控制面分离导致网络结构发生变化(见图 3-15)，这种变化主要体现在控制层、应用层和连接层上。

控制层主要负责呼叫的建立、进程的管理、计费等相关功能，该层是整个 R4 版本网络的智能所在。其节点主要是相关的控制服务器。在 R4 版本网络中，为满足电路交换业务的需要，引入了 MSC Server、GMSC Server、CMN、SG 等节点。

应用层由各种策略服务器、应用服务器、数据库等构成，它可以根据呼叫控制层提供的开放接口(API)编写各种电信应用软件，同时也支持传统智能网业务，实现各种电信业务和应用。业务管理使得控制更加集中，主要体现在 Server 的集中管理上，它便于提高运维的效率。业务的处理、信令的监控、计费等主要集中在 Server 上，维护人员主要配置在 Server 的所在

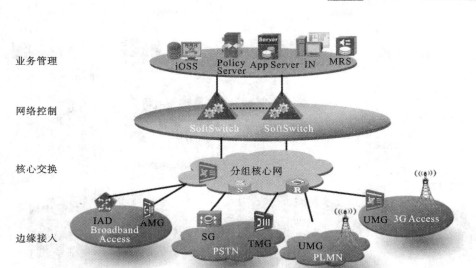

图 3-15 承载面与控制面分离导致网络结构发生变化

地,从而提高运维的效率。

在 R4 版本网络中,所有的业务类型都使用同一个传输网络,即连接层。连接层的主要功能是对用户数据和控制数据进行传输和操作,包括用户面数据的编码/解码和控制面协议的转换,主要由传输骨干元素和媒体网关组成。

采用承载控制合一的设备组网时,在非用户密集地区,为了实现广覆盖,往往需要将 MSC 下放到各小本地网,承载合一的设备组网的网元数多,网络结构较复杂。如果采用大容量的 MSC 负责多个本地网的业务处理又会导致大量本地话务长途迂回,这样就出现了广覆盖、大容量与路由迂回间的矛盾,且采用承载控制合一的设备无法解决这个矛盾。

而 R4 版本组网的灵活性增强,MGW 可按最佳的话务吸收点设置。MSC Server 和 MGW 可分离设置,MSC Server 集中设置在省会和区域中心,而 MGW 按照最佳话务吸收点设置在各本地网上(见图 3-16),可以和 RNC 共址,使网络结构更优化。

核心网的维护工作重点在于信令的分析工作,R4 版本网络的业务和控制集中在 MSC Server,这更利于维护与管理。承载面与控制面分离的结构给组网带来的最大变化就是:MSC Server 和 MGW 可以分开放置。

业务的处理逻辑主要在 MSC Server 上,因此开展新业务时,一般只需要升级 MSC Server,而 MSC Server 容量大,网元少且集中设置,升级的工作量相对少,从而加快了新业务的开展。

R4 版本组网的灵活性除了体现在物理设备组网上,还体现在逻辑设备上,即虚拟媒体网关(VMGW)上。VMGW 是指一个逻辑意义上的 MGW 设备,其在物理上可能为多个虚拟媒体网关设备的组合。UMG8900 通用媒体网关支持虚拟媒体网关功能,用户购买 UMG8900 设备后,可以把一个物理上的 UMG8900 设备实体配置成多个具有独立逻辑功能的 MGW 设备使用。每个 VMGW 通过虚拟媒体网关标识加以区别,分别由不同的软交换设备来管理,物理网关的承载资源通过配置可以采用独占或者资源共享的方式分配给不同的 VMGW,从而增加设备的灵活性。

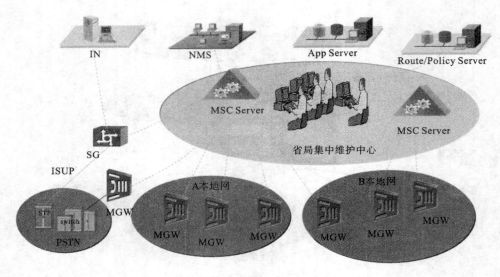

图 3-16　网络集中管理与维护

由于 R4 版本网络电路域控制面与承载面分离,因此,在七号信令的承载方面也提出了新的方案,即基于 ATM 协议和 IP 协议的方案。所以,在 R4 版本网络中,不仅话音和数据可以通过统一的分组网络(ATM 或 IP 网络)来传送,基于七号信令的移动应用协议:MAP 协议和 CAP 协议也可以通过分组网络来传送,这为核心网向全 IP 协议的演进迈出了重要一步。

3. R5 版本网络结构

R5 版本是全 IP(或全分组化)协议的第一个版本,在无线接入网方面的改进包括以下方面。

(1) 提出了高速下行分组接入 HSDPA 技术,使得下行数据传输速率可以达到 8～10 Mb/s,大大提高了空中接口的效率。

(2) Iu、Iur、Iub 接口增加了基于 IP 协议的可选传输方式,使得无线接入网实现了 IP 协议化。

(3) 在核心网方面,最大的变化是在 R4 版本的基础上增加了 IP 协议多媒体子系统(即 IMS 系统),它和分组域一起实现实时和非实时的多媒体业务,并可以实现与电路域的互操作。

R5 版本网络结构如图 3-17 所示。

IP 多媒体子系统(IP multimedia subsystem,IMS),是一种全新的多媒体业务形式,它能够满足现在更新颖、更多样化的多媒体业务的需求。目前,IMS 被认为是下一代网络的核心技术,也是解决移动与固网融合,引入语音、数据、视频三重融合等差异化业务的重要方式。但是,目前全球 IMS 网络多数处于初级阶段,应用方式也处于业界探讨当中。IMS 基于 SIP 的通用平台,可以同时支持固定和移动的多种接入方式,实现固定网与移动网的融合。

图 3-18 所示的是 R5 版本的 IMS 网络结构图,主要表示的是 IMS 域的功能实体和接口。图 3-18 中的所有功能实体都可作为独立的物理设备。

HSS 在 IMS 中作为用户信息存储的数据库,主要存放用户认证信息、签约用户的特定信息、签约用户的动态信息、网络策略规则和设备标识寄存器信息,用于移动性管理和用户业务数据管理。它是一个逻辑实体,物理上可以由多个物理数据库组成。

呼叫会话控制功能(call session control function,CSCF)是 IMS 的核心部分,主要用于基

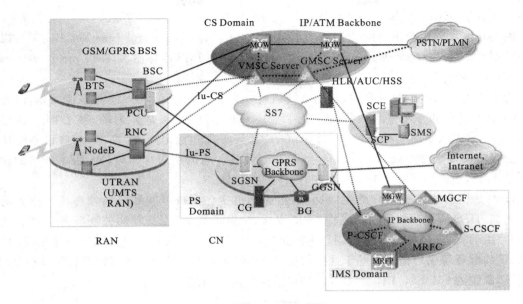

图 3-17 R5 版本网络结构

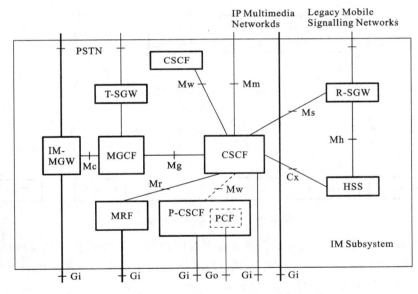

粗线：支持用户业务的接口　　　　　　　　细线：支持信令的接口

图 3-18 R5 版本的 IMS 网络结构图

于分组交换的 SIP 会话控制。在 IMS 中，CSCF 负责对用户多媒体会话进行处理，可以看作是
IETF 架构中的 SIP 服务器。CSCF 根据功能分为代理呼叫会话控制功能（P-CSCF）、问询呼
叫会话控制功能（I-CSCF）和服务呼叫会话控制功能（S-CSCF），三个功能在物理上可以分开。

媒体资源功能（multimedia resource function，MRF）主要完成多方呼叫与多媒体会议功
能。MRF 由媒体资源功能控制器（MRFC）和媒体资源功能处理器（MRFP）构成，分别完成媒
体流的控制和承载功能。MRFC 解释从 S-CSCF 收到的 SIP 信令，并且使用媒体网关控制协

议指令来控制 MRFP 完成相应的媒体流编/解码、转换、混合和播放功能。

网关功能主要包括出口网关控制功能（breakout gateway control function，BGCF）、媒体网关控制功能（media gateway control function，MGCF）、IMS 媒体网关（IMS media gateway，IMS MGW）和信令网关（signaling gateway，SGW）。

为了确保运营商的投资利益，在网络结构设计中充分考虑了 2G/3G 兼容性问题，以支持 GSM/GPRS/3G 的平滑过渡。因此，在网络中，CS 域和 PS 域是并列的，核心网设备包括 MSC/VLR、IWF、SGSN、GGSN、HLR/AuC、EIR 等实体。为支持 3G 业务，有些设备增添了相应的接口协议，另外对原有的接口协议进行了改进。与前期版本比较，R5 版本新增的物理实体是 HSS，当网络具有 IMS 时，需要用 HSS 替代 HLR。

HSS 是网络中移动用户的主数据库，存储网络实体完成呼叫和会话处理相关业务的信息。例如，HSS 通过鉴权、授权、名称/地址解析、位置依赖等，支持呼叫控制服务器顺利完成漫游/路由等流程。和 HLR 一样，HSS 负责维护管理用户识别码、地址信息、安全信息、位置信息、签约服务等用户信息。基于这些信息，HSS 可支持不同控制（CS 域控制、PS 域控制、IM 控制等）系统的 CC/SM 实体。HSS 的基本结构与接口如图 3-19 所示。

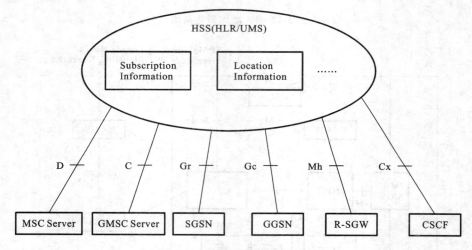

图 3-19　HSS 基本结构与接口

HSS 可集成不同类型的信息，在增强核心网对应用和服务域的业务支持的同时，对上层屏蔽不同类型的网络结构。HSS 支持的功能包括：IMS 请求的用户控制功能；PS 域请求调用 HLR 的有关功能；CS 域部分的 HLR 功能。

R5 版本将完成对 IMS 的定义，如路由选取，以及多媒体会话的主要定义。R5 版本的完成将为转向全 IP 网络的运营商提供一个开始建设的依据。R5 版本的核心网络具有如下几个特色：

（1）全 IP 网络出现，不但核心网络具有 IP 协议，在无线接入部分也引入了 IP 协议；

（2）使用 IPV6 协议作为基本的 IP 承载协议；

（3）为适应 IP 多媒体业务的出现，新增 IMS 子域，引入大量新的功能实体；

（4）可连接多种无线接入技术（UTRAN、ERAN）；

（5）智能业务的控制更加灵活，CAMEL4 完成。

实际上，这时没有电路域也可以实现话音呼叫，在 R5 版本中仍然保留电路域并实现与

IMS 的互操作,这主要是为了保护运营商的 R99 版本的网络投资。但是如果技术成熟的话,对于新运营商而言,完全不需要通过建设电路域来实现话音业务,IMS 和分组域就可以代劳了。全 IP 的组网方式是网络演进的趋势,具有很多优点,正如前面分析 R4 版本网络时提到的一样。IMS 的标准化以及设备厂商对于 IMS 产品的研发尚在进行中,目前还没有成熟的产品问世。

R6 版本及 R7 版本在网络结构上没有变化,而是在无线网络中引入了 HSPA 及调制方式,其内容在前面已做介绍,在此就不再做网络结构的介绍。

课 后 习 题

一、选择题

1. BCCH 与 BCH 之间的映射利用了( )层的功能。

A. RLC   B. MAC   C. PDCP   D. BMC

2. 纠错和重传属于( )层的功能。

A. RLC   B. MAC   C. PDCP   D. BMC

3. 执行 IP 数据流的头部压缩与解压缩属于( )层的功能。

A. RLC   B. MAC   C. PDCP   D. BMC

4. 下列关于各种标识的描述错误的是( )。

A. RAI 是分组域的关于路由区的一种标识

B. URA 是指 UTRAN 的注册区标识

C. LAI 是分组域的关于位置区的一种标识

D. LAI＝MCC＋MNC＋LAC

5. R4 版本相较于 R99 版本在核心网网络结构和业务功能上最明显的差别是( )。

A. R4 版本将核心网分成电路域和分组域两大块

B. R4 版本的核心网电路域组网可基于多种技术

C. R4 版本的核心网电路域由 MSC Server 和 MGW 两个独立的功能实体来实现

D. R4 版本增加了 BG、CG 等功能实体

6. UMTS 最显著的新特性是其具有更高的用户数据传输速率,在电路交换连接方式中,能达到_____,在分组交换连接方式中,能达到_____。正确的是( )。

A. 12.2 Kb/s;384 Kb/s   B. 64 Kb/s;384 Kb/s

C. 384 Kb/s;2 Mb/s   D. 64 Kb/s;2 Mb/s

7. CRNC 是一个逻辑概念,它是相对于( )来说的。

A. UE   B. NodeB   C. RNC   D. SRNC

8. SRNC 和 DRNC 都是相对于一个( )来说的,是逻辑上的一个概念。

A. NodeB   B. RNC   C. CRNC   D. UE

9. 每个 UE 最多由( )个 RRC 连接。

A. 1   B. 2   C. 3   D. 4

10. 下列哪个平面包括数据流和用于数据流的数据承载?( )

A. 控制面   B. 用户面

C. 传输网络控制面   D. 传输网络用户面

二、填空题

1. 在 WCMDA 系统中,不同协议版本的核心网设备有所区别。从总体上来说,R99 版本的核心网分为_____和_____两大块。R4 版本的核心网也一样,只是把 R99 版本_____中的 MSC 的功能改为由两个独立的实体_____和_____来实现。R5 版本的核心网相对 R4 版本的来说增加了一个_____,其他的与 R4 版本的基本一样。

2. UTRAN 包含一个或多个 RNS。一个 RNS 由一个_____和一个或多个_____组成。

3. RNC 无线网络控制面处理协议主要包括:RNC 与 CN 之间的_____,RNC 与其他 RNC 之间的_____,RNC 与 NodeB 之间的_____,RNC 与 UE 之间的_____。

4. UTRAN 协议结构中,_____包括应用协议及用于传输这些应用协议的信令承载。

5. RNSAP 协议是_____接口的信令协议。

6. RRC 协议是_____接口的信令协议。

三、判断题

1. R5 版本的核心网只包括电路域和分组域两个部分。( )

2. CRNC 负责所管理的 NodeB 和小区的无线资源(码资源等)的分配,负责它们的接纳控制、拥塞控制。( )

3. 一个 UE 可以有一个 SRNC 和一个或多个 DRNC。( )

4. NodeB 基站设备主要由 BBU 和 RRU 构成,其中,BBU 负责射频信号处理,RRU 负责基带信号处理。( )

5. 逻辑信道到传输信道的映射是 MAC 层的主要功能。( )

四、简答题

1. 画出 WCDMA R4 版本的网络结构。

2. 请简述 R4 版本核心网的各个逻辑网元及其功能。

第4章 4G LTE 通信网模块

4.1 LTE 系统网络结构

LTE 系统相对于 2G/3G 网络而言,其对网络架构进行了优化,其采用扁平化的网络结构。具体体现在以下几个方面。

取消 BSC/RNC 节点,BSC/RNC 功能被分散到 eNodeB 和网关中,eNodeB 直接接入 EPC,使 LTE 网络结构更加扁平化,降低了用户可感知的时延,大幅提升了用户的移动通信体验,简化了网络设计,降低了后期维护的难度。取消核心网电路域(MSC Server 和 MGW),语音业务也全部由 IP 承载(VoIP)。核心网分组域采用类似软交换的架构,实现控制与承载的分离,MME 负责移动性管理、信令处理等功能,SGW 负责媒体流处理及转发等功能。

实现了全 IP 路由,网络结构趋近于 IP 宽带网络。几种制式网络架构对比如图 4-1 所示。

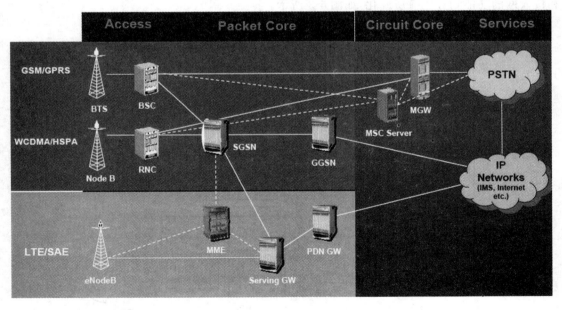

图 4-1 2G、3G、4G 网络架构对比

整个 LTE 系统由 UE、LTE、SAE 三部分组成,如图 4-2 所示。其中,UE 是移动用户设备,可以通过空中接口发起、接收呼叫;LTE 系统为无线接入网部分,又称 EUTRAN,处理所有与无线接入有关的功能;SAE 为核心网部分,主要包括 MME、SGW、PGW、HSS 等网元,连

接 Internet 等外部 PDN,MME 和 SGW 类似于 UMTS 或者 EDGE 中 SGSN 的控制面和用户面,PGW 类似于 GGSN。

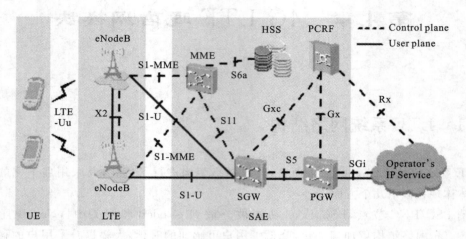

图 4-2 LTE 系统网络架构

eNodeB 与 SAE/EPC 通过 S1 接口连接;eNodeB 之间通过 X2 接口连接;eNodeB 与 UE 之间通过 Uu 接口连接。与 UMTS 相比,由于 NodeB 和 RNC 融合为网元 eNodeB,所以 LTE 少了 Iub 接口。X2 接口类似于 Iur 接口,S1 接口类似于 Iu 接口,但都有较大简化。

因为 LTE 系统在 2G/3G 系统的基础上对网络架构做了较大的调整。相应的,其核心网和接入网的功能划分也有所变化,如图 4-3 所示。

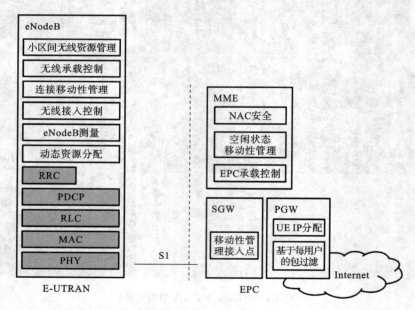

图 4-3 核心网和接入网的功能划分

4.2 LTE 接口协议栈概述

不同的网元之间需要进行信息交互,既然需要交流,那就要使用彼此都能理解的语言,这就是接口协议。接口协议的架构称为协议栈。

LTE 接入侧的主要接口分为空中接口和地面接口。地面接口主要包括 eNodeB 之间的 X2 接口和 eNodeB 和核心网之间的 S1 接口。上述协议栈一般符合"三层两面"的整体结构。

1)三层

协议栈一定是分层结构的,底层的功能提供给上层使用。协议栈如同一个学校的组织架构,内部按岗位进行分工、协作,对外使用统一的接口。

无线制式的接口协议通常粗略地分成物理层(PHY)、数据链路层(DLL)、网络层(NL)。一般也简称为层 1、层 2、层 3。

层 1 的主要功能是提供两个物理实体之间的可靠位流的传送,适配传输媒介,在空中接口,适配的是无线环境,比如时间、空间、频率等资源。

层 2 的主要功能是信道复用和解复用、数据格式的封装、数据包调度等。

层 3 的主要功能则是寻址、路由选择、连接的建立和控制、资源配置等。

2)两面

LTE 接口协议栈除了分层还要分面,其分为控制面和用户面。一个企业中的人员也分为实际做事的人员和负责协调、控制的管理人员,这就相当于 LTE 接口协议栈中的用户面和控制面。用户面负责业务数据的传输,控制面负责控制性消息的传输,我们通常也把控制性的消息称为信令。控制面和用户面是逻辑上的概念。

在 LTE 无线侧,用户面和控制面在一个物理实体 eNodeB 上,在 3G 的 NodeB 上是不能区分控制面和用户面数据的;在核心网侧,用户面和控制面的数据则完全由不同的功能实体来处理,用户面由 SGW 处理,控制面由 MME 来处理。

控制面协议栈如图 4-4 所示。

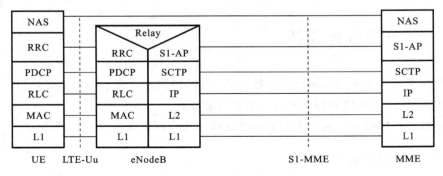

图 4-4 控制面协议栈

用户面协议栈如图 4-5 所示。

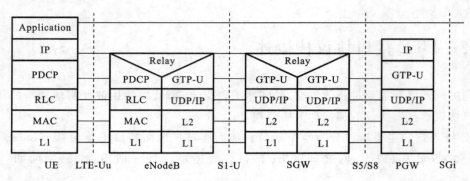

图 4-5 用户面协议栈

LTE 整体协议栈如图 4-6 所示。

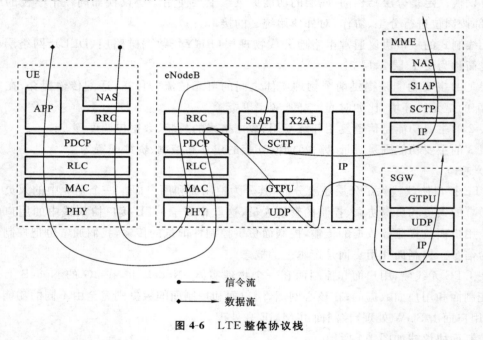

图 4-6 LTE 整体协议栈

4.3 空中接口协议栈

空中接口是指终端和接入网之间的接口,简称 Uu 接口,通常也称为无线接口。空中接口协议主要用来建立、重配置和释放各种无线承载业务。

空中接口协议栈根据用途分为控制面协议栈和用户面协议栈,如图 4-7 所示。

4.3.1 Uu 接口控制面

控制面负责用户无线资源的管理、无线连接的建立、业务的 QoS 保证和最终的资源释放等。Uu 接口控制面协议栈如图 4-8 所示。

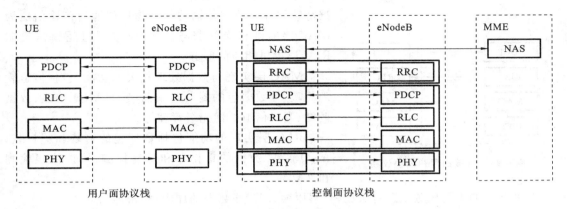

图 4-7　空中接口协议栈

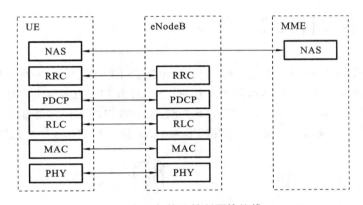

图 4-8　Uu 接口控制面协议栈

控制面协议栈主要包括非接入层（NAS）、无线资源控制层（RRC 层）、分组数据汇聚层（PDCP 层）、无线链路控制层（RLC 层）、媒体接入控制层（MAC 层）和物理层（PHY）。

控制面的主要功能由上层的 RRC 层和 NAS 层实现。

NAS 层控制协议实体位于终端 UE 和移动管理实体 MME 内，主要负责非接入层的管理和控制。实现的功能包括 EPC 承载管理、鉴权、产生 LTE-IDLE 状态下的寻呼消息、移动性管理、安全控制等。

RRC 层协议实体位于 UE 和 eNodeB 网络实体内，主要负责接入层的管理和控制，实现的功能包括：系统消息广播，寻呼的建立、管理、释放，RRC 连接管理，无线承载管理，移动性功能，终端的测量和测量上报控制。

PDCP 层在网络侧终止于 eNodeB，需要完成控制面的加密、完整性保护等功能。

RLC 层和 MAC 层在网络侧终止于 eNodeB，在用户面和控制面执行功能时没有区别。

4.3.2　Uu 接口用户面

用户面用于执行无线接入承载业务，主要负责用户发送和接收的所有信息的处理等。Uu 接口用户面协议栈如图 4-9 所示。

用户面协议栈主要包括数据链路层协议（MAC、RLC、PDCP）和物理层协议。物理层为数

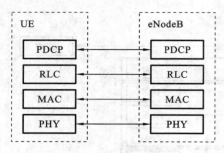

图 4-9　Uu 接口用户面协议栈

据链路层提供数据传输功能。物理层通过传输信道为 MAC 层提供相应的服务。MAC 层通过逻辑信道向 RLC 层提供相应的服务。

　　MAC 层实现与数据处理相关的功能,包括信道管理与映射、数据包的封装与解封装、HARQ 功能、数据调度、逻辑信道的优先级管理等。

　　RLC 层实现的功能包括数据包的封装和解封装、ARQ 过程、数据的重排序和重复检测、协议错误检测和恢复等。

　　PDCP 层的主要任务是进行头压缩/解压缩、用户面数据的加密/解密等。

4.4　S1 接口协议栈

　　LTE 网络分为核心网和无线接入网,核心网也称为 EPC,无线接入网也称为 EUTRAN。无线接入网部分的接口有 S1 和 X2,如图 4-10 所示。S1 接口是基站 eNodeB 和核心网 MME/SGW 网元之间的接口,S1 接口与 3G UMTS 系统的 Iu 接口的不同之处在于,Iu 接口支持 3G 核心网的 PS 域和 CS 域,而 S1 接口只支持 PS 域。X2 接口是 eNodeB 之间的接口。

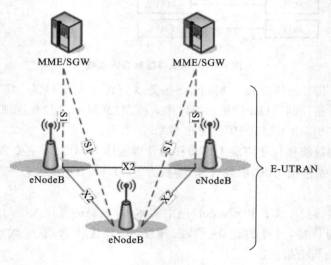

图 4-10　S1 及 X2 接口

4.4.1　S1 接口控制面

　　S1 控制面接口(S1-MME 接口)是指连接在 eNodeB 和 MME 之间的接口。S1 接口控制面协议栈如图 4-11 所示。传输网络层建立在 IP 传输基础上;IP 层之上采用 SCTP 层来实现信令消息的可靠传输。应用层的信令协议为 S1-AP 协议(S1 应用协议)。

　　在 IP 传输层,PDU 的传输采用点对点方式。每个 S1-MME 接口实例都关联一个单独的

SCTP，与一对流指示标记作用于 S1-MME 公共处理流程中；只有很少的流指示标记作用于 S1-MME 专用处理流程中。

MME 分配的针对 S1-MME 专用处理流程的 MME 通信上下文指示标记，以及 eNodeB 分配的针对 S1-MME 专用处理流程的 eNodeB 通信上下文指示标记，都应当对特定 UE 的 S1-MME 信令传输承载进行区分。通信上下文指示标记在各自的 S1-AP 消息中单独传送。

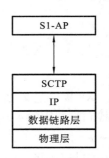

图 4-11　S1 接口控制面协议栈

S1 接口控制面协议主要具备以下功能。

（1）EPS 承载服务管理功能，包括 EPS 承载的建立、修改和释放。

（2）UE 上下文管理功能。

（3）LTE_ACTIVE 状态下针对 UE 的移动性管理功能，包括 Intra-LTE 切换、Inter-3GPP-RAT 切换。

（4）S1 接口寻呼功能。寻呼功能支持向 UE 注册的所有跟踪区域内的小区发送寻呼请求。提供 MME 中 UE 的移动性管理所包含的信息，实现将寻呼请求发送到相关的 eNodeB 中。

（5）NAS 信令传输功能。提供 UE 与核心网之间非接入层的信令的透明传输功能。

（6）S1 接口管理功能。如错误指示、S1 接口建立等。

（7）网络共享功能。

（8）漫游与区域限制支持功能。

（9）NAS 节点选择功能。

（10）初始上下文建立功能。

4.4.2　S1 接口用户面

S1 用户面接口（S1-U 接口）是指连接在 eNodeB 和 SGW 之间的接口。S1-U 接口提供 eNodeB 和 SGW 之间的用户面协议数据单元的非保障传输。S1 接口用户面协议栈如图 4-12 所示。S1-U 的传输网络层建立在 IP 层之上，UDP/IP 协议上采用 GPRS 用户面隧道（GTP-U）协议来传输 SGW 和 eNodeB 之间的用户面 PDU。

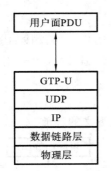

图 4-12　S1 接口用户面协议栈

GTP-U 协议具备以下特点。

（1）GTP-U 协议既可以基于 IPv4/UDP 协议传输，也可以基于 IPv6/UDP 协议传输。

（2）隧道端点之间的数据通过 IP 地址和 UDP 端口号进行路由。

（3）UDP 头与使用的 IP 版本无关，二者独立。

S1 接口用户面协议主要包括如下功能或机制。

（1）在 S1 接口目标节点中指示数据分组所属的 SAE 接入承载。

（2）在移动性过程中尽量减少数据的丢失。

（3）错误处理机制。

（4）MBMS 支持功能。

（5）分组丢失检测机制。

4.5　X2 接口协议栈

X2 接口定义为各个 eNodeB 之间的接口,如图 4-10 所示。X2 接口协议栈分为用户面协议栈和控制面协议栈。

X2 接口的定义采用了与 S1 接口的定义一致的原则,X2 接口的用户面协议栈与控制面协议栈均与 S1 接口的类似。

4.5.1　X2 接口控制面

X2 控制面接口(X2-C 接口)是指连接在 eNodeB 之间的接口。X2 接口控制面协议栈如

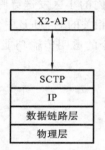

图 4-13　X2 接口控制面协议栈

图 4-13 所示,传输网络层建立在 SCTP 协议上,SCTP 协议处在 IP 协议上。应用层的信令协议为 X2-AP 协议(X2 应用协议)。

每个 X2-C 接口仅含单一的 SCTP 协议,对于具有双流标识的应用场景,应用 X2-C 的一般流程;对于具有多对流标识的应用场景,应用 X2-C 的特定流程。源 eNodeB 为 X2-C 的特定流程分配源 eNodeB 通信的上下文标识,目标 eNodeB 为 X2-C 的特定流程分配目标 eNodeB 通信的上下文标识。这些上下文标识用来区别 UE 特定的 X2-C 信令传输承载。通信上下文标识通过各自的 X2-AP 消息传输。

4.5.2　X2 接口用户面

X2 接口用户面提供 eNodeB 之间的用户数据传输功能。X2 接口用户面协议栈如图 4-14 所示,与 S1-U 协议栈类似,X2-U 的传输网络层基于 IP 协议传输,UDP/IP 协议上采用 GTP-U 协议来传输 eNodeB 之间的用户面 PDU。

X2 接口的主要功能有如下几点。

(1) 移动性管理,包括切换资源的分配、SN Status 的迁移、UE 上下文的释放。

(2) 负荷管理,用于 eNodeB 之间互相传递负荷信息、资源状态。

(3) 错误指示,用于指示 eNodeB 之间在交互过程中出现的一些未定义的错误信息。

(4) 复位,用于对 eNodeB 之间的 X2 接口进行复位。

(5) X2 接口建立,用于 eNodeB 之间互相交换小区信息。

(6) eNodeB 配置更改,为了使 eNodeB 之间正确交互信息,需要将发生更改的配置信息发送给对方,以达到信息的统一。

(7) eNodeB 之间通过 X2 Setup 过程来实现 eNodeB 间的小区信息交互,建立邻接小区关系。在 X2 间交互的信息主要有两

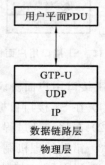

图 4-14　X2 接口用户面协议栈

大类：与负荷和干扰相关的信息、与切换相关的信息。与负荷和干扰相关的信息主要用于小区间干扰协调中，如用于上行 ICIC 的 HII（高干扰指示）和 OI（负载指示），用于下行 ICIC 的 RNTP（相对窄带发射功率）。与切换相关的信息主要用于 X2 接口的快速切换，且为无缝切换或无损切换。与 S1 接口切换相比，协议上优先支持 X2 接口切换。

课 后 习 题

一、选择题（不定项选择）

1. eNodeB 与 SGW 之间使用（   ）协议。

A. S1-AP   B. X2-AP   C. GTP-C   D. GTP-U

2. MME 和 SGW 之间的接口名为（   ）。

A. S1   B. S5   C. S11   D. S12

3. 负责 UE 的移动性管理的节点是（   ）。

A. SGW   B. MME   C. HSS   D. PGW

4. 负责用户面数据的加密功能的协议是（   ）。

A. PDCP   B. RLC   C. RRC   D. MAC

5. EPC/LTE 的所有接口都是基于（   ）协议的。

A. SCTP   B. UDP   C. IP   D. GTP

6. UMTS 中 GGSN 的功能类似于 EPC 中（   ）的功能。

A. SGW   B. PGW   C. MME   D. eNodeB

7. PGW 和 SGW 之间的接口有（   ）。

A. S5   B. S6   C. S7   D. S8

8. 从整网的角度看，LTE 网络架构包括 EPC 和（   ）。

A. UTRAN   B. EUTRAN   C. SingleRAN   D. WLAN

9. EUTRAN 包括的节点是（   ）。

A. eNodeB 和 RNC   B. SGW 和 PGW

C. eNodeB   D. eNodeB 和 SGW

二、简答题

1. 请画出 LTE 组网架构，并简述 LTE 组网架构与 2G/3G 组网架构的不同之处。

2. 请画出 LTE 系统中控制面的协议栈。

3. 简述"三层两面"的含义。

第5章 LTE 空中接口模块

5.1 空中接口

在 LTE 中,空中接口是 UE 和 eNodeB 之间的接口。空中接口是一个完全开放的接口,只要遵守接口规范,不同制造商生产的设备就能够互相通信。

5.1.1 空中接口简介

LTE 空中接口,也称为 Uu 接口,这里大写字母 U 表示"用户网络接口(user to network interface)",小写字母 u 则表示"通用的(universal)",可以支持 1.4~20 MHz 的多种频谱带宽配置。Uu 接口在网络中的位置如图 5-1 所示。

5.1.2 空中接口协议栈

LTE 网络通过空中接口使 UE 和 EUTRAN 进行通信,它们之间交互的数据可以分为两类:用户面数据和控制面消息。

用户面数据即用户的业务数据,如上网数据流、语音、视频等多媒体数据包。

控制面消息即信令,比如接入、切换等过程的控制数据包。通过控制面的 RRC 消息,无线网络可以实现对 UE 的有效控制。

LTE 空中接口的基本功能分类如图 5-2 所示。

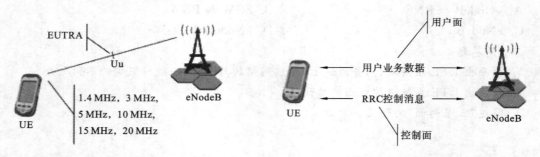

图 5-1 Uu 接口在网络中的位置　　　　图 5-2 LTE 空中接口的基本功能分类

空中接口协议栈主要分为三层两面,三层是指物理层、数据链路层、网络层,两面是指控制面和用户面。从用户面看,主要包括 PHY 层、MAC 层、RLC 层、PDCP 层,从控制面看,除了以上几层外,还包括 RRC 层、NAS。

空中接口协议栈如图 5-3 所示。其中,层 3 为空中接口服务的使用者,即 RRC 信令及用户面数;层 2 对不同的层 3 数据进行区分标识,并提供不同的服务;层 1 为物理层,为高层的数据提供无线资源及物理层的处理。

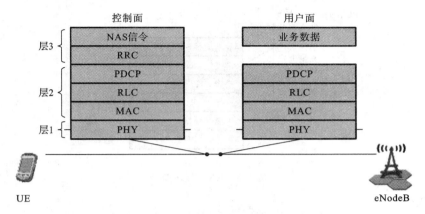

图 5-3 空中接口协议栈

1) NAS

NAS 信令,即非接入层信令,NAS 指的是 AS(access stratum,接入层)的上层。NAS 信令是在 UE 和 MME 之间传送的消息。NAS 信令可以分为如下两类。

EMM(EPS mobility management),即 EPS 移动性管理,如 UE 的 Attach、Detach、TAU,GUTI 重分配过程,鉴权过程,安全模式命令过程,标识过程等。

ESM(EPS session management),即 EPS 会话管理,建立和维护 UE 和 PDNGW 之间的 IP 连接,包括网络侧激活、去激活、修改 EPS 承载上下文,UE 请求资源(与 PDN 的 IP 连接,专业承载资源)。

NAS 功能如图 5-4 所示。

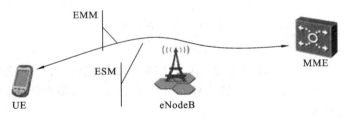

图 5-4 NAS 功能

NAS 信令消息一般包含在 RRC 信令消息里,eNodeB 不对其做任何处理,直接透彻到 MME。

2) RRC 层

RRC 层用来处理 UE 和 EUTRAN 之间的所有信令。

RRC 层实现的功能包括广播由非接入层提供的信息,广播与接入层相关的信息,建立、维持及释放 UE 和 UTRAN 之间的一个 RRC 连接,建立、重配置及释放无线承载,分配、重配置及释放用于 RRC 连接的无线资源,RRC 连接移动功能管理,为高层 PDU 选路由,请求 QoS 控制,UE 测量上报和报告控制,外环功率控制、加密控制,慢速动态信道分配、寻呼,空闲模式下初始小区的选择和重选,上行链路 DCH 上无线资源的仲裁,RRC 消息完整性保护和 CBS

控制。RRC 层功能如图 5-5 所示。

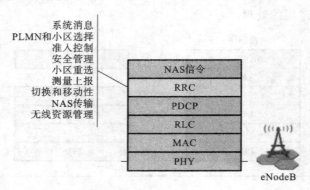

图 5-5　RRC 层功能

3）PDCP 层

在控制面上，PDCP 层负责对 RRC 层和 NAS 信令消息进行加/解密和完整性校验。在用户面上，PDCP 层的功能略有不同，它只进行加/解密，而不进行完整性校验。此外，为了提高空中接口的效率，PDCP 层可以对用户面的 IP 数据报文进行头压缩，其功能如图 5-6 所示。

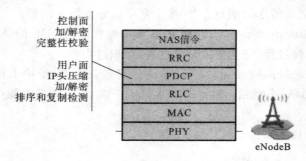

图 5-6　PDCP 层功能

4）RLC 层

RLC 层主要提供无线链路控制功能。RLC 层对高层数据包进行大小适配，并通过确认的方式保证可靠传送，其包含 TM、UM 和 AM 三种传输模式，主要提供纠错、分段、级联、重组等功能。RLC 层功能如图 5-7 所示。

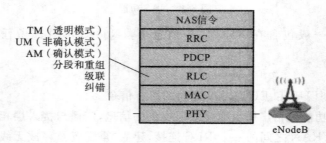

图 5-7　RLC 层功能

在现阶段，RLC 层能够支持三种模式：TM、UM、AM。究竟选择哪种模式主要参照无线承载的 QoS。对此简要介绍如下。

TM、UM 主要是为实时业务而设计的。因为对于某些实时业务来说,主要的目标是要求具有最小时延,而允许一定的数据损失。为了满足这种要求,RLC 层必须支持立即递交。如果在实时业务中采用 RLC 重传,则由于无线接口和 Iub 接口存在较长的往返时延,会在 RLC 中引起较大的时延,这将会严重降低业务的 QoS,同时增加了额外的 buffer 开销。

AM 主要是为非实时业务而设计的,其特性与 TM、UM 的不同。非实时业务能够容忍一定程度的时延,但要求更高的传输质量。因此,在 AM 中利用 ARQ 重传机制是至关重要的。于是 AM 下 RLC 层需要一些额外的功能和参数来实现重传,以提供非实时业务所要求的 QoS。RLC 层重传的代价是增加了时延。一次重传的时延不超过 150 ms。

总之,对 TM、UM、AM 的选择主要是根据业务特性决定的。

TM、UM:对时延敏感,对错误不敏感,没有反馈消息,无须重传。所以常常用于实时业务(如会话业务、流业务)中;

AM:对时延不敏感,对错误敏感,有反馈消息,需要重传。所以常常用于非实时业务(如交互业务、后台业务)中。

但是,某些业务却有一些特殊要求,比如对时延敏感,要求立即递交,出错时不必重传但却需要反馈报告,以便了解状态信息。又例如,基于 ROHC 的实时 IP 分组业务虽然是实时性业务,但其需要借助反馈信息来调整压缩算法。目前 TM、UM、AM 都不能满足这样的特性要求。因此,现在也有很多关于是否需要再增加一种新的 RLC 传输模式来支持这样的业务的研究。

5) MAC 层

MAC 层的主要功能包含映射、复用、HARQ 和无线资源分配调度。MAC 层最重要的功能就是协调有限的无线资源。MAC 层要根据上层(RLC 层)的需求以及下层(PHY 层)的可用资源动态决定资源的分配。MAC 层功能如图 5-8 所示。

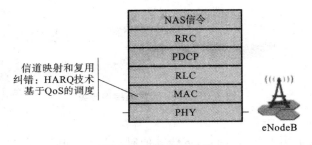

图 5-8　MAC 层功能

6) PHY 层

PHY 层按照 MAC 层的调度执行相应处理。其最终按照上层的配置(主要是 MAC 层的动态配置)实现数据的最终处理,如编码、MIMO、调制等。PHY 层功能如图 5-9 所示。

5.1.3　空中接口特征

空中接口具有如下特征。

(1)可确保无线发送具备可靠性,相关重要技术有重传、编码等。

(2)可灵活地适配业务活动性及信道的多变性。MAC 层动态决定编码率、调制方式;

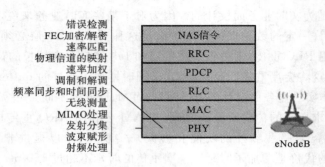

图 5-9 PHY 层功能

RLC 层分段、级联,适配 MAC 层调度。

(3)可实现差异化的 QoS。对不同业务应用不同的 RLC 工作模式;对不同业务应用不同 PDCP 的头压缩功能等。

5.2 LTE 无线帧结构

5.2.1 LTE 无线帧结构简介

在空中接口上,LTE 系统定义了无线帧来进行信号的传输,1 个无线帧的长度为 10 ms。LTE 无线帧是时域上的重要概念。

LTE 无线帧结构分为两类:无线帧结构 1(LTE-FDD)和无线帧结构 2(TD-LTE),如图 5-10 所示。

图 5-10 LTE 无线帧结构分类

1)无线帧结构 1

LTE 无线帧结构 1 用于 FDD 制式,无线帧的时长为 10 ms,包含 20 个时隙,其中每个时隙的时长为 0.5 ms。相邻的两个时隙组成一个子帧(1 ms),其为 LTE 调度的周期,如图 5-11 所示。

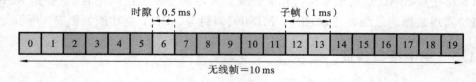

图 5-11 无线帧结构 1 组成

2)无线帧结构 2

LTE 无线帧结构 2 用于 TDD 制式,无线帧的时长为 10 ms,包含 10 个子帧,每个子帧长为 1 ms,但与无线帧结构 1 不同的是,其 10 个子帧是可配置的。子帧类型有上行子帧、下行子帧和特殊子帧,如图 5-12 所示。

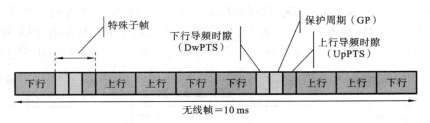

图 5-12　无线帧结构 2 组成

无线帧结构 2 引入了特殊子帧的概念,特殊子帧包括 DwPTS(下行导频时隙)、GP(保护周期)和 UpPTS(上行导频时隙)。特殊子帧各部分的长度可以配置,但总时长固定为 1 ms。

特殊子帧中的 DwPTS 和 UpPTS 可以携带上下行的信息,GP 用来避免下行信号(延迟到达)对上行信号(提前发送)造成的干扰。DwPTS 可以包含调度信息,UpPTS 可以通过配置用于随机接入前导。

3)LTE 时隙结构

LTE 的时隙(0.5 ms)由 6 或 7 个 OFDM 符号组成,中间用循环前缀(CP)隔开,如图 5-13所示。

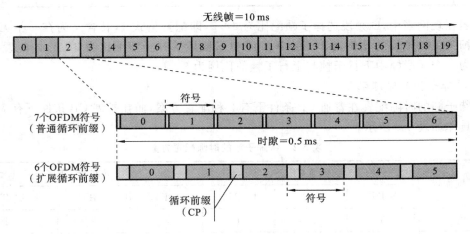

图 5-13　LTE 时隙组成

LTE 系统中有两种循环前缀:普通循环前缀和扩展循环前缀,这两种循环前缀有不同的时隙格式。图 5-13 展示了分别由 7 个 OFDM 符号和 6 个 OFDM 符号组成的时隙。从图5-13 可以看出,在配置扩展循环前缀的时隙中,循环前缀扩大了,而符号的数量减少了,因此降低了系统的吞吐率。

多径衰落的存在,使得同一个帧由于路径不同,到达用户端的时延有先有后,在相关的频域上会造成子载波之间的相互干扰,影响性能。另外,循环前缀会使 IFFT、FFT 操作把原来的线性卷积变成循环卷积,这大大简化了相应信号处理的复杂度。

一般情况下,我们把 OFDM 配置为普通 CP 即可,但对于广覆盖等小区半径较大的场景可配置为扩展 CP。

4）无线帧结构 2 的子帧配置

无线帧结构 2 支持多种子帧配置方案,如表 5-1 所示。总共有 7 种子帧配置方案,其中方案 0、1、2 和 6 中,子帧在下上行切换的时间间隔为 5 ms,因此需要配置两个特殊子帧。其他方案中的切换时间间隔都为 10 ms。表 5-1 中字母 D 表示用于下行传输的子帧,字母 U 表示用于上行传输的子帧,字母 S 表示特殊子帧。一个特殊子帧包含 DwPTS、GP 和 UpPTS 三个字段。

表 5-1　子帧配置方案

配置	切换时间间隔/ms	子 帧 编 号									
		0	1	2	3	4	5	6	7	8	9
0	5	D	S	U	U	U	D	S	U	U	U
1	5	D	S	U	U	D	D	S	U	U	D
2	5	D	S	U	D	D	D	S	U	D	D
3	10	D	S	U	U	U	D	D	D	D	D
4	10	D	S	U	U	D	D	D	D	D	D
5	10	D	S	U	D	D	D	D	D	D	D
6	5	D	S	U	U	U	D	S	U	U	D

一般在现网当中,D 频段选择子帧配比为 2：2,即配置格式 1,其含义为在一个无线帧中下行子帧与上行子帧的比例为 2：2。F 频段和 E 频段选择子帧配比为 3：1,即配置格式 2,其含义为一个无线帧中下行子帧与上行子帧的比例为 3：1。

5）特殊子帧的时隙配置

特殊子帧的时隙配置在普通 CP 条件下有 9 种配置方案,而在扩展 CP 条件下有 7 种配置方案。具体如表 5-2 所示。

表 5-2　特殊子帧的时隙配置方案

特殊子帧配置	普通 CP			扩展 CP		
	DwPTS	GP	UpPTS	DwPTS	GP	UpPTS
0	3	10	1	3	8	1
1	9	4	1	8	3	1
2	10	3	1	9	2	1
3	11	2	1	10	1	1
4	12	1	1	8	7	1
5	3	9	2	8	2	2
6	9	3	2	9	1	2
7	10	2	2	—	—	—
8	11	1	2			

根据覆盖距离的不同,所需要的 GP 大小是不同的。此外,对于不同的配比,上下行导频时隙的大小也不同,这会影响上下行的吞吐率及用户数容量。因此,在实际使用规划中,要综合多方面的因素选用特殊子帧的时隙配置方案。

5.2.2 LTE 资源类型

1) LTE 频域上的资源单元——RB

在频域上,LTE 信号由成百上千个子载波合并而成,每个子载波的带宽为 15 kHz,每 12 个连续的子载波组成一个资源块(resource block,RB)。RB 是 LTE 调度的基本单位,即不能以子载波为粒度进行调度。RB 资源划分如图 5-14 所示。

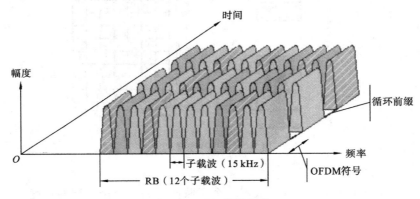

图 5-14 RB 资源划分

不同的载波带宽下,子载波的个数也是不同的。针对 LTE 工作的载波带宽的不同,其具体包含的子载波个数等如表 5-3 所示。

表 5-3 不同载波带宽对应的子载波个数及 RB 个数

信道带宽 /MHz	子载波 数目/个	RB 数目 /个	实际占用带宽 /MHz	信道带宽 /MHz	子载波 数目/个	RB 数目 /个	实际占用带宽 /MHz
1.4	72	6	1.08	10	600	50	9
3	180	15	2.7	15	900	75	13.5
5	300	25	4.5	20	1200	100	18

大家会发现,子载波个数不是用信道带宽除以子载波带宽(15 kHz)得到的,这主要是因为,为了避免与其他系统形成干扰,载波的两端都适当保留了一定带宽作为隔离。

2) 物理资源块

LTE 的物理资源是从时间、频率两个维度进行定义的,即时域和频域,因此有了物理资源块(physical resource block,PRB)的概念。

PRB 由 12 个连续的子载波组成,并占用一个时隙,即 0.5 ms。PRB 资源划分如图 5-15 所示。

PRB 主要用于资源分配。根据扩展循环前缀或普通循环前缀的不同,每个 PRB 通常包含 6 个或 7 个符号。

3) 资源粒子

由于一些物理控制、指示信道及物理信号只需占用较小的资源,因此,LTE 还定义了资源

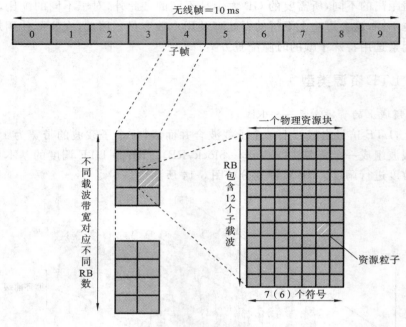

图 5-15 PRB 资源划分

粒子的概念。

资源粒子(resource element,RE)表示一个子载波上的一个符号周期长度。

5.3 LTE 无线信道及其功能

5.3.1 信道分类与映射

LTE 定义了三种类型的信道,分别是逻辑信道、传输信道和物理信道,如图 5-16 所示。

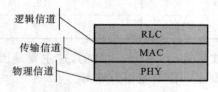

图 5-16 信道在协议栈中的位置

(1)逻辑信道(区分信息的类型)。

数据在下行经过 RLC 层处理后,会根据数据类型的不同,以及用户的不同,进入不同的逻辑信道。

(2)传输信道(区分信息的传输方式)。

逻辑信道的数据在到达 MAC 层后,会以不同的发送机制(周期固定发送,或者动态调度发送等)、不同的发送格式被定义成不同的传输信道,即进入不同的传输信道。

(3)物理信道(执行信息的收发)。

物理资源的划分是相对固定的,按照 3GPP 规范划分的不同的物理资源(LTE 的时频资源)即是不同的物理信道。

1. LTE 空中接口逻辑信道

LTE 的逻辑信道包括广播控制信道、寻呼控制信道、专用控制信道、公共控制信道和专用业务信道。

广播控制信道(broadcast control channel,BCCH):广播系统消息的下行逻辑信道。

寻呼控制信道(paging control channel,PCCH):传送寻呼消息的下行逻辑信道。

专用控制信道(dedicated control channel,DCCH):在网络和 UE 之间发送专用控制信息的上下行双向逻辑信道,该信道在 RRC 建立的时候由网络为 UE 配置,是点对点的专用信道。

公共控制信道(common control channel,CCCH):在网络和 UE 之间发送控制信息的上下行双向逻辑信道。UE 在初始与网络通信时,没有 UE ID 作为逻辑信道标识,因此,消息临时通过 CCCH 收发,不过 eNodeB 可以通过 NAS ID(TMIS)进行暂时的用户区分。

专用业务信道(dedicated traffic channel,DTCH):专用于与某一个 UE 传输业务数据的点对点上下行双向逻辑信道。

如图 5-17 所示,按照内容的属性以及 UE 的不同,高层数据被分流到不同的逻辑信道,而不同的逻辑信道是 MAC 层进行资源调度的重要依据。

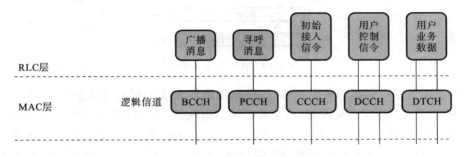

图 5-17　LTE 逻辑信道

逻辑信道分类:按照控制面和业务面功能可以分为控制信道和业务信道等两种,如图 5-18 所示。

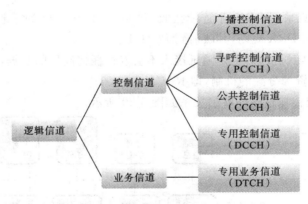

图 5-18　逻辑信道分类

2. LTE 空中接口传输信道

LTE 空中接口传输信道包括以下几个。

广播信道(broadcast channel,BCH):以一个带有稳健调制的、固定的、预定义的传输格式在整个小区覆盖范围内广播。BCH 是一种下行传输信道。

寻呼信道(paging channel,PCH):用于传送与寻呼过程相关的数据,用于网络与 UE 的初始化。最简单的一个例子是,向 UE 发起语音呼叫时,网络将使用 UE 所在小区的寻呼信道向 UE 发送寻呼消息。PCH 是一种下行传输信道。

随机接入信道(random access channel,RACH):用于 PAGING 回答和 MS 主叫/登录的接入等。RACH 总是在整个小区内进行接收。RACH 的特性是带有碰撞冒险,使用开环功率控制。RACH 是一种上行传输信道。

上/下行共享信道(uplink/downlink shared channel,UL/DL-SCH):以动态调度的方式分配资源并发送信息。

传输信道的分类如图 5-19 所示。

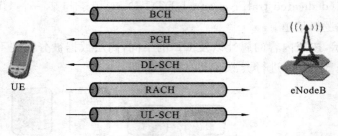

图 5-19　传输信道的分类

MAC 层实现了对资源的分配,不同的传输信道体现了不同的资源分配机制。LTE 的逻辑信道中的数据经过 MAC 层调度后,会往传输信道映射,并分配发送的格式及机制。

(1)用户的专用信令(来自 DCCH)、用户的专用业务数据(来自 DTCH)、初始接入时的信令(来自 CCCH),以及绝大部分的系统广播消息(来自 BCCH)都会以动态调度的方式分配资源并进行发送,即它们映射到 UL/DL-SCH 上。

(2)有一小部分系统广播消息(MIB)会以固定的周期,发送固定位的信息,它们映射到 BCH 上。

(3)由于寻呼消息采用 DRX(不连续接收)机制,因此其必须在特定的寻呼时刻发送,无法采用动态调度,按照 DRX 规则,其映射到 PCH 上。

(4)LTE 中也有随机接入,但是随机接入不会发送任何高层的数据,因此 MAC 层也定义了随机接入的格式和资源分配的机制,即 RACH。

LTE 逻辑信道与传输信道的映射关系如图 5-20 所示。

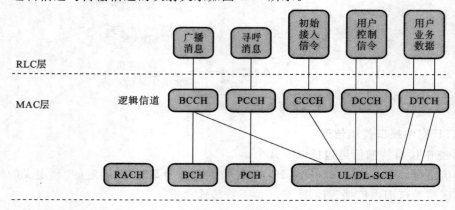

图 5-20　LTE 逻辑信道与传输信道的映射关系

3. LTE 空中接口物理信道

LTE 空中接口物理信道如下。

1) 下行物理信道

物理广播信道(physical broadcast channel,PBCH):承载小区 ID 等系统信息,用于小区搜索过程。

物理下行控制信道(physical downlink control channel,PDCCH):承载寻呼和用户数据的资源分配信息,以及与用户数据相关的 HARQ 信息。

物理下行共享信道(physical downlink shared channel,PDSCH):承载下行用户数据。

物理控制格式指示信道(physical control format indicator channel,PCFICH):承载控制信道所在 OFDM 符号的位置信息。

物理 HARQ 指示信道(physical hybrid ARQ indicator channel,PHICH):承载 HARQ 的 ACK/NACK 消息。

除了携带信息的信道外,LTE 物理层还静态预留了一些资源,用于发送一些信号,如参考信号、主/从同步信号等。

2) 上行物理信道

物理随机接入信道(physical random access channel,PRACH):承载随机接入前导。

物理上行共享信道(physical uplink shared channel,PUSCH):承载上行用户数据。

物理上行控制信道(physical uplink control channel,PUCCH):承载 HARQ 的 ACK/NACK、调度请求、信道质量指示(CQI)等信息。

LTE 物理信道分类如图 5-21 所示。

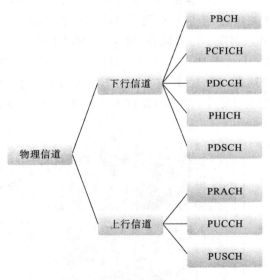

图 5-21 物理信道的分类

物理信道实现物理资源的总体静态划分,当然,共享信道中的资源仍然是需要 MAC 层动态调度的。

传输信道与物理信道的映射关系如图 5-22 所示。

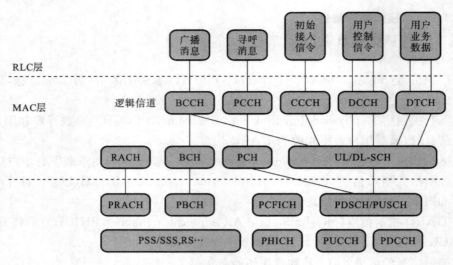

图 5-22 传输信道与物理信道的映射关系

5.3.2 LTE 物理信道及信号

1. 下行物理信道及信号

1）同步信号

　　TDD 同步信号在每个无线帧中出现两次,包括主同步信号(PSS)和从同步信号(SSS),在时域,它们分别占用一个 10 ms 无线帧的第 1、2 号及第 11、12 号时隙中的一个符号,即它们都出现在下行的符号上。在频域,同步信号占用最中间的 6 个 RB。

　　借助同步信号,UE 可以实现下行的同步,同时,通过对 PSS 和 SSS 的识别,UE 可以获取当前小区的物理小区标识(ID),即 PCI,用于对下行信号解扰及对发送信号加扰。

　　受上下行子帧分配的约束,TD-LTE 与 LTE-FDD 的同步信号位置略有不同。

　　PSS 和 SSS 信号在相应时隙中占用的 OFDM 符号位置,根据普通 CP 和扩展 CP 的不同而有所不同,具体见图 5-23。

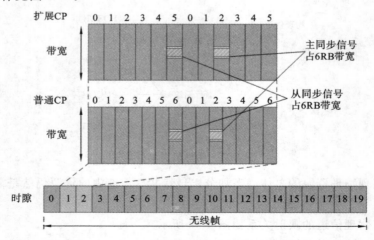

图 5-23 PSS/SSS 信号物理资源分配

主同步信号发送 3 种序列中的一种,由小区配置的 PCI 决定。从同步信号发送 168 种序列中的一种,由小区配置的 PCI 决定。从同步信号的接收依赖于主同步信号发送的序列。

通过识别 PSS 和 SSS 的序列号,UE 可以计算出小区的 PCI,从而解扰小区的其他信道。

PCI 的范围是 0~503。504 个 PCI 可以在小区内重复使用。PCI 用于对 LTE 下行信号加扰,由于 LTE 采用同频组网,因此必须采用加扰传送。那么 eNodeB 是如何把 PCI 传送给 UE 的呢?

eNodeB 对配置的 PCI 经过模 3 运算后,将结果分为两个部分,商值称为 $N_{ID}(1)$,范围是 0~167;余数称为 $N_{ID}(2)$,范围是 0~2。PSS 的 3 个序列对应 3 个 $N_{ID}(2)$,SSS 的 168 个序列对应 168 个 $N_{ID}(1)$。PCI 与 PSS 和 SSS 的关系为

$$PCI = 3 \times N_{ID}(1) + N_{ID}(2)$$

通过 PSS 的序列号和 SSS 的序列号,eNodeB 将 $N_{ID}(2)$ 及 $N_{ID}(1)$ 间接的指示传给 UE,UE 便可以通过公式计算出 PCI,进而对小区的信号进行解扰。

2) 参考信号

LTE 使用下行参考信号(RS)实现导频的功能。

下行小区参考信号属于公共信号,其也称为公共参考信号,所有 UE 都可以利用该信号来进行测量评估。

下行 UE 特定参考信号是属于某 UE 专用的参考信号。eNodeB 为调度的 UE 专门发送下行 UE 特定参考信号,用来实现对该 UE 的波束赋形。该信号只对启用波束赋形功能的 UE 发送。

LTE 的 UE 也可以发送上行探测 RS 实现上行的信道估计。上行探测参考信号由 UE 发送,用于 eNodeB 对该 UE 的上行信道进行评估。

RS 信号在时域、频域资源上的分布是怎样的呢?

(1) 小区参考信号——单天线口配置。

下行小区 RS 均匀地分布在整个下行子帧中。如图 5-24 所示,1 ms 的 RB 中有 8 个 RS。

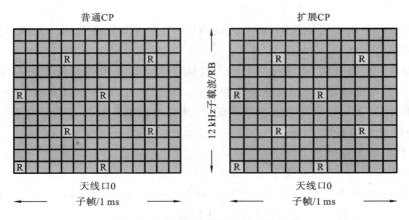

图 5-24　单天线口配置下的 RS 位置

需要注意的是,参考信号的位置也取决于 PCI 的值。系统通过 PCI 对 6 取模来计算其在频域上的偏置。图 5-25 给出了 PCI 分别取 0 和 8 时 RS 的位置。

(2) 小区参考信号——双天线口配置。

为了实现 MIMO 或发射分集,LTE 设计了多发射天线功能。采用双天线发射,下行小区

图 5-25　RS 偏置

RS 的分布如图 5-26 所示。

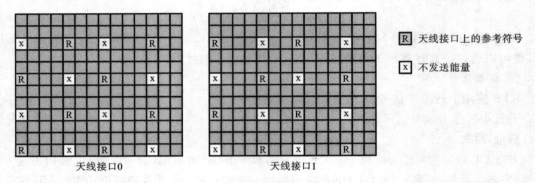

图 5-26　下行小区 RS 的分布

在双天线口配置的情况下,小区参考信号在不同端口发送的时频位置不同,小区下行 RS 的 RE 在时频上彼此交错。为了达到较好的信道评估效果,当一根天线正发射参考符号时,另一根天线的相应 RE 为空(不发送能量)。与单天线口配置相同,双天线口配置下的参考信号的位置按照物理小区标识设置偏置。

(3)小区参考信号——四天线口配置。

为了达到较好的信道评估效果,四个天线端接口上的 RS 也需要相互交错,这使系统占用的时频资源较多。

为了减少参考信号开销,天线接口 2 和天线接口 3 上的参考符号较少。符号少也会影响系统功能,特别是在高速移动(即信道快速变化)的状态下,信道估计会变得不准确。不过,四天线空间复用 MIMO 一般适用于低速移动场景,所以对网络的整体功能影响不大。四天线口配置下 RS 的位置如图 5-27 所示。

(4)UE 特定参考信号。

在使用波束赋形时,不同的波束上会承载 UE 特定参考信号。

MS 特定指的是这个参考信号与一个特定的 MS 对应,在天线接口 5 发送。RS 的时频资源分配随普通 CP 和扩展 CP 的不同而有所不同,如图 5-28 所示。

3)物理广播信道

物理广播信道用于承载主信息块。

系统消息分为 MIB(主信息块)和 SIB(系统信息块)。MIB 的位置是固定的,承载在 PBCH 上,其他 SIB 承载在 PDSCH 上。

MIB 包括系统下行带宽、系统帧号、PHICH 配置等信息。系统下行带宽和 PHICH 配置

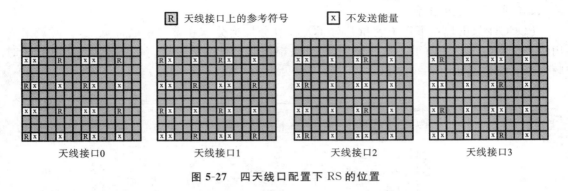

图 5-27 四天线口配置下 RS 的位置

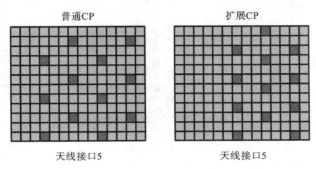

图 5-28 UE 特定参考信号资源分配

是 UE 读取其他公共信道的前提。

PBCH 映射到 40 ms 中的四个时隙上,占用每帧的 1 号时隙。在该子帧中占符号 0 至符号 3。在频域上和 PSS/SSS 一样,占用中间的 6 个 RB。PBCH 时频资源分配情况如图 5-29 所示。

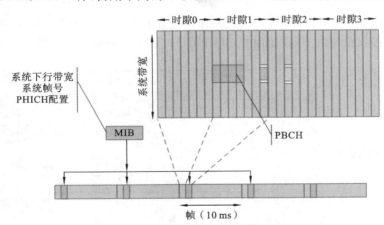

图 5-29 PBCH 时频资源分配

4) 物理下行控制信道

PDCCH 用来向 UE 发送上/下行共享信道的调度信息(DCI)。PDCCH 中承载的是 DCI,包含一个或多个 UE 上的资源分配和其他的控制信息。在 LTE 中,上下行的资源调度信息都是由 PDCCH 来承载的。一般来说,在一个子帧内,可以有多个 PDCCH。UE 需要首先解调 PDCCH 中的 DCI,然后才能够在相应的资源位置上解调属于 UE 自己的 PDSCH(包括广播消息、寻呼、UE 的数据等)。

PDCCH 只出现在下行子帧和 DwPTS 上,在频域上分布在整个小区带宽上,在时域上占用每个子帧(1 ms)的前 1/2/3 个符号,其可以根据调度量的多少进行动态调整。PDCCH 时频资源分配情况如图 5-30 所示。

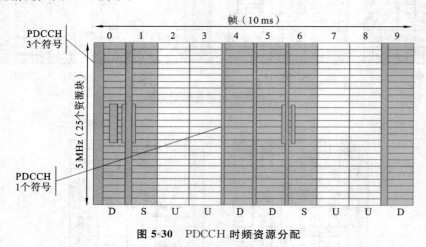

图 5-30 PDCCH 时频资源分配

PDCCH 在每个子帧所占的符号数通过 PCFICH 指示。

5)物理控制格式指示信道

PCFICH 用于告知 UE 一个子帧中用于 PDCCH 传输的 OFDM 符号的个数,以帮助 UE 解调 PDCCH。

PCFICH 总是出现在子帧的第一个符号上,其占用 4×4=16 个 RE,其在频域上的位置由系统带宽和 PCI 确定。1 个 REG(RE group)由位于同一 OFDM 符号上的 4 个或 6 个相邻的 RE 组成,但其中可用的 RE 只有 4 个,6 个 RE 组成的 REG 中包含了 2 个参考信号,而参考信号所占用的 RE 是不能被控制信道的 REG 使用的。PCFICH 时频资源分配情况如图5-31 所示。

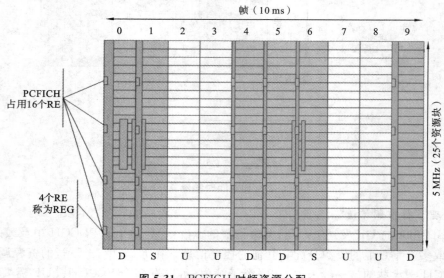

图 5-31 PCFICH 时频资源分配

6）物理 HARQ 指示信道

PHICH 用于承载 HARQ 的 ACK/NACK，对 UE 发送的数据进行 ACK/NACK 反馈。这些信息以 PHICH 组的形式发送，一个 PHICH 组包括 3 个 REG，包含至多 8 个进程的 ACK/NACK，同 PHICH 组中的各个 HI 使用不同的正交序列来区分。

PHICH 有如下两种配置：普通 PHICH 和扩展 PHICH 。

普通 PHICH 时频资源分配情况如图 5-32 所示。

TD-LTE 中的 PHICH 组数在不同的下行子帧中可能不同。这是通过使用不同的配置格式来实现的。

PHICH 的组数在 MIB 中通过 PBCH 发送。PHICH 组数基于 N_g 计算得到：

$$N_{PHICH}^{gruop} = \begin{cases} \lceil N_g (N_{RB}^{DL}/8) \rceil, & \text{使用普通 CP} \\ 2 \lceil N_g (N_{RB}^{DL}/8) \rceil, & \text{使用扩展 CP} \end{cases}$$

式中，N_g 取 1/6、1/2、1 或 2。

对于扩展 PHICH，属于同一个 PHICH 组的不同 REG（3 个）可能在不同的符号上传送。扩展 PHICH 时频资源分配情况如图 5-33 所示。

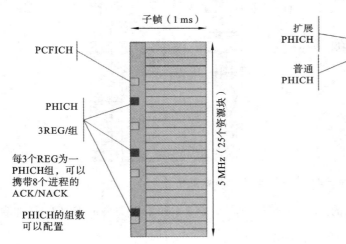

图 5-32　普通 PHICH 时频资源分配

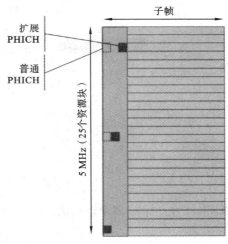

图 5-33　扩展 PHICH 时频资源分配

PHICH 对于调度的成功率很重要，通过配置扩展 PHICH，可以实现频率和时间上的分集增益。

7）PDCCH、PCFICH、PHICH 的符号映射

前面提到过，LTE 中 PDCCH 在一个子帧内（注意，不是时隙）占用的符号个数是由 PCFICH 中定义的 CFI 所确定的。UE 通过主、辅同步信道，可确定小区的 PCI，通过读取 PBCH，确定 PHICH 占用资源的分布、系统的天线接口等内容，UE 就可以进一步读取 PCFICH，了解 PDCCH 等控制信道所占用的符号数目。在 PDCCH 所占用的符号中，除了 PDCCH 外，还有 PCFICH、PHICH、RS 等。其中，PCFICH 的内容已经解调，PHICH 的分布由 PBCH 确定，RS 的分布取决于 PBCH 中广播的天线接口数目。至此，（全部的）PDCCH 在一个子帧内所能够占用的 RE 就得以确定了。

由于 PDCCH 的传输带宽内可以同时包含多个 PDCCH，为了更有效地配置 PDCCH 和其

他下行控制信道的时频资源,LTE 定义了两个专用的控制信道资源单位:REG 和 CCE。一个 CCE 由 9 个 REG 构成。

定义 REG 这样的资源单位,主要是为了有效地支持 PCFICH、PHICH 等数据率很小的控制信道的资源分配,也就是说,PCFICH、PHICH 的资源分配是以 REG 为单位的,而定义相对较大的 CCE,是为了用于数据量相对较大的 PDCCH 的资源分配。CCE 是调度信令所需要资源的最小单位。基站可动态决定使用 CCE 的数量进行调度命令的发送。

PDCCH 至 REG 的映射举例如图 5-34 所示。在本例中,PCFICH 指示 PDCCH 占用两个符号发送,从参考信号可看出,PHICH 位于第一个符号上。

图 5-34 中控制区域里的数字表示 PDCCH 的多少个 RE 组成 REG。9 个 REG 聚合成 1 个 CCE。

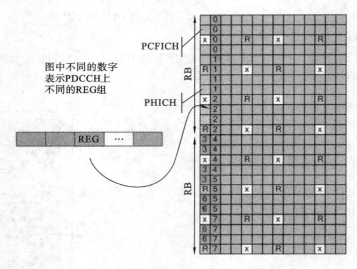

图 5-34 PDCCH 至 REG 映射举例

PDCCH 在一个或多个连续的 CCE 上传输,LTE 支持 4 种不同类型的 PDCCH,如表 5-4 所示。

表 5-4 PDCCH 的 4 种格式

PDCCH 格式	CCE 数目	资源元素组的数目
0	1	9
1	2	18
2	4	36
3	8	72

8)物理下行共享信道

PDSCH 是唯一用来承载高层业务数据及信令的物理信道,因此其是 LTE 最重要的物理信道。PDSCH 用于承载多种传输信道,包括 DL-SCH 及 PCH 等。在高层数据往 PDSCH 上进行符号映射时,会避开控制区域(如 PDCCH 等)和参考信号、同步信号等预留符号。PDSCH 时频资源分配情况如图 5-35 所示。

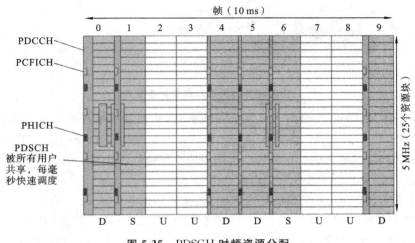

图 5-35 PDSCH 时频资源分配

不同 RB 上的 PDSCH 可以调度给不同的 UE,因此不同 RB 上的 PDSCH 可能采用不同的调制方式、MIMO 模式等。

2. 上行物理信道及信号

TD-LTE 的上行物理信道有三条:PUSCH、PUCCH、PRACH。PUCCH 用来向 eNodeB 反馈一些必要的物理层指示位,比如信道质量、HARQ 确认指示,其对称地分布在上行子帧的频域两侧,其占用的 RB 数可以调整。PRACH 固定占用 6 个 RB,用来发送上行的随机接入前导,从而获取上行的发送授权及与上行同步相关的信息,其密度(频域上及时域上占用资源的多少)可以调整。3 种上行物理信道在时域、频域上的资源分配情况如图 5-36 所示。

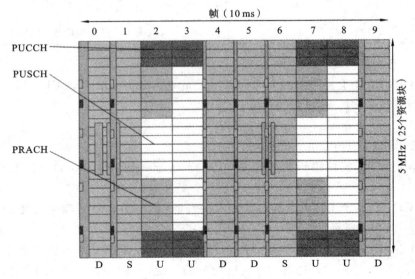

图 5-36 上行物理信道资源分配总览图

1)物理随机接入信道

随机接入过程用于各种场景,如初始接入、切换和重建等。UE 在 PRACH 上发送前导签名及其循环前缀。随机接入前导基本格式如图 5-37 所示。

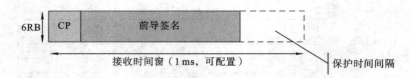

图 5-37 随机接入前导基本格式

UE 在 PRACH 上向 eNodeB 发送随机接入前导,从而获得上行的 TA(时间提前量)及授权,进而在 PUSCH 上发送高层数据。由于上行信号的延迟时间(回路时延,RTT)不确定,因此必须通过保护时间接受时延的上行信号。这样能使小区边缘 UE 发出的前导在抵达 eNodeB 时落在窗口范围内。

PRACH 有 5 种格式,可按照场景选择配置,具体如表 5-5 所示。

协议定义了 5 种 PRACH 帧格式,都能用于 TDD 的随机接入,但是 FDD 系统只能使用前 4 种前导格式(格式 0～格式 3)。这几种格式的不同之处主要在于保护时间的长短不同,以便于适配各种覆盖场景。格式 4 中的特殊子帧中的保护时间长度取决于特殊子帧配比,具体可参照 3GPP 36.211 标准中的描述。

表 5-5 PRACH 格式

前导格式	整个时间窗长度 /ms	前导序列长度 /μs	循环前缀长度 /μs	保护时间长度 /μs	最大小区半径 /km
0	1	800	103.125	96.875	14.531
1	2	800	684.375	515.625	77.344
2	2	1600	203.125	196.875	29.531
3	3	1600	684.375	715.625	102.650
4(TDD)	特殊子帧	400/3	14.583	取决于特殊子帧配比	取决于特殊子帧配比

2)物理上行控制信道

UE 通过 PUCCH 上报必要的 UCI(uplink control information),UCI 包括:

(1)下行发送数据的 ACK/NACK;

(2)CQI(channel quality indicator)报告;

(3)调度请求(scheduling requests);

(4)MIMO 反馈,如预编码矩阵指示(precoding matrix indicator,PMI)及秩指示(rank indication,RI)。

在 PUCCH 上,每个 UE 可以拥有其固定的资源(即不需要基站调度)。PUCCH 时频资源分配情况如图 5-38 所示。

PUCCH 在频域中位于上行子帧的两侧,呈对称分布。PUCCH 可以在多个维度上进行进一步划分,图 5-38 显示的是通过 RB 进行划分的情况,不同的区块表示不同的 PUCCH 资源块。每个区块在上行子帧的时隙间跳频,从而实现频率分集的效果。为了接入更多的 UE,每个 PUCCH 资源块又可以被多个用户复用(通过使用不同的序列进行区分)。

UE 的大部分物理层控制信息可以通过 PUSCH 发送,但是当 PUSCH 没有被调度时,UE 需要 PUCCH 进行上行控制位的发送,比如发送"调度请求"。

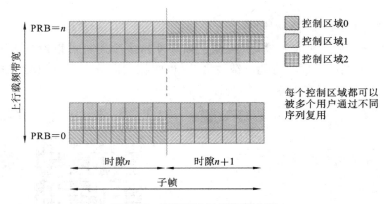

图 5-38　PUCCH 时频资源分配

3）物理上行共享信道

PUSCH 用来承载高层数据,此外,物理层的控制信息也能复用在 PUSCH 上。因为 UE 在同一子帧中同时发送 PUCCH 和 PUSCH 是不允许的,因此多种物理控制信息需要与分配的 PUSCH 在同一子帧中发送,即控制信息要与数据进行复用。

4）探测参考信号

当 UE 在 PUSCH 上被调度时,会一并发送参考信号,用于 PUSCH 的解调,但是 UE 无法通过该参考信号向 eNodeB 报告未被调度频段的信道质量。即 UE 在上行被调度了资源,这时,eNodeB 可以通过 DRS 对 UE 占用的 RB 进行信道估计,但无法通过 DRS 得知其他 RB 的信道质量,LTE 使用探测参考信号(sounding reference signal,SRS)解决此问题,如图 5-39 所示,DRS 无法估计无信道信息部分的信道质量。

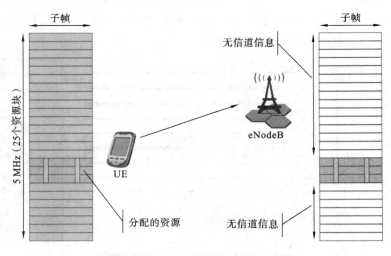

图 5-39　SRS 的意义

SRS 为 eNodeB 提供用于调度的上行信道质量信息。当没有上行数据发送时,UE 在配置的带宽内发送 SRS。UE 可以在指定的带宽内,周期性地发送 SRS。

SRS 可通过两种方式发送,固定宽带方式或跳频方式。宽带方式下,SRS 用所要求的带宽发送。跳频方式下,使用窄带发送 SRS,从长远来看,这种方式相当于是占用所有带宽。

SRS 信号发送示意图如图 5-40 所示。

SRS 的配置，如带宽、时长、周期等由上层提供。

SRS 由子帧的最后一个符号发送（特殊子帧除外），多个用户可以通过时分（配置不同的子帧）、频分（配置不同的频段）、奇偶子载波区分（也叫梳状区分）、码分（使用序列的不同循环移位）的方式，复用一段 SRS 时频资源，如图 5-41 所示。

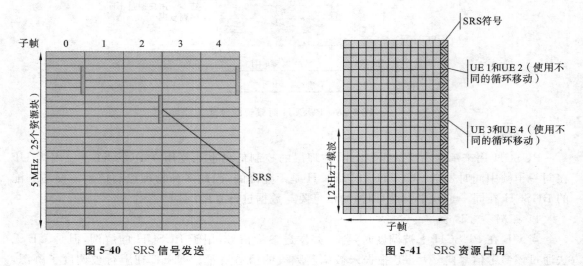

图 5-40　SRS 信号发送　　　　　　图 5-41　SRS 资源占用

小区中用于 SRS 的时频资源是通过系统消息广播的。原因是 SRS 不能与 UE 在 PUSCH 或 PUCCH 上发送的信号冲突，所以必须让所有的 UE 知道 SRS 什么时候发送。

3. LTE 典型过程

UE 开机以后，一般都会完成以下过程，在这些过程中，会涉及 TD-LTE 中的所有物理信道。LTE 信道分类及对应过程如图 5-42 所示。

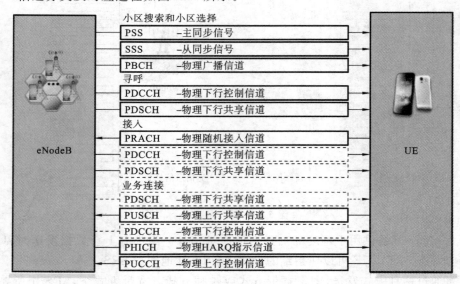

图 5-42　LTE 信道分类及对应过程

（1）小区搜索和小区选择。

这个过程是 UE 开机时必须经历的，目的就是让 UE 接收系统消息并在一个合适的小区驻留下来，进入 RRC_IDLE（空闲）模式。这个过程涉及 PSS、SSS 和 PBCH。

（2）寻呼。

当 UE 在一个小区中驻留，进入 RRC_IDLE 模式之后，会去侦听小区的寻呼信道。一旦网络侧有针对某个用户的寻呼消息下发，UE 就会进入 RRC_CONNECTED（连接）模式，并进行后续的操作，这个过程涉及的信道包括 PDCCH 和 PDSCH。

（3）接入。

当 UE 发起业务时，首先要经历接入过程，以便获得上行发送数据的授权及同步。这个过程涉及的信道包括 PRACH、PDCCH 和 PDSCH。

（4）业务连接。

当 UE 完成接入过程后，系统为该用户调度一定的资源承载业务，此时会用到以下信道：PDSCH、PUSCH、PUCCH、PDCCH、PHICH。

课 后 习 题

一、选择题（不定项选择）

1. Uu 接口协议栈的层 2 包括（　　）子层。

A. RRC　　　　　　　B. PDCP　　　　　　C. RLC　　　　　　D. MAC

2. RRC 层的主要作用包括（　　）。

A. 系统消息　　　　　　　　　　　　B. PLMN 和小区选择

C. 准入控制　　　　　　　　　　　　D. 无线资源管理

3. 普通 CP 情况下，一个时隙由（　　）个符号组成。

A. 6　　　　　　　　　B. 7　　　　　　　　C. 12　　　　　　　D. 14

4. 特殊子帧包括（　　）。

A. 下行导频时隙　　B. 保护周期　　　　C. 上行导频时隙　　D. 循环前缀

5. LTE 系统中，每个子载波的宽度是（　　）。

A. 15 kHz　　　　　　B. 200 kHz　　　　　C. 150 kHz　　　　D. 12 kHz

6. 10 MHz 带宽包含（　　）个子载波。

A. 1200　　　　　　　B. 600　　　　　　　C. 300　　　　　　D. 120

7. PDCCH 在时域上占用每个子帧的前（　　）个符号。

A. 1　　　　　　　　　B. 2　　　　　　　　C. 3　　　　　　　D. 4

8. PDCCH 在每个子帧所占的符号数通过（　　）指示。

A. PBCH　　　　　　　B. PHICH　　　　　　C. PCFICH　　　　D. PDSCH

9. PBCH 的作用是（　　）。

A. 承载小区 ID 等系统信息，用于小区搜索过程

B. 承载寻呼和用户数据的资源分配信息，以及与用户数据相关的 HARQ 信息

C. 承载下行用户数据

D. 承载控制信道所在 OFDM 符号的位置信息

10. 通过对(   )和(   )的识别,UE 可以获取当前小区的 PCI。

A. DRS   B. CRS   C. PSS   D. SSS

11. 单天线口配置情况下,1 ms 的 RB 中有(   )个 RS。

A. 6   B. 14   C. 8   D. 12

12. 下列物理信道属于上行的有(   )。

A. PUSCH   B. PRACH   C. PUCCH   D. PDCCH

二、简答题

1. 请画出 Uu 接口协议栈。

2. RLC 包括哪三种传输模式? 简要说明这三种传输模式的特点和应用。

3. 普通 CP 情况下,LTE 的特殊时隙配置有哪些? 现网中常用的是哪几种方案?

4. 写出 LTE 中下行的物理信道。

第6章 TD-LTE系统无线管理模块

6.1 SAE网络

6.1.1 概述

系统架构演进(system architecture evolution,SAE)系统实际上是与长期演进计划(long term evolution,LTE)系统相对应的,SAE与LTE是3GPP当初提出的两大研究计划,分别侧重网络架构技术和无线接入技术。

6.1.2 SAE网络架构

EPS(evolved packet system)主要分为以下三个部分。

(1) UE(user equipment):移动用户设备,可以通过空中接口发起、接收呼叫。

(2) LTE:无线接入网部分,又称为EUTRAN,处理所有与无线接入有关的功能。

(3) EPC:核心网部分,主要包括MME、SGW、PGW、HSS等网元,连接Internet等外部PDN(packet data network)。

在EPS部署初期,LTE网络覆盖不大,用户数较少,PGW的容量远超过了当前用户数,移动性需求也很小。

EPS采用SGW与PGW合设部署的方式,让S5接口成为内部接口,不部署SGW和PGW之间的传输设备,可以降低网络部署和管理的复杂度,减少信令开销和数据报文的转发开销,降低系统时延,节省运营商的部署成本。LTE系统网络架构图(SGW和PGW合设部署)如图6-1所示。

在EPS部署中期,随着用户数的增长,PGW的容量逐渐成为瓶颈,这主要体现在如下方面。

业务性能需求:随着用户数的增长,业务性能需求急剧上升,包括吞吐量、内容计费、DPI(deep packet inspection)、在线计费等方面,SGW和PGW对设备资源的需求越来越大。

移动性需求:随着LTE网络覆盖范围越来越大,移动性需求急剧增加,包括LTE内的切换、2G/3G系统与LTE之间的系统切换,以及Non-3GPP与LTE之间的系统切换,这会导致SGW和PGW的信令处理负荷急剧上升。

因此,需要将SGW分离出来,将SGW作为接入锚点,进行接入侧信令和数据的处理,完成大量切换信令处理;将PGW作为业务锚点,完成丰富的业务处理,包括IP地址分配、DPI、内容计费、在线计费、业务策略控制等。LTE系统网络架构图(SGW和PGW分设部署)如图6-2所示。

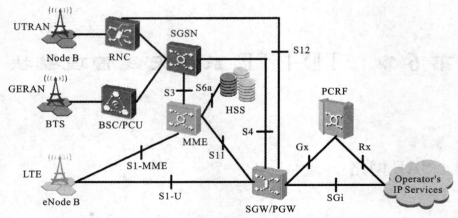

图 6-1　LTE 系统网络架构图（SGW 和 PGW 合设部署）

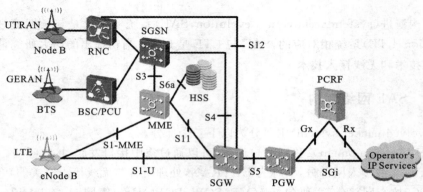

图 6-2　LTE 系统网络架构图（SGW 和 PGW 分设部署）

6.1.3　接入网与核心网的接口及功能

核心网中的主要接口可以分为两类：用户面接口和控制面接口。

EPC 核心网用户面协议栈示意图如图 6-3 所示。

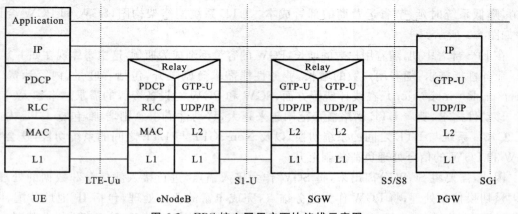

图 6-3　EPC 核心网用户面协议栈示意图

（1）S1-U：eNodeB 与 EPC 的用户面接口（GTPv1）。

（2）S5：SGW 和 PGW 之间的接口，包括控制面接口（GTPv2）和用户面接口（GTPv1）。

（3）SGi：分组域数据访问外部业务平台的接口，类似 GPRS 网络中的 Gi 接口。

EPC 核心网控制面协议栈示意图如图 6-4 所示。

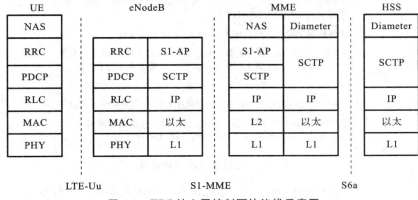

图 6-4　EPC 核心网控制面协议栈示意图

（1）S1-MME：eNodeB 与 EPC 的控制面接口（GTPv2）。

（2）S6a：MME 通过 S6a 接口从 HSS 获得的鉴权和签约信息，传输层基于 SCTP 协议工作。

EPC 标准架构中还存在其他接口。

（1）S3：当 2G/TD 与 LTE 互操作时，作为 SGSN 与 MME 间的通信接口，基于 GTPv2。

（2）S4：SGSN 与 SGW 间的接口，包括控制面接口（GTPv2）和用户面接口（GTPv1）。

（3）S11：控制面网元 MME 和用户面网元 SGW 间的信令接口，基于 GTPv2 协议工作。

（4）S8：国际漫游接口，拜访地 SGW 接入归属地 PGW，其协议同 S5 采用的协议。

（5）Gx：PCRF 与 PCEF（位于 PGW）间的接口，用于用户信息上报和策略下发。

（6）Rx：AF 通过 Rx 接口向 PCRF 通知业务属性。

（7）X2：X2 接口是 eNodeB 间的接口，支持数据和信令的直接传输。eNodeB 之间通过 X2 接口互相连接，形成网状网络。

6.2　移动性管理过程

6.2.1　概述

移动性管理（mobile management，MM）指对移动终端位置信息、安全性，以及业务连续性方面的管理，努力使 UE 与网络的联系状态达到最佳，进而为各种网络服务的应用提供保证。

6.2.2　随机接入

随机接入的作用如下：

（1）申请上行资源；

（2）与 eNodeB 间的上行时间同步。

随机接入的使用场景如图 6-5 所示。

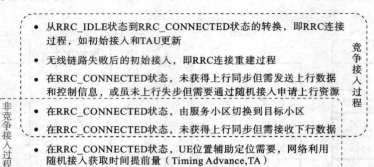

- 从RRC_IDLE状态到RRC_CONNECTED状态的转换，即RRC连接过程，如初始接入和TAU更新
- 无线链路失败后的初始接入，即RRC连接重建过程
- 在RRC_CONNECTED状态，未获得上行同步但需发送上行数据和控制信息，或虽未上行失步但需要通过随机接入申请上行资源
- 在RRC_CONNECTED状态，由服务小区切换到目标小区
- 在RRC_CONNECTED状态，未获得上行同步但需接收下行数据
- 在RRC_CONNECTED状态，UE位置辅助定位需要，网络利用随机接入获取时间提前量（Timing Advance, TA）

图 6-5　随机接入的使用场景

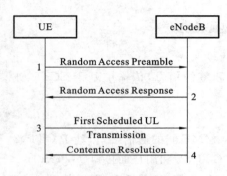

图 6-6　随机接入信令流程

随机接入信令流程如图 6-6 所示。

基于竞争的随机接入过程如下。

（1）UE 随机选择 Preamble 码发起。

（2）Msg1：发送 Preamble 码。

eNodeB 可以选择 64 个 Preamble 码中的部分或全部用于竞争接入。Msg1 承载于 PRACH 上。

（3）Msg2：随机接入响应。Msg2 由 eNodeB 的 MAC 层组织，并由 DL-SCH 承载。一条 Msg2 可同时响应多个 UE 的随机接入请求。eNodeB 使用 PDCCH 调度 Msg2，并通过 RA-RNTI 进行寻址，RA-RNTI 由承载 Msg1 的 PRACH 时频资源位置确定。Msg2 包含上行传输时间提前量、为 Msg3 分配的上行资源、临时 C-RNTI 等。

（4）Msg3：第一次调度传输。

① UE 在接收 Msg2 后，在其分配的上行资源上传输 Msg3。

② 针对不同的场景，Msg3 包含不同的内容。

③ 初始接入：携带 RRC 层生成的 RRC 连接请求，包含 UE 的 S-TMSI 或随机数。

④ 连接重建：携带 RRC 层生成的 RRC 连接重建请求，包含 C-RNTI 和 PCI。

⑤ 切换：传输 RRC 层生成的 RRC 切换完成消息以及 UE 的 C-RNTI。

⑥ 上/下行数据到达：传输 UE 的 C-RNTI。

（5）Msg4：竞争解决。具体如表 6-1 所示。

表 6-1　竞争解决

项　目	初始接入和连接重建场景	切换，上/下行数据到达场景
竞争判定	Msg4 携带成功解调的 Msg3 消息的拷贝，UE 将其与自身在 Msg3 中发送的高层标识进行比较，两者相同则判定为竞争成功	UE 如果在 PDCCH 上接收到调度 Msg4 的命令，则竞争成功
调度	MsG4 使用由临时 C-RNYI 加扰的 PDCCH 进行调度	eNodeB 使用 C-RNTI 加扰的 PDCCH 调度 Msg4

项 目	初始接入和连接重建场景	切换,上/下行数据到达场景
C-RNTI	Msg2 中下发的临时 C-RNTI 在竞争成功后升级为 UE 的 C-RNTI	UE 之前已分配 C-RNTI,在 Msg3 中也将其传给 eNodeB。竞争解决后,临时 C-RNTI 被收回,继续使用 UE 原 C-RNTI

基于非竞争的随机接入过程如下。

(1) UE 根据 eNodeB 的指示,在指定的 PRACH 上使用指定的 Preamble 码发起随机接入。

(2) Msg0:随机接入指示。对于切换场景,eNodeB 通过 RRC 信令通知 UE;对于下行数据到达和辅助定位场景,eNodeB 通过 PDCCH 通知 UE。

(3) Msg1:发送 Preamble 码。UE 在 eNodeB 指定的 PRACH 资源上用指定的 Preamble 码发起随机接入。

(4) Msg2:随机接入响应。Msg2 与竞争机制的格式与内容完全一样,可以响应多个 UE 发送的 Msg1。

6.2.3 寻呼

1. 寻呼的发送

寻呼由网络向空闲态或连接态的 UE 发起。

(1) Paging 消息会在 UE 注册的所有小区发送(TA 范围内)。

① 核心网触发:通知 UE 接收寻呼请求(被叫,数据推送)。

② eNodeB 触发:通知系统消息更新以及通知 UE 接收 ETWS 等信息。

(2) 在 S1AP 接口消息中,MME 对 eNodeB 发 Paging 消息,每个 Paging 消息携带一个被寻呼 UE 信息。

① eNodeB 读取 Paging 消息中的 TA 列表,并对属于该列表的小区进行空中接口寻呼。

② 若之前 UE 已将 DRX 消息通过 NAS 告诉 MME,则 MME 会将该信息通过 Paging 消息告诉 eNodeB。

③ 空中接口进行寻呼消息的传输时,eNodeB 将具有相同寻呼时机的 UE 寻呼内容汇总在一条寻呼消息里。

④ 寻呼消息被映射到 PCCH 中,并根据 UE 的 DRX 周期在 PDSCH 上发送。

2. 寻呼的读取

(1) UE 寻呼消息的接收遵循 DRX 原则。

① UE 根据 DRX 周期在特定时刻根据 P-RNTI 读取 PDCCH。

② UE 根据 PDCCH 的指示读取相应 PDSCH,并将解码的数据通过 PCH(寻呼传输信道)传到 MAC 层。PCH 传输块中包含被寻呼 UE 标识(IMSI 或 S-TMSI),若未在 PCH 上找到自己的标识,UE 再次进入 DRX 状态。

(2) 3G 系统中 UE 也遵循 DRX 周期读取寻呼消息,但有专用的寻呼信道 PICH 和 PCH。

寻呼读取的流程如图 6-7 所示。

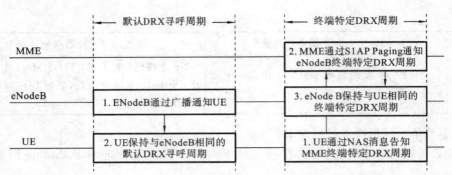

图 6-7　寻呼读取的流程

6.2.4　附着过程

Attach 流程是最重要的端到端业务流程，其 EUTRAN 部分的信令流程如图 6-8 所示。

图 6-8　附着过程 EUTRAN 部分的信令流程

作用：它需要完成 UE 在网络的注册，完成核心网对该 UE 默认承载的建立。

说明：LTE 中，Attach 伴随着核心网处默认承载的建立。

Attach 流程说明如下。

① 处在 RRC_IDLE 态的 UE 进行 Attach 过程，首先发起随机接入过程，即 Msg1。

② eNodeB 检测到 Msg1 消息后，向 UE 发送随机接入响应消息，即 Msg2 消息。

③ UE 收到随机接入响应后，根据 Msg2 的 TA 调整上行发送时机，向 eNodeB 发送 RRC Connection Request 消息。

④ eNodeB 向 UE 发送 RRC Connection Setup 消息，包含 SRB1 承载信息和无线资源配置信息。

⑤ UE 完成 SRB1 承载和无线资源配置,向 eNodeB 发送 RRC Connection Setup Complete 消息,包含 NAS 层 Attach Request 信息。

⑥ eNodeB 选择 MME,向 MME 发送 Initial UE Message 消息,包含 NAS 层 Attach Request 消息。

⑦ MME 向 eNodeB 发送 Initial Context Setup Request 消息,请求建立默认承载,包含 NAS 层 Attach Accept、Activate Default EPS Bearer Context Request 消息。

⑧ eNodeB 接收到 Initial Context Setup Request 消息,如果不包含 UE 能力信息,则 eNodeB 向 UE 发送 UE Capability Enquiry 消息,查询 UE 能力。

⑨ UE 向 eNodeB 发送 UE Capability Information 消息,报告 UE 能力信息。

⑩ eNodeB 向 MME 发送 UE Capability Info. Indication 消息,更新 MME 的 UE 能力信息。

⑪ eNodeB 根据 Initial Context Setup Request 消息中 UE 支持的安全信息,向 UE 发送 Security Mode Command 消息,进行安全激活。

⑫ UE 向 eNodeB 发送 Security Mode Complete 消息,表示安全激活完成。

⑬ eNodeB 根据 Initial Context Setup Request 消息中的 ERAB 建立信息,向 UE 发送 RRC Connection Reconfiguration 消息进行 UE 资源重配,包括重配 SRB1 和无线资源配置,建立 SRB2、DRB(包括默认承载)等。

⑭ UE 向 eNodeB 发送 RRC Connection Reconfiguration Complete,表示资源配置完成。

⑮ eNodeB 向 MME 发送 Initial Context Setup Response 响应消息,表明 UE 上下文建立完成。

⑯ UE 向 eNodeB 发送 UL Information Transfer 消息,包含 NAS 层 Attach Complete、Activate Default EPS Bearer Context Accept 消息。

⑰ eNodeB 向 MME 发送上行直传 UL NAS Transport 消息,包含 NAS 层 Attach Complete、Activate Default EPS Bearer Context Accept 消息。

6.2.5 跟踪区更新过程

为了确认移动台的位置,LTE 网络覆盖区被分为许多个跟踪区(tracking area,TA)。TA 的功能与 3G 系统的位置区(LA)和路由区(RA)的类似,TA 是 LTE 系统中位置更新和寻呼的基本单位。

TA 用 TA 码(tracking area code,TAC)标识,一个 TA 可包含一个或多个小区,网络运营时用 TAI 作为 TA 的唯一标识,TAI 由 MCC、MNC 和 TAC 组成,共计 6 字节。

当移动台由一个 TA 移动到另一个 TA 时,必须在新的 TA 上重新进行位置登记以通知网络来更改它所存储的移动台的位置信息,这个过程就是跟踪区更新(tracking area update,TAU)。

UE 在附着时,MME 会为 UE 分配一组 TA LIST(长度为 1～16 B)并发送给 UE 保存,当需要寻呼 UE 时,网络会在 TA LIST 所包含的小区内向 UE 发送寻呼消息。

通过合理规划 TA,设置合适的 TAI LIST 长度和内容,进行不断调整,可以实现寻呼和位置更新的相对平衡,进而获得较优的网络性能。TAI LIST 的长度为 8～98 B,分为三种类型,最多可包含 16 个 TAI,TA LIST 示意图如图 6-9 所示。

UE 附着时,MME 通过 Attach Accept 或 TAU Accept 消息为 UE 分配一组 TAI(TAI LIST)当需要寻呼 UE 时,网络在 TAI LIST 所包含的所有小区内向 UE 发送寻呼。UE 收到 TAI LIST 后将其保存在本地,移动过程中只要进入的新 TA 的 TAI 包含在 TA LIST 中,UE 就无须发起 TAU 过程。

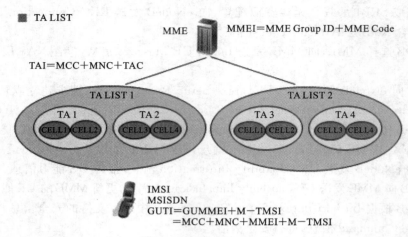

图 6-9　TA LIST 示意图

TAU 的分类如下。

（1）根据 UE 状态不同，分为空闲态 TAU 和连接态 TAU。

（2）根据更新内容不同，分为非联合 TAU（更新 TAI LIST）和联合 TAU（更新 TAI LIST 和 LAU）。

TAU 的作用如下。

（1）在网络中登记新的用户位置信息。

（2）为用户分配新的 GUTI。

（3）使 UE 和 MME 的状态由 EMM-DEREGISTERED 变为 EMM-REGISTERED。

（4）IDLE 态用户可通过 TAU 过程请求建立用户面资源。

空闲态 TAU 流程如图 6-10 和图 6-11 所示。

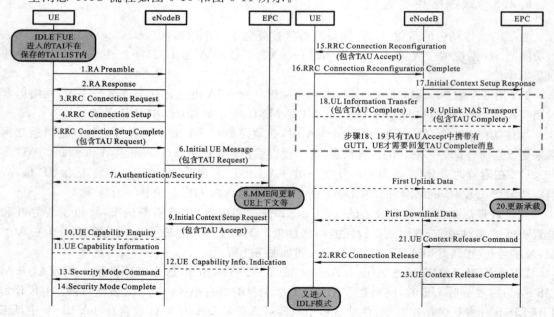

图 6-10　空闲态 TAU 流程（1）

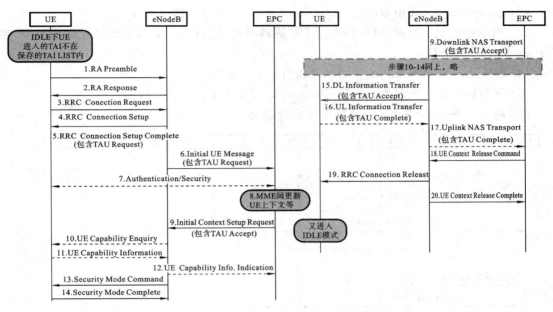

图 6-11 空闲态 TAU 流程(2)

TAU Request 中含 ACTIVE 标识,TAU 完成后释放连接。

连接态 TAU 流程如图 6-12 所示。

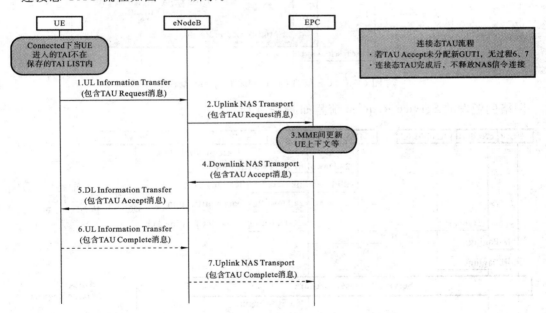

图 6-12 连接态 TAU 流程

6.2.6 业务请求过程

Service Request(业务请求)过程说明如下。

(1) 当 UE 发起 Service Request 时,需先发起随机接入过程。

（2）Service Request 由 RRC Connection Setup Complete 携带上去。

（3）当下行数据达到时，网络侧先对 UE 进行寻呼，随后 UE 发起随机接入过程，并发起 Service Request 过程。

（4）UE 发起 Service Request 的过程相当于主叫过程。

（5）下行数据达到发起的 Service Request 过程相当于被叫接入过程。

UE 触发的 Service Request 流程如图 6-13 所示。

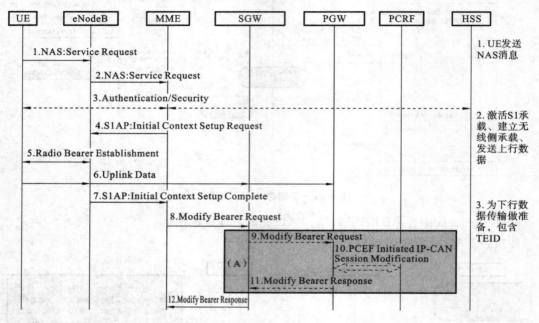

图 6-13 UE 触发的 Service Request 流程

网络侧触发的 Service Request 流程如图 6-14 所示。

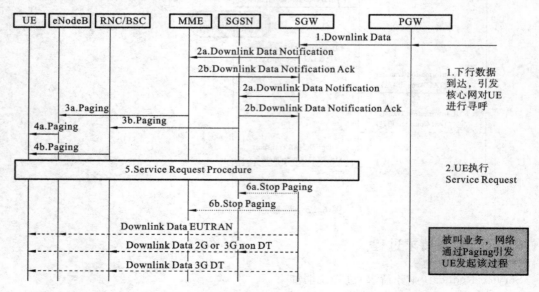

图 6-14 网络侧触发的 Service Request 流程

6.2.7 去附着过程

Detach(去附着)过程用于完成 UE 在网络侧的注销和所有 EPS 承载的删除。

Detach 过程说明如下。

(1) UE/MME/SGSN/HSS 均可发起 Detach 过程。

(2) 若网络侧长时间没有获得 UE 的信息,则会发起隐式的 Detach 过程,即核心网将该 UE 的所有承载释放而不通知 UE。

Detach 分类如下。

(1) 由连接态 UE 发起的。

(2) 由连接态 MME 发起的。

(3) 由 HSS 发起的。

连接态 UE 发起的 Detach 信令流程如图 6-15 所示。

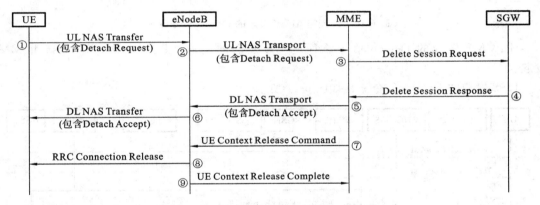

图 6-15 连接态 UE 发起的 Detach 信令流程

连接态 UE 发起的 Detach 信令流程说明如下。

① 处在 RRC_CONNECTED 态的 UE 进行 Detach 过程,向 eNodeB 发送 UL NAS Transfer 消息,包含 NAS 层 Detach Request 信息。

② eNodeB 向 MME 发送上行直传 UL NAS Transport 消息,包含 NAS 层 Detach Request 信息。

③ MME 向 SGW 发送 Delete Session Request,以删除 EPS 承载。

④ SGW 向 MME 发送 Delete Session Response,以确认 EPS 承载删除。

⑤ MME 向 eNodeB 发送下行直传 DL NAS Transport 消息,包含 NAS 层 Detach Accept 消息。

⑥ eNodeB 向 UE 发送 DL NAS Transfer 消息,包含 NAS 层 Detach Accept 消息。

⑦ MME 向 eNodeB 发送 UE Context Release Command 消息,请求 eNodeB 释放 UE 上下文信息。

⑧ eNodeB 接收到 UE Context Release Command 消息,向 UE 发送 RRC Connection Release 消息,释放 RRC 连接。

⑨ eNodeB 释放 UE 上下文信息,向 MME 发送 UE Context Release Complete 消息进行

响应。

连接态 MME 发起的 Detach 信令流程如图 6-16 所示。

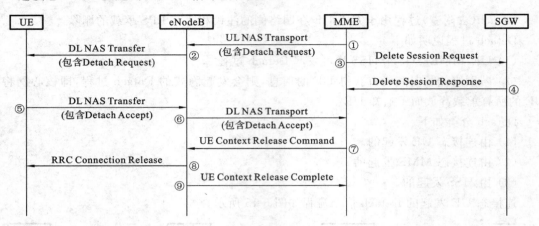

图 6-16　连接态 MME 发起的 Detach 信令流程

注：MME 发起的 Detach 信令流程与 UE 发起的类似，只是 Detach Request 由 MME 发起。

HSS 发起的 Detach 信令流程如图 6-17 所示。

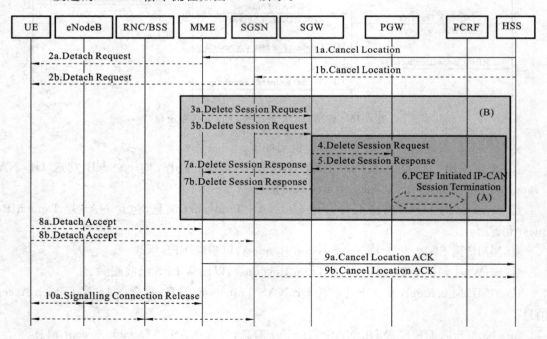

图 6-17　HSS 发起的 Detach 信令流程

6.2.8　切换过程

当正在使用网络服务的用户从一个小区移动到另一个小区时，为了保证通信的连续性和服务质量，系统将该用户与原小区的通信链路转移到新的小区上的过程就是切换。

1. 切换判决准备——测控及测报

（1）eNodeB 根据不同的需要利用移动性管理算法给 UE 下发不同种类的测量任务，在 RRC 重配消息中携带 MeasConfig 信元给 UE 下发测量配置。

（2）UE 收到配置后，对测量对象实施测量，并用测量上报标准进行结果评估，在评估测量结果满足上报标准后，向基站发送相应的测量报告。

（3）eNodeB 通过 UE 上报的测量报告决策是否执行切换。

2. 切换步骤及作用

（1）切换准备：目标网络完成资源预留。

（2）切换执行：源 eNodeB 通知 UE 执行切换，UE 在目标 eNodeB 上完成连接。

（3）切换完成：源 eNodeB 释放资源、链路，删除用户信息。

3. 切换分类

切换可分为同一个 eNodeB 内的切换、基于 X2 接口的切换和基于 S1 接口的切换。

同一个 eNodeB 内的切换信令流程如图 6-18 所示。

（1）eNodeB 发送 RRC Connection Reconfiguration 消息给 UE。

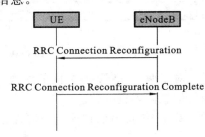

（2）消息中携带切换信息 Mobility Control Info.；包含目标小区标识、载频、测量带宽给用户分配的 C-RNTI，

图 6-18 eNodeB 内的切换信令流程

通用 RB 配置信息（包括各信道的基本配置、上行功率控制的基本信息等），给用户配置 Dedicated Random Access Parameters，避免用户接入目标小区时有竞争冲突，UE 按照切换信息接入新的小区，向 eNodeB 发送 RRC Connection Reconfiguration Complete 消息，表示切换完成，正常切入到新小区。

基于 X2 接口的切换信令流程如图 6-19 及图 6-20 所示。

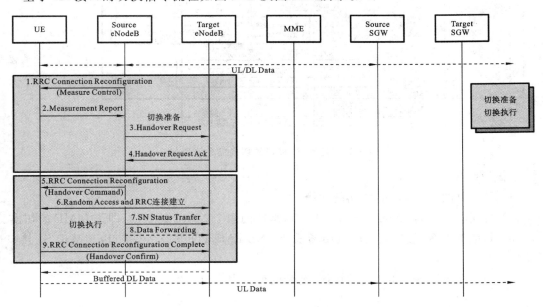

图 6-19 基于 X2 接口的切换信令流程（1）

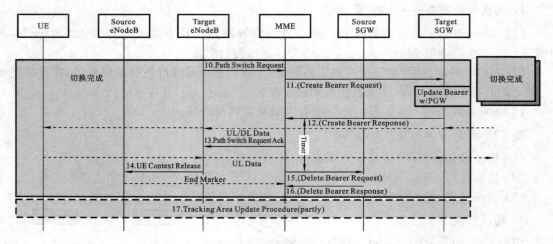

图 6-20　基于 X2 接口的切换信令流程(2)

对于两个 eNodeB 之间的切换,MME 不变,切换命令与同一个 eNodeB 内的切换相同,携带的信息内容也一致。

基于 S1 接口的切换信令流程如图 6-21 及图 6-22 所示。

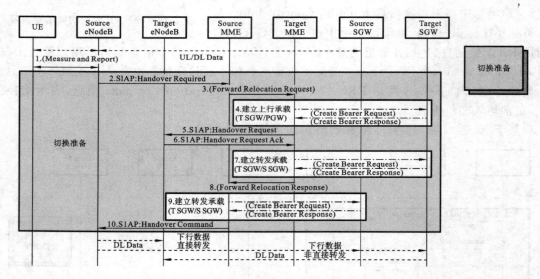

图 6-21　基于 S1 接口的切换信令流程(1)

具体说明如下。

(1) 可以是两个 eNodeB 之间的切换。

(2) 可同时完成与 eNodeB 建立 S1 接口承载的两个 MME 的切换,即跨 MME 的切换。

(3) 其他基于 S1 接口切换的应用场景:SON FEMETO 没有 X2 接口,其基于 S1 接口进行切换。

(4) 切换命令同 eNodeB 内的切换,携带的信息内容也一致。

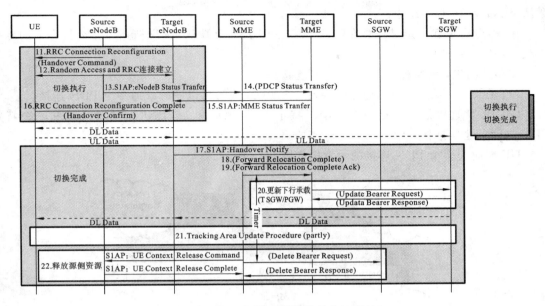

图 6-22 基于 S1 接口的切换信令流程(2)

6.3 会话管理

6.3.1 概述

EPS 会话管理,是为用户面数据传输服务的,相当于为用户的传输打通了一条隧道(GTP 隧道)。比如为 eNodeB 和 SGW 之间或者 SGW 和 PGW 之间打通一条隧道,那么用户面的数据就可以直接在这条隧道上传输了。

6.3.2 基于 GTP 的 EPS 承载

(1) 承载是 EPS 系统里的一个重要概念,在同一个 PDN(分组数据网)连接里可以同时存在多个承载。

(2) 为传输 IP 流量包,EPS 承载在 UE 和 PDN 之间提供一条逻辑传送通道。

(3) 每一个 EPS 承载关联到描述这个传输通道属性的 QoS 参数集。

承载有两种类型。

(1) 默认承载。默认承载在附着的时候会创建,并且在 PDN 连接的生命周期里一直保持在线。在大多数情况下,默认承载所涉及的 QoS 是那些不需要特别对待和处理的用户流量,比如 Web 浏览。

(2) 专有承载。对一个已经存在的 PDN 连接创建的承载称为专用承载,这些承载根据需要被激活。例如,某些 VoIP 协议应用(如 Skype)可能需要一些具体的数据传输率,而默认承载不能满足,在这种情况下,将尝试建立一个专有承载,当它们不再被需要时,专有承载会被去激活,比如 VoIP 呼叫结束。

注意:专有承载一定是挂靠在默认承载之下的,如果默认承载被删除,那么其之下的专有承载也一定会被删除。

在移动网里,PDN 连接是指一个 IP 连接。

(1) 在某一时刻,一个终端可以接入一个 PDN 或者可以同时开通多个 PDN 连接。

(2) PDN 连接是定义在一个分配了特定 IPv4 地址和/或 IPv6 前缀的 UE 和一个特定PDN 之间的逻辑连接。

UE 同时与多个 PDN 连接的示意图如图 6-23 所示。

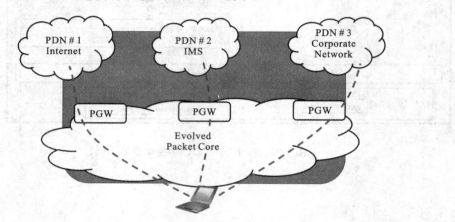

图 6-23　UE 同时与多个 PDN 连接示意图

IP 地址分配时机如下。

(1) 在附着流程期间分配(HSS 签约静态分配或 PGW(主网关)动态分配)。

(2) 在附着成功后由 DHCP 来分配。

(3) 在认证期间由 AAA 服务器分配。

在一个 PDN 连接里,至少要给 UE 分配一个 IP 地址,UE 的地址分配如图 6-24 所示。

IP Address for UE	PDN	Number of PDN Connection
192.168.1.100	Internet	1
192.168.1.101	Internet IMS	2

图 6-24　UE 的地址分配

EPC 支持三种类型的 PDN 连接:IPv4 类型、IPv6 类型、IPv4/IPv6 双栈类型。

对于 IPv4 类型,可以有如下不同的 UE IP 地址分配方式。

(1) 在附着流程里,由 PGW 来分配 UE 的地址,地址信息会放在 Attach Accept 消息里送给 UE。

(2) 或者在附着期间 UE 不会收到 IPv4 地址,而是在附着完成后通过 DHCP 的方式来请求一个 IP 地址。

(3) 也可以由 AAA 服务器来提供 IP 地址,PGW 会发送包含用户名和密码的鉴权请求给 AAA 服务器,AAA 服务器会在响应消息里给出 UE IP 地址。

对于 IPv6 类型，如果 UE 请求 IPv6 地址，则在默认承载建立完成后通过 IPv6 无状态地址自配置过程实现 IPv6 前缀的分配。更多关于 IPv6 无状态自配置的信息请参考 RFC4862。

6.3.3 承载级别的 QoS 参数

EPS 的 QoS 覆盖范围见图 6-25。

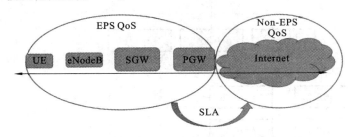

图 6-25 EPS 的 QoS 的覆盖范围

（1）EPS 系统仅仅覆盖在 EPS 系统里的流量的 QoS 需求，即 UE 和 PGW 之间的。

（2）以 Internet 接入为例，一个 UE 的会话包括两部分：在 EPS 系统里的会话和在 Internet 上的会话。

LTE 系统内的承载如图 6-26 所示。

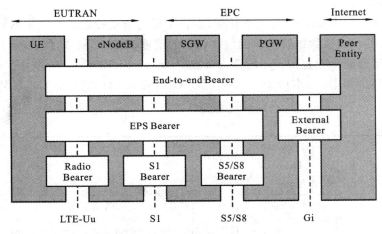

图 6-26 LTE 系统内的承载

（1）EPS 承载在 UE 和 PGW 之间建立。

（2）EPS 承载＝无线承载＋ S1 承载 ＋ S5/S8 承载。

（3）业务流关联和映射到相应的 TFT，而 TFT 在无线侧和 RB-ID 关联，在核心网侧和 TEID 关联。

（4）UE 关联上行数据流和相应的 TFT，而 PGW 关联下行数据流和相应的 TFT。

EPS 系统里 QoS 的架构如图 6-27 所示。

关于承载层 QoS 参数有以下两点说明。

（1）在 GPRS/UMTS 系统，3GPP 定义了 4 类业务类别和 13 个不同的 QoS 参数，每个 PDP 上下文被赋予一种业务类别和与之相关的 QoS 属性值。这个设计被证实导致系统太过

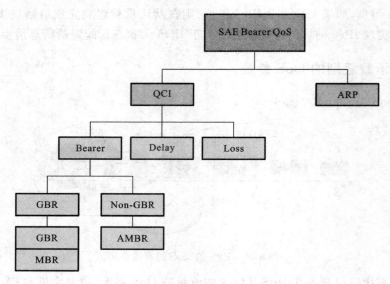

图 6-27 EPS 系统里 QoS 的架构

复杂,许多 QoS 参数在实际应用中都没用到。

(2) 在 EPS 系统里,QoS 参数大大简化。每一个 EPS 系统承载仅关联到两个参数,一个 QCI 和一个 ARP。

QCI(QoS class identifier)是一个标量,是特定接入节点控制承载级数据转发功能的 QoS 参数索引标识,其承载级数据转发功能包含调度的权重、接纳门限、队列管理门限、链路层协议配置等。其由运营商预配置到特定的接入节点中(如 eNodeB)。

QCI 取值范围为 1~9,取值 1~4 专门用于 GBR 业务,而 5~9 用于非 GBR 业务,如表6-2 所示。

表 6-2 QCI 取值

QCI	Resource Type	Priority	Packet Delay Budget	Packet Error Loss Rate	Example Services
1	GBR	2	100 ms	10^{-2}	Conversational Voice
2		4	150 ms	10^{-3}	Conversational Video(Live Streaming)
3		3	50 ms	10^{-3}	Real Time Gaming
4		5	300 ms	10^{-6}	Non-Conversational Video(Buffered Streaming)
5	Non-GBR	1	100 ms	10^{-6}	IMS Signalling
6		6	300 ms	10^{-6}	Video(Buffered Streaming) TCP-based (e. g. ,www,e-mail,chat,ftp,p2p file sharing,progressive video,etc.)
7		7	100 ms	10^{-3}	Voice Video(Live Streaming) Interactive Gaming

续表

QCI	Resource Type	Priority	Packet Delay Budget	Packet Error Loss Rate	Example Services
8	Non-GBR	8	300 ms	10^{-6}	Video(Buffered Streaming) TCP-based (e. g. ,www,e-mail. chat,ftp,p2p file sharing,progressive video,etc.)
9		9			

6.4　与非 3GPP 接入网的融合

6.4.1　SAE 系统与非 3GPP 接入网的融合架构

与非 3GPP 接入网进行互通是系统架构演进的主要设计目标之一,为了支持此项功能,3GPP 开发了一种完全独立的架构规范。非 3GPP 互通系统架构包括一组解决方案,这些方案可划分为 2 类。第一类方案包含一组通用松耦合互通解决方案,它适用于任何其他非 3GPP 接入网。第二类方案包括特殊的紧耦合互通方案,又称为具有优化功能的切换方案,它分别规定了连接模式和空闲模式下的工作流程。非 3GPP 互通系统通用架构如图 6-28 所示。

图 6-28 描述了仅依赖于松耦合的通用互通方案,它采用了通用接口方式,且不需接入网级接口。由于接入网种类繁多,因而可将它们划分为非 3GPP 可信接入网和不可信接入网。如果网络能够安全运行 3GPP 定义的认证方案,则其为可信接入网;如果认证方案是以叠加的方式实现的,则该接入网是不可信的。PGW 保持了移动锚点的功能,根据非 3GPP 接入网是可信接入网,还是不可信接入网,PGW 分别通过 S2a 接口或 S2b 接口与非 3GPP 接入网建立连接。这两种情况都使用具有代理移动 IP(PMIP)协议的网络受控 IP 层移动性功能。

除了网络受控移动解决方案外,互通解决方案中还包含一种完全以 UE 为中心、采用双栈移动 IPv6(DSM IPv6)协议的解决方案。其应用场景如图 6-29 所示。

在这种配置中,UE 可以在任意非 3GPP 接入网中进行注册,并从该网获得一个 IP 地址,然后向 PGW 中的本地代理(HA)进行注册。该方案将移动性看作一种叠加功能。当某个 3GPP 接入网为 UE 提供服务时,通常会认为 UE 位于本地链路中,因而可以避免由增加的 MIP 报头造成的开销。

另一种互通场景称为链式 S8 和 S2a/S2b 场景,该场景的优势是灵活性更高。在该应用场景中,非 3GPP 接入网与拜访公用陆地移动网中的 SGW(从网关)通过 S2a 接口或 S2b 接口建立连接,而 PGW 位于本地公用陆地移动网。该方案支持拜访网络为漫游用户提供非 3GPP 接入网的使用权,这些非 3GPP 接入网可能与本地运营商根本不存在任何关系,即使在 PGW 位于本地公用陆地移动网的情况下。在 Release 8 中,该应用场景使用 PCC 基础设施(即不使用 Gxc 接口),但不支持动态策略,同时也不支持与基于 GTP 隧道的 S5/S8 建立连接,所有与 3GPP 接入网有关的接口可正常使用。

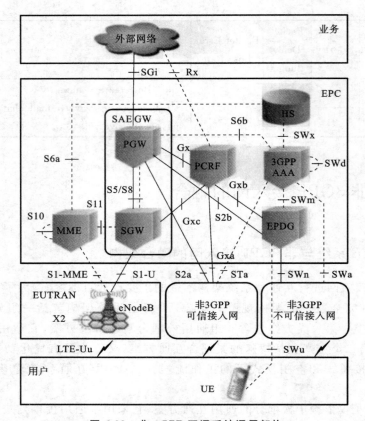

图 6-28 非 3GPP 互通系统通用架构

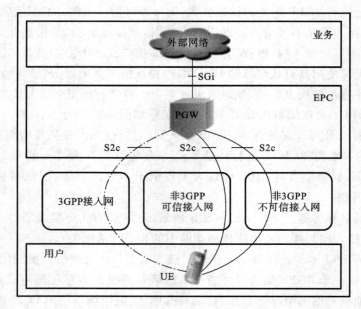

图 6-29 采用双栈移动 IPv6 协议解决方案的应用场景

6.4.2　3GPP 互通系统架构中的逻辑单元

3GPP 互通系统架构配置中的附加和更新逻辑单元包括 UE、非 3GPP 不可信接入网和 EPC 等。

1. UE

非 3GPP 接入网之间的互通要求 UE 支持相应的无线技术和指定的移动流程。根据优化是否合适,移动流程和所需的无线能力有所不同。针对不具有优化功能的切换定义的移动流程,并未对同时使用无线发射机和接收机的 UE 能力作任何假设,且单路无线配置和双路无线配置都可以使用这种移动流程。但是当数据仍通过源端流出时,如果指向目标端的连接准备已经启动,则切换间隔时间有望缩短。这主要是由于非具有优化功能的切换在网络端没有辅助切换准备的过程,且该过程遵循的原则是,UE 根据目标网络定义的方法,向该网络进行注册,然后网络将数据流切换到目标网络。该过程是相当耗时的,因为它通常包括认证等过程,同时 UE 负责作出切换决定。

2. 非 3GPP 不可信接入网

在很大程度上,应用于非 3GPP 不可信接入网的架构概念最初是从由 Release 6 规范定义的无线局域网互通概念发展来的。其主要工作原理是假定接入网除了传送分组外,不执行任何其他功能。在 UE 和增强型分组数据网关(EPDG)的特定节点之间,通过 SWu 接口建立一条安全隧道,数据沿着该隧道进行传送。同时,PGW 与 EPDG 之间通过 S2b 接口建立连接,二者之间具有一种信任关系,但都不需要与非 3GPP 不可信接入网本身之间存在安全关联。

作为一种可选特征,非 3GPP 不可信接入网可以通过 SWa 接口连接到 AAA 服务器,且 SWa 接口可用于 UE 进行非 3GPP 不可信接入网级认证。非 3GPP 不可信接入网除了能与 EPDG 进行认证和授权外,这是其唯一具有的功能。

3. EPC

为了支持非 3GPP 接入网,EPC(演进分组核心网)包含相当多的其他功能,主要反映在 PGW、PCRF 和 HSS 上,对于链式 S8 和 S2a/S2b 场景,还反映在 SGW 上。此外,还引入了一些全新的网元,如 EPDG 和 AA 基础设施。

PGW 是非 3GPP 接入网中的移动锚点。对于基于 PMIP 协议的 S2a 接口和 S2b 接口来说,PGW 具有本地移动锚点功能,其工作方式与基于 PMIP 协议的 S5/S8 接口的类似。同时,针对 S2a 接口处客户端 MIPv4 外地代理模式提出的本地代理功能位于 PGW 中。PGW 和非 3GPP 接入网之间的关系是多对多的关系。

PCRF 支持非 3GPP 接入网中的 PCC 接口。Gxa 接口用于非 3GPP 可信接入网,Gxb 接口用于非 3GPP 不可信接入网。Release 8 规范仅对 Gxa 接口进行了详细规定。Gxa 接口的实现方式与 Gxc 接口的类似。在这种情况下,BBERF 功能将位于非 3GPP 接入网中,它接收来自于 PCRF 的指令。

这里的 HSS 具备的功能与 3GPP 接入网中的 HSS 的类似。它负责存储订单配置文件副本以及 HSS 认证中心部分的秘密安全密钥,需要时它可以提供 UE 中使用的配置文件数据和认证矢量,这些用户设备与非 3GPP 接入网建立连接。由于非 3GPP 接入网不提供接入网级接口,因此,与 3GPP 接入网相比,增加的内容包括将选定的 PGW 需要存储在 HSS 中。当

UE 移动到非 3GPP 接入网时,PGW 和 HSS 恢复出来。

6.4.3　非 3GPP 互通系统架构中的接口与协议

为了将非 3GPP 接入网与 EPC 连接起来,并确保其正常运行,除了前面介绍的接口外,还需要引入其他接口,如表 6-3 所示。

表 6-3　与非 3GPP 接入网对接时需要引入的其他接口

接　口	协　议	规　范
S2a	PMIP/IP 或 MIPv4/UDP/IP	29.275
S2b	PMIP/IP	29.275
S2c	DSMIPv6 和 IKEv2	24.303
S6b	Diameter/SCTP/IP	29.273
Gxa	Diameter/SCTP/IP	29.212
Gxb	Release 8 规范中未定义	无
STa	Diameter/SCTP/IP	29.273
SWa	Diameter/SCTP/IP	29.273
SWd	Diameter/SCTP/IP	29.273
SWm	Diameter/SCTP/IP	29.273
SWn	PMIP	29.275
SWu	IKEv2 或 MOBIKE	24.302
SWx	Diameter/SCTP/IP	29.273
UE(非 3GPP 接入中的可信外地代理)	MIPv4	24.304
UE(非 3GPP 可信或不可信接入)	EAP-AKA	24.302

课 后 习 题

一、选择题

1. 小区重选的优先级依次到低的顺序为(　　　)。

A. 高优先级 EUTRAN 小区、同频 EUTRAN 小区、等优先级异频 EUTRAN 小区、低优先级异频 EUTRAN 小区、3G 小区、2G 小区

B. 高优先级 EUTRAN 小区、等优先级异频 EUTRAN 小区、同频 EUTRAN 小区、低优先级异频 EUTRAN 小区、3G 小区、2G 小区

C. 高优先级 EUTRAN 小区、等优先级异频 EUTRAN 小区、低优先级异频 EUTRAN 小区、同频 EUTRAN 小区、3G 小区、2G 小区

D. 高优先级 EUTRAN 小区、同频 EUTRAN 小区、等优先级异频 EUTRAN 小区、低优先级异频 EUTRAN 小区、2G 小区、3G 小区

2. 同频小区重选参数 cellReselectionPriority 通过哪条系统消息广播?(　　)

A. SIB2　　　　　B. SIB3　　　　　C. SIB4　　　　　D. SIB5

3. 下列关于异系统小区重选描述不正确的是(　　)。

A. 在 GSM 系统中,终端通过读取 SI2quarter 获取 LTE 邻小区信息

B. 在 TDS 系统中,终端通过读取 SIB19 获取 LTE 邻小区信息

C. 在 LTE 系统中,终端通过读取 SIB3/SIB7 获取 GSM 邻小区信息

D. 在 LTE 系统中,终端通过读取 SIB3/SIB5 获取 TDS 邻小区信息

4. LTE 采用的切换方式为(　　)。

A. 终端辅助的后向切换　　　　　　C. 终端辅助的前向切换

B. 网络辅助的后向切换　　　　　　D. 网络辅助的前向切换

5. LTE 中用于关闭异频或者异系统测量的是哪种事件?(　　)

A. A1　　　　　B. A2　　　　　C. A3　　　　　D. A4

6. 以下事件描述错误的是(　　)。

A. 事件 A1

不等式 A1-1(进入条件):Ms-Hys>Thresh

不等式 A1-2(离开条件):Ms+Hys<Thresh

公式中变量的定义如下:Ms 为服务小区的测量结果,没有计算任何小区各自的偏置。Hys 为该事件的滞后参数。Thresh 为该事件的门限参数。

B. 事件 A2

不等式 A2-1(进入条件):Ms+Hys>Thresh

不等式 A2-2(离开条件):Ms-Hys<Thresh

公式中变量的定义如下:Ms 为服务小区的测量结果,没有计算任何小区各自的偏置。Hys 为该事件的滞后参数。Thresh 为该事件的门限参数。

C. 事件 A3

不等式 A3-1(进入条件):Mn+Ofn+Ocn-Hys>Ms+Ofs+Ocs+Off

不等式 A3-2(离开条件):Mn+Ofn+Ocn+Hys<Ms+Ofs+Ocs+Off

公式中变量的定义如下:Mn 为该邻区的测量结果,不考虑计算任何偏置。Ofn 为该邻区频率特定偏置。Ocn 为该邻区的小区特定偏置,同时如果没有为邻区配置,则为零。Ms 为没有计算任何偏置下的服务小区测量结果。Ofs 为该服务频率特定偏置。Ocs 为该服务小区的小区特定偏置。Hys 为该事件的滞后参数。Off 为该事件的偏移参数。

D. 事件 A5

不等式 A5-1(进入条件 1):Ms+Hys<Thresh1

不等式 A5-2(进入条件 2):Mn+Ofn+Ocn-Hys> Thresh2

不等式 A5-3(离开条件 1):Ms-Hys>Thresh1

不等式 A5-4(离开条件 2):Mn+Ofn+Ocn+Hys<Thresh2

公式中变量的定义如下:Ms 为服务小区的测量结果,没有计算任何偏置。Mn 为该邻区的测量结果,没有计算任何偏置。Ofn 为该邻区频率特定偏置。Ocn 为该邻区的小区特定偏置,同时如果没有为邻区配置,则为零。Hys 为该事件的滞后参数。Thresh1 为该事件的门限参数。Thresh2 为该事件的门限参数。

7. 关于 LTE 盲重定向到 UMTS 的说法正确的是(　　)。

A. LTE 在发生重定向时需要对 UMTS 进行测试

B. LTE 信号弱于一个电平时,不会对 UMTS 信号进行测量,直接重定向到
UMTS

C. 盲重定向时需要 UMTS 信号强于一个门限值,需要网管设置

D. 盲重定向到 3G 的不会导致速率中断

8. 基于信令的覆盖率中,用户在空闲态下脱网的 S1 接口判定条件(　　)。

A. S1 接口存在 Ue context release request(cause＝10)

B. S1 接口存在 Ue context release request(cause＝18)

C. S1 接口存在 Ue context release request(cause＝20)

D. S1 接口存在 Ue context release request(cause＝28)

9. 基于信令的覆盖率中,用户在连接态下脱网的 S1 接口判定条件(　　)。

A. S1 接口存在 Ue context release request(cause＝10)

B. S1 接口存在 Ue context release request(cause＝18)

C. S1 接口存在 Ue context release request(cause＝20)

D. S1 接口存在 Ue context release request(cause＝28)

10. 基于信令的覆盖率中,用户在连接态下脱网的 S11 接口判定条件(　　)。

A. S11 接口 30 秒内存在 Delete Session

B. S11 接口 60 秒内存在 Delete Session

C. S11 接口 30 秒内存在 Delete Bearer

D. S11 接口 60 秒内存在 Delete Bearer

11. LTE 载波聚合中的载波激活和载波去激活操作是通过哪类信令完成的?(　　)

A. 物理层信令　B. MAC 层信令　C. RLC 层信令　D. RRC 层信令

12. LTE 载波聚合中的配置 SCell 是通过哪类信令完成的?(　　)

A. 物理层信令　B. MAC 层信令　C. RLC 层信令　D. RRC 层信令

二、简答题

1. 在 D/E 室分上下层的时候,LTE 在进行下载业务的时候,进行异频测量时,为什么会对峰值速率有影响,而对小区吞吐量没影响?请设计出 2 种优化手段解决此问题。

2. 如何实现负荷均衡?应从哪些方面进行?试分析其均衡策略。

第7章 LTE关键技术模块

7.1 双工技术

LTE系统同时定义了两种双工模式:频分双工(FDD)和时分双工(TDD)。于是,LTE定义了两种对应的帧结构:FDD帧结构和TDD帧结构。

但由于无线技术存在差异、使用的频段不同、分配的频谱带宽的大小不同,以及各厂家的利益不同、产业链成熟状况不同等,两种双工技术的发展有所不同,FDD系统支持的阵营更加强大,其标准化和产业化发展都要领先于TDD系统。

移动通信系统通常采用双向通信,即可以同时区分用户的上行/下行信号。FDD的关键词是"共同的时间,不同的频率"。FDD在两个分离的、对称的频率信道上分别进行接收和发送。其必须采用成对的频率区分上行和下行,上、下行频率间须有保护带宽。而上、下行在时间上是连续的,可以同时接收和发送数据。TDD的关键词是"共同的频率,不同的时间"。TDD的接收和发送是使用同一频率的不同时隙来区分上、下行信道的,在时间上是不连续的。因此TDD对时间同步要求比较严格。

两种双工方式的区别如图7-1所示。

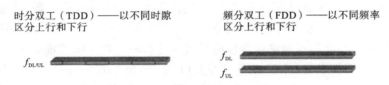

图7-1 两种双工方式的区别

TD-LTE系统支持时分双工方式。采用TDD方式的蜂窝系统,上、下行传输信号在同一频带内,将信号调度到不同时间段,采用非连续方式发送,并设置一定的时间间隔来避免上、下行信号间的干扰。

由于TDD系统具有频谱利用率高等众多优势,ITU(国际电信联盟)为TDD系统分配了更多的非对称频谱,使得TDD方式在未来的移动蜂窝系统中必将得到更为广泛的应用,并日益成为主流的双工应用方式。

TDD方式具有如下优势。

(1)频谱配置灵活,利用率高。

TDD系统采用非对称频谱,能够灵活地利用一些零碎的频谱获得连续的大带宽频谱。而FDD系统要求的成对频谱资源越来越稀缺,特别是大带宽频谱更加难以获得。尽管FDD系统可以采用非连续的载波聚合方式来实现大带宽配置,但这对射频器件带来更多严格的要求。

(2)能灵活地进行上、下行资源比例配置,更加有效地支持非对称的IP分组业务。

（3）利用信道对称特点，提升系统性能。

在 TD-LTE 系统中，多天线技术应用成为系统提升频谱效率的重要基石。采用闭环信道状态信息反馈方式的预编码 MIMO 和波束赋形技术成为多天线的主要应用形式。由于上、下行信号在相同的频带内发送，因此可以充分利用信道的对称性来获取发送方向的信道信息。通过对信道对称性的利用，不但可以更有效地获得信道的状态信息，提升发射端的性能，而且可以减少反馈信道的开销，利用信道对称性的优势，这对于小区间多点协作等先进的多天线技术在未来的应用，以及方案简化实现都将起到重要作用。

（4）TDD 系统具有天然优势。

由于 TDD 系统要求全网同步，因此小区间干扰协调、多点协作等技术的应用更为容易。同时，由于 TDD 系统只需要一个双工器件，因此，相对于 FDD 系统，其在中继等设备实现上，具有实现复杂度小、设备成本低和尺寸小等方面的优势，特别是在多跳场景下，其优势更加明显。在未来可能应用到的 Ad-Hoc 等多跳端到端的通信方面，TDD 系统有明显的实现优势。

尽管 TDD 系统有一些优点，但是其也存在不足之处。

（1）系统内干扰更为复杂。

TDD 系统除了有 FDD 系统的上行信号对上行信号和下行信号对下行信号的干扰外，还有上行信号对下行信号的干扰和下行信号对上行信号的干扰。要避免 TDD 系统上、下行信号间的干扰，可以通过全网同步，在相邻小区间尽可能采用相同上、下行时隙比例配置，加大上、下行时隙保护间隔，还可以采用一些工程手段等方式来实现。

（2）TDD 双工系统对系统同步要求更为严格。

为了避免上、下行信号间的干扰，相对于 FDD 系统，TDD 系统要求更为严格的上、下行信号的时隙对齐，因此其对系统设备的时间同步实现要求更高。

（3）TDD 系统中，信号传输有一定时延。

由于上、下行信号发送通过时分方式进行区分，因此，在信号传输过程中，相对于 FDD 系统，其存在一定的时延。传输时延包括：功率控制、自适应编码调制、多天线信道状态的反馈、测量反馈、切换、用户平面和控制平面传输时延等。这些时延给系统性能带来一定影响。时延长短取决于上、下行切换点的周期。对于 TD-LTE 系统，由于其采用 1 ms 的传输间隔，上、下行信号切换周期最短为 5 ms，因此其时延的时间很短，对系统性能影响不大。

7.2 多址技术

多址技术是指把处于不同地点的多个用户接入一个公共传输媒质，实现各用户之间通信的技术。

多址技术多用于无线通信，多址技术又称为多址接入技术。

蜂窝系统是以信道来区分通信对象的，一个信道只容纳一个用户进行通信，许多同时进行通信的用户，互相以信道来区分，这就是多址。

7.2.1 常见的多址技术

移动通信系统中常见的多址技术包括频分多址（frequency division multiple access，FD-

MA)、时分多址(time division multiple access,TDMA)、码分多址(code division multiple ac-cess,CDMA)、空分多址(space division multiple access,SDMA)。FDMA 以不同的频率信道实现通信,TDMA 以不同的时隙实现通信,CDMA 以不同的代码序列实现通信,SDMA 以不同的方位信息实现多址通信。各种多址技术如图 7-2 至图 7-5 所示。

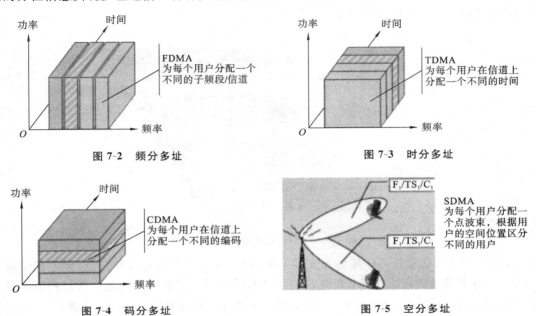

图 7-2　频分多址　　　　　　　　　　图 7-3　时分多址

图 7-4　码分多址　　　　　　　　　　图 7-5　空分多址

这里引用高通公司的"鸡尾酒模型"来帮助大家理解各种多址技术。

高通公司把各种多址技术比喻为在一个大厦中的聚会。

如果聚会上的交流基于 FDMA 来进行,则每个一对一的谈话都将在一个独立的房间内进行,那么这个房间就代表了分配给你的频段。你和你的朋友在一个房间内谈话,彼此可以互相清晰地听到对方说话。假如一个大厦内只有 20 个房间,那么一次就能供 20 对人会谈,假如来了几百人,那么其他人就没有相应的频段可以使用了。

为了解决这个缺陷,可以引用 TDMA,把时间分成不同的时隙。同样几百个人赴宴,每对客人可以进入房间一对一会谈,但是谈不了太久就得将房间让给其他客人,这样对时间资源进行规划,可以提高容量。

而 CDMA 更像是大家共同参加"鸡尾酒宴会",大家都可以在一个大房间内进行交谈,如果大家都用中文说话,相互之间就会有干扰。但是如果大家使用不同的语言,就可以有效地避免干扰。不同的语种在 CDMA 系统中就是扩频码,应该注意的是,扩频码之间必须正交。图 7-5 所示的空分多址更多时候要和波束赋形配合使用。

7.2.2　正交频分复用

正交频分复用(orthogonal frequency division multiplexing,OFDM)技术已有近 40 年的历史,其最初用于军事无线通信系统。

20 世纪 50 年代,美国军方建立了第一个多载波调制系统。

20 世纪 70 年代,采用大规模子载波的 OFDM 系统出现,但由于系统复杂度和成本过高,并没有大规模应用。

20 世纪 90 年代,随着数字通信技术的发展,OFDM 系统在发射端和接收端分别由 IFFT(快速傅里叶反变换)和 FFT(快速傅里叶变换)来实现,系统复杂度大大降低,使得该技术开始被广泛应用。

OFDM 技术应用发展历史如图 7-6 所示。

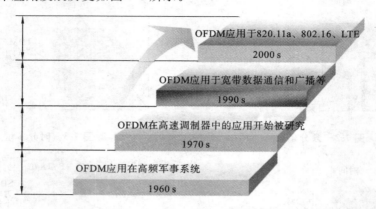

图 7-6　OFDM 技术应用发展历史

OFDM 的基本思想是将频域划分成多个子信道,各相邻子信道互相重叠,但不同子信道相互正交,将高速的串行数据流分解成若干并行的低速子数据流同时传输。通过把高速数据流分散到多个正交的子载波上传输,从而使单个子载波上的符号传输速率大大降低,符号持续时间大大加长,对因多径效应产生的时延扩展有较强的抵抗力,减少符号间干扰(inter symbol interference,ISI)的影响。通常在 OFDM 符号前加入保护间隔,只要保护间隔大于信道的时延扩展就可以完全消除符号间干扰。OFDM 的由来如图 7-7 所示。

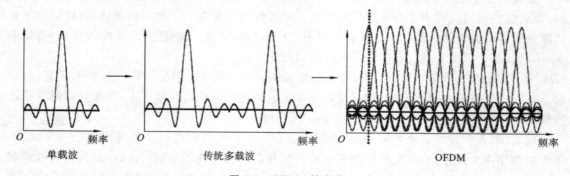

图 7-7　OFDM 的由来

频域上正交是指在一个子载波的峰值处,其他子载波都为 0,这样其他子载波对该子载波的影响就非常弱。

时域上正交是指一个子载波 f_1 和另一个子载波 f_2 之间是倍数关系,在一个积分周期之内积分的话,它们的积分值为 0。

正交函数系的定义:在三角函数系中任何不同的两个函数的乘积在区间$[-\pi,\pi]$上的积分等于 0。例如:三角函数系$\{1,\cos x,\sin x,\cos(2x),\sin(2x),\cdots,\cos(nx),\sin(nx),\cdots\}$ 在区间$[-\pi,\pi]$上正交,就是指在该三角函数系中任何不同的两个函数的乘积在区间$[-\pi,\pi]$上的积分等于 0。

OFDM 系统本质上是一个频分复用(FDM)系统,FDM 系统我们并不陌生,收音机就是一个典型的频分复用系统,频分复用系统如图 7-8 所示。

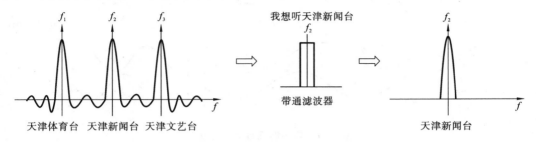

图 7-8 传统的频分复用系统

7.2.2.1 OFDM 的系统实现

LTE 系统的空中接口多址技术是以 OFDM 技术为基础的。OFDM 系统中各个子载波相互交叠,互相正交,从而极大地提高了频谱利用率。OFDM 发射框图如图 7-9 所示。

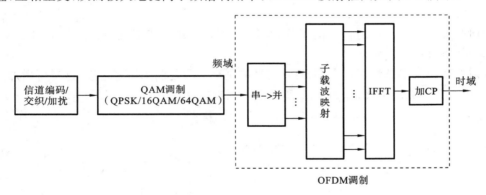

图 7-9 OFDM 发射框图

OFDM 涉及的功能模块有很多,其中较为重要的一个模块是加 CP 模块。

由于存在多径时延,OFDM 符号到达接收端可能会带来符号间干扰,以及使不同子载波到达接收端后,不再保持绝对的正交性,产生多载波间干扰(ICI)。多径时延引起的干扰问题如图 7-10 所示。

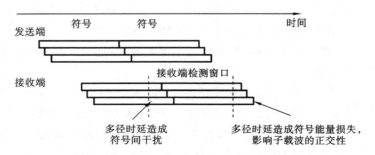

图 7-10 多径时延引起的干扰问题

为了消除符号间干扰,在 OFDM 符号发送前,可以在码元间插入空闲时段,如图 7-11

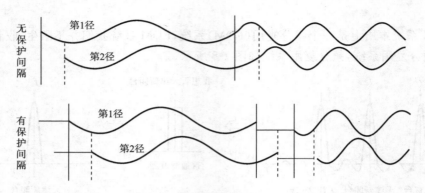

图 7-11　空闲时间段加入对比图

所示。

符号之间空出一段空闲时段作为保护间隔,空闲时段的保护间隔不传输任何信号,这样就可以消除符号间干扰(因为前一个符号的多径信号无法干扰到下一个符号),但这同时使符号内波形无法在积分周期内积分为 0,导致波形在频域上无法和其他子载波正交,即又产生了多载波间干扰。

如何既可以消除多径的符号间干扰,又可以消除多载波间干扰呢? 实际上只要加入 CP 作为保护间隔就可以做到。

所谓循环前缀就是将每一个 OFDM 符号的尾部一段复制到符号之前,这样可增加冗余符号信息,更有利于克服干扰,如图 7-12 所示。

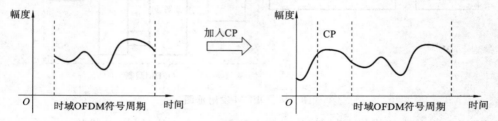

图 7-12　加入循环前缀

CP 使一个符号周期内因多径产生的波形为完整的正弦波,因此不同子载波对应的时域信号及其多径积分总为 0,即可消除多载波间干扰,如图 7-13 所示。

对于因多径时延引起的信号丢失,在加入 CP 后,丢失的部分因信息可以在 CP 中找到,使得信息可以完整解调出来。就像我们拼接骨骼一样,如因某种原因,没有给你完整的 206 块骨骼,想要拼接出一个完整的人体骨骼,基本上是不可能的,但是如果能获得完全的 206 块骨骼,是完全可以还原人体骨骼的。

OFDM 的实现还有另外两个较为重要的模块:串/并转换模块、FFT 和 IFFT 模块。

并行传输可以降低符号间干扰,简化接收机信道均衡操作,便于 MIMO 引入。串/并转换可以将高速的用户数据流转换成低速的数据流,这样可以使码元周期大幅增加,当码元周期大于多径时延的时候,就可以大大降低系统的自干扰,如图 7-14 所示。

在发射端经过 IFFT 模块可以将大量窄带子载波频域信号变换成时域信号。OFDM 系统在调制时,使用 IFFT 模块;解调时,使用 FFT 模块。

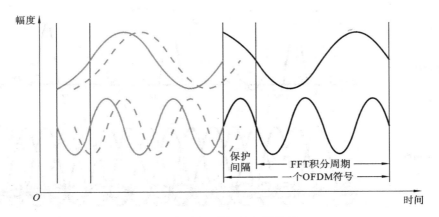

图 7-13 循环前缀作保护间隔

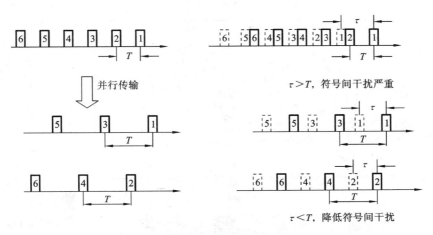

图 7-14 并行传输降低符号间干扰

7.2.2.2 OFDM 的优缺点

1．OFDM 的优点

1）频谱利用率高

传统的频分多路传输方法中，将频带分为若干个不相关的子频带来传输并行的数据流，在接收端用一组滤波器来分离各个子信道。这种方法的优点是简单和直接。缺点是频谱的利用率低，子信道之间要留有足够的保护频带，而且多个滤波器的实现也有困难。而由于 OFDM 系统各个子载波之间存在正交性，允许子信道的频谱相互重叠，因此与常规的频率复用系统相比，OFDM 系统可以最大限度地利用频谱资源，如图 7-15 所示。

2）可对抗频率选择性衰落

由于无线信道存在频率选择性，所有的子载波不可能都同时处于比较深的衰落情况中，因此可以采用动态位分配，以及动态子信道分配的方法，充分利用信噪比较高的子信道，从而提高系统的性能。而且对于多用户系统来说，对一个用户不适用的子信道对其他用户来说，可能是性能比较好的子信道，因此除非一个子信道对所有用户来说都不适用，该子信道才会被关闭，但发生这种情况的概率非常小，如图 7-16 所示。

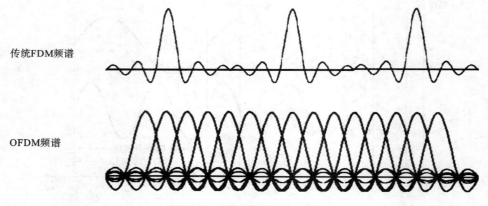

图 7-15　OFDM 的高频谱利用率

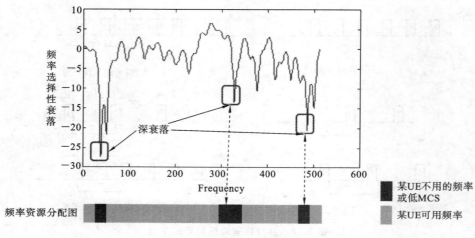

图 7-16　对抗频率选择性衰落

2. OFDM 存在的不足

1) 峰均比高

OFDM 的峰均比(PAPR)过高,所要求的系统线性范围宽,对放大器的线性范围要求较高。也就是说,过高的峰均比会降低放大器的功效,增加 A/D(模/数)转换和 D/A(数/模)转换的复杂性,也会增加传送信号失真的可能性,如图 7-17 所示。

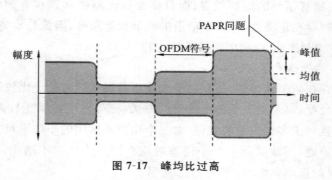

图 7-17　峰均比过高

2）对频率偏移特别敏感

　　由于子信道的频谱相互覆盖,这就对它们之间的正交性提出了严格的要求。然而由于无线信道存在时变性,因此在传输过程中会出现无线信号的频率偏移(例如多普勒频移),这种频率偏移以及发射机载波频率与接收机本地振荡器之间存在的频率偏移,都会使得 OFDM 系统子载波之间的正交性遭到破坏,从而导致子信道间的信号相互干扰,如图 7-18 所示。对频率偏移敏感是 OFDM 系统的主要缺点之一。

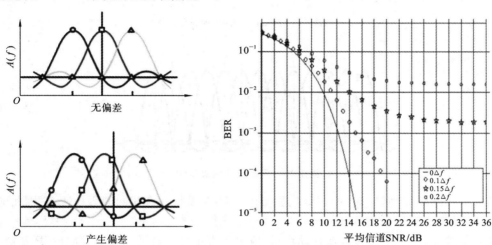

图 7-18　OFDM 对频率偏移特别敏感

7.2.2.3　OFDM 相关参数的确定

1. CP 长度的确定

考虑因素:频谱效率、符号间干扰和多载波间干扰。

越短越好:越长,CP 开销越大,系统频谱效率越低。

越长越好:可以避免符号间干扰和多载波间干扰。

CP 的几种长度示例如图 7-19 所示。

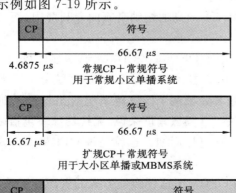

图 7-19　CP 的几种长度示例

2. 子载波间隔的确定

考虑因素：频谱效率和抗频偏能力。

子载波间隔越小，调度精度越高，系统频谱效率越高。

子载波间隔越小，系统对多普勒频移和相位噪声越敏感。

当子载波间隔在 10 kHz 以上时，相位噪声的影响相对较低。

子载波的间隔示例如图 7-20 所示。

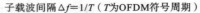

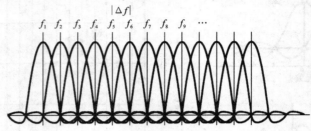

图 7-20　子载波的间隔示例

当子载波间隔 15 kHz 时，EUTRA 系统和 UTRA 系统具有相同的码片速率，因此确定单播系统中采用 15 kHz 的子载波间隔。

独立载波 MBMS 应用在低速移动场景，应采用更小的子载波间隔，以降低 CP 开销，提高频谱效率，此时采用 7.5 kHz 的子载波间隔。

7.2.3　LTE 系统的下行多址方式

LTE 系统采用 OFDMA 作为下行多址方式。OFDMA 方式能够满足 LTE 系统带宽灵活配置的要求和峰值速率需求。

LTE 系统在制定标准的时候，曾考虑是使用 CDMA 技术还是 OFDMA 技术。鉴于以下几个原因，最终还是选择了 OFDMA 技术。

（1）如果使用 CDMA 技术，每年要向高通缴纳高额的专利费用，而 OFDM 技术专利期限已过。

（2）对于 5 MHz 以上的带宽组网，OFDM 比 CDMA 有明显优势。

（3）对于大带宽组网，采用 CDMA 技术扩频难度增大，系统复杂度大大增加。

OFDMA 的主要思想是从时域和频域两个维度将系统的无线资源划分为资源块，每个用户占用其中的一个或者多个资源块。从频域角度来说，无线资源块包括多个子载波；从时域角度来说，无线资源块包括多个 OFDM 符号周期。也就是说 OFDMA 方式在本质上是 TDMA＋FDMA 的多址方式。

从图 7-21 可以更清晰地看到 OFDMA 这种多址方式的资源分配情况，图 7-21 所示的不同的色块代表为不同的用户分配的时频资源，其分配方式可以是集中式分配也可以是分布式分配，资源分配非常灵活。

LTE 系统空中接口资源分配的基本单位是物理资源块（PRB）。一个物理资源块在频域上包括 12 个连续的子载波，在时域上包括 7 个连续的常规 OFDM 符号周期。LTE 系统的一

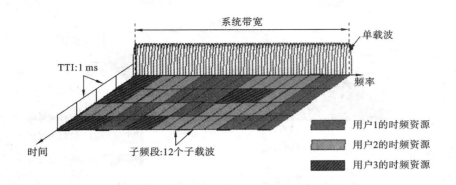

图 7-21 LTE 系统的下行多址方式——OFDMA

个物理资源块对应的是带宽为 180 kHz、时长为 0.5 ms 的无线资源。但为了实现方便,减小调度的复杂度,目前 LTE 系统实际调度周期为 1 ms。

OFDMA 在同一个时隙里,不同的子载波上,可以支持多个用户接入;同样,同样的子载波,在不同的时隙里,可以服务不同的用户,其资源分配方式可以是分布式的(分配给用户的资源块不连续,频选调度增益较大),也可以是集中式的(连续资源块分给一个用户,调度开销小)。

7.2.4 LTE 系统的上行多址方式

在 LTE 系统中,OFDMA 方式是用在下行的多址方式,而上行采用的是 SC-FDMA 方式。原因是下行的 OFDMA 方式具有前面提到的峰均比较高的不足之处,这对设备的功率放大器性能有一定的要求并会给系统造成一定的影响。下行方向上发送信号的是 eNodeB,eNodeB 功率放大器的能力较强,因此在下行方向上峰均比不会成为影响系统性能的主要问题。而在上行方向上,考虑到 UE 的成本和耗电量等因素,使用具有单载波特性的发送信号,即有较低信号峰均比。因此下行采用了单载波 FDMA 技术,也就是 SC-FDMA 技术。

SC-FDMA 技术与传统单载波技术相比,用户之间无须保护带宽,不同用户占用的是相互正交的子载波,具有较高的频谱利用率。SC-FDMA 系统的峰均比远低于 OFDMA 系统的。但是相对于 OFDMA 系统,SC-FDMA 系统的频谱利用率要低一些。

相对于 OFDMA 系统,SC-FDMA 系统具有如下特性。

(1) 具有更低的 PAPR,便于 UE 功放的设计。

(2) 相对于传统的单载波技术,能实现用户间完全正交的频率复用,同时保证频谱利用率。

(3) 用户复用可以通过 DFT(离散傅里叶变换)实现,正交子载波映射等过程方便实现。

(4) 支持频率维度的链路自适应和多用户调度。

(5) 上行 SC-CDMA 系统只能采用集中式的调度方式。

图 7-22 所示的是 LTE 系统的上行采用 SC-FDMA 方式时的资源分配情况,不同的色块代表为不同的用户分配的时频资源,从图 7-22 可以看出,与 OFDMA 方式相比,采用 SC-FDMA 方式时的时频资源分配比较集中,把连续多个窄带子载波看作一个宽带单载波来调度可以有效避免高 PAPR 问题。

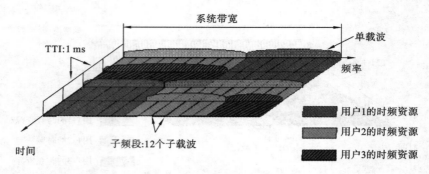

图 7-22　LTE 系统的上行多址方式——SC-FDMA

7.3　多天线技术

7.3.1　MIMO 概述

无线通信系统可以利用的资源有时间、频率、功率、空间。

多天线技术通过在收发两端同时使用多根天线,扩展了空间域,充分利用了空间扩展所提供的特征,从而带来了系统容量的提高。LTE 系统中,对空间资源和频率资源进行了重新开发,大大提高了系统性能。MIMO(multiple input multiple output,多输入多输出)技术就是多天线技术的一种。

实际上,MIMO 技术由来已久,早在 1908 年马可尼就提出用它来抗衰落。在 20 世纪 70 年代有人提出将 MIMO 技术用于通信系统,但是对无线移动通信系统 MIMO 技术产生巨大推动的奠基工作则是 20 世纪 90 年代由 Bell 实验室的学者完成的。

MIMO 技术是指利用多发射、多接收天线进行空间分集的技术。它采用的是分立式多天线,能够有效地将通信链路分解成为许多并行的子信道,从而大大提高容量。在下行链路上,多天线发送方式主要包括发送分集、波束赋形、空时预编码以及多用户 MIMO 等;而在上行链路上,多用户组成的虚拟 MIMO 也可以提高系统的上行容量。天线技术的发展如图 7-23 所示。

MIMO 系统的基本思想是在收发两端采用多根天线,分别同时发射与接收无线信号,如图 7-24 所示。通过多根天线发送数据,实际上是利用了多径效应。

MIMO 为无线资源增加了空间维的自由度,MIMO 通过空时处理技术,充分利用了空间资源,在无须增加频谱资源和发射功率的情况下,成倍地提升了通信系统的容量与可靠性,提高了频谱利用率;MIMO 能够获得比单入单出(SISO)、单入多出(SIMO)和多入单出(MISO)更高的信道容量和更好的分集增益。

7.3.2　MIMO 系统的工作模式

MIMO 系统的多入多出实际上就是多个数据流在空中的并行传输。多个信号流可以是

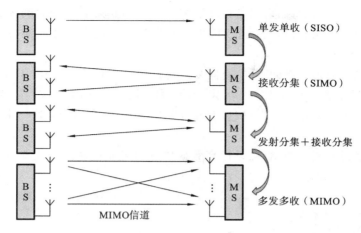

图 7-23　天线技术的发展

图 7-24　多天线之 MIMO

不同的数据流，也可以是一个数据流的不同版本。

1）空间复用

不同的天线发射不同的数据流以提高传送效率的工作模式就是 MIMO 系统的复用模式，如图 7-25 所示。

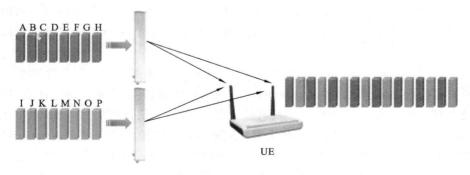

图 7-25　空间复用模式

不同天线发射不同的数据,可以直接增加容量。空间复用利用较大间距的天线阵元之间或者波束赋形之间的不相关性,向一个 UE/eNodeB 并行发送多个数据流,以提高链路容量,就如同音乐会中的二重唱或多重唱。

根据干扰抑制的处理机制的不同,空间复用可以分为开环空间复用(TM3)和闭环空间复用(TM4),其中,闭环空间复用又分为码本预编码和非码本预编码。

开环空间复用不需要接收反馈信息,有较少的反馈开销,多用于高速场景的 UE。

2)分集模式

不同的天线发射相同的数据,可以提高数据传送的可靠性的工作模式,这就是 MIMO 系统的分集模式,如图 7-26 所示。

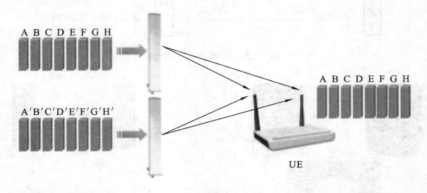

图 7-26 分集模式

不同天线发射相同的数据,在弱信号条件下提高用户需传输数据的速率,提高链路的可靠性。

在无线通信系统中,分集技术主要用于对抗衰落、提高链路可靠性。传输分集的主要原理是,利用空间信道的弱相关性,结合时间/频率上的选择性,为信号的传递提供更多的副本,提高信号传输的可靠性,从而改善接收信号的信噪比。

空间发射分集利用了分集增益的原理,在 eNodeB 发射端对发射的信号进行预处理,采用多根天线进行发射,在接收端通过一定的检测算法获得分集信号。

3)波束赋形

波束赋形是一种基于天线阵列的信号预处理技术,其工作原理是,利用空间信道的强相关性及波的干涉原理产生强方向性的辐射方向图,使辐射方向图的主瓣自适应地指向用户来波方向,从而提高信噪比,获得明显的阵列增益。就如同相控雷达,某方向的扫描波束能够实现精确打击。

如图 7-27 所示,对于两个相邻的蜂窝小区,每个蜂窝小区都与位于两个蜂窝小区之间的独立用户设备进行通信。此图显示,eNodeB1 正在与目标设备 UE1 通信,eNodeB1 使用波束赋形来最大限度地提高 UE1 方向上的发射接收率。同时,我们还可看到,eNodeB1 正尝试通过控制 UE2 方向中的功率零点位置,最大限度地减少对 UE2 的干扰。同样,eNodeB2 正使用波束赋形最大限度地提高其在 UE2 方向上的发射接收率,同时减少对 UE1 的干扰。在此情景中,使用波束赋形显然能够为蜂窝小区边缘用户提供非常大的性能改善。必要时,可以使用波束赋形增益来提高蜂窝小区覆盖率。

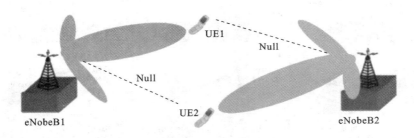

图 7-27 波束赋形

根据发送数据流的数目,波束赋形可分为单流波束赋形(R8 版本)和多流波束赋形(R8 版本之后版本)。目前 LTE R9 版本最大能支持双流波束赋形,在之后的 LTE R10 版本则可以最大支持下行 4 对双流波束赋形。在 LTE R8 版本中,引入了单流波束赋形技术,这对于提高小区平均吞吐量及边缘吞吐量、降低小区间干扰有着重要作用。

根据调度用户的情况,双流波束赋形可分为单用户双流波束赋形和多用户双流波束赋形两种。对于单用户双流波束赋形技术,由 eNodeB 测量上行信道,得到上行信道状态信息后,eNodeB 根据上行信道信息计算两个赋形矢量,利用该赋形矢量对要发射的两个数据流进行下行赋形。对于多用户双流波束赋形技术,eNodeB 根据上行信道信息或者 UE 反馈的结果进行多用户匹配,多用户匹配完成后,按照一定的准则生成波束赋形矢量,利用得到的波束赋形矢量为每一个 UE、每一个流进行赋形。

智能天线不但可以有效改善小区内用户间的干扰,还可以大大抑制小区间用户的干扰,极大地提高系统性能,如图 7-28 所示。

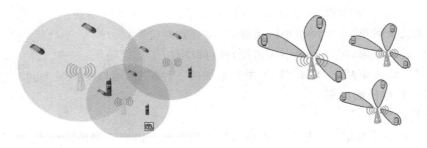

图 7-28 智能天线抑制小区间用户干扰

不同的多天线传输方案对应不同的传输模式(TM 模式)。到 R10 版本为止,LTE 系统支持 9 种 TM 模式。它们的区别在于天线映射的不同特殊结构,以及解调时所使用的不同参考信号(小区特定参考信号或 UE 特定参考信号),以及所依赖的不同 CSI 反馈类型。

在 MIMO 系统的 9 种传输模式中,TM2 模式、TM3 模式、TM4 模式、TM7 模式、TM8 模式在现网中应用得较多,其余模式暂未应用在现网中,如图 7-29 所示。

LTE 系统的 9 种传输模式简介如下。

TM1:单天线端口传输,主要应用于单天线传输的场合。

TM2:开环发射分集,不需要反馈 PMI(预编码矩阵标识),适合于小区边缘信道情况复杂、干扰较大的情况,有时候也用于高速的情况,分集能够提供分集增益。

TM3:开环空间复用,不需要反馈 PMI,适合 UE 高速移动的情况。

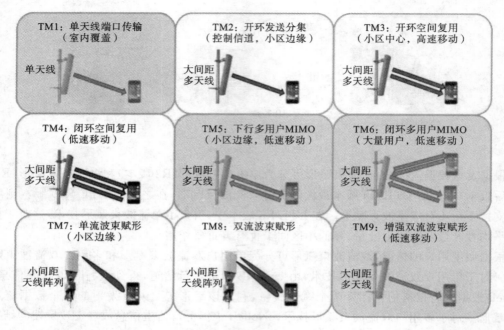

图 7-29　MIMO 系统的模式及应用场景

TM4：闭环空间复用，需要反馈 PMI，适合于信道条件较好的场合，用于提供高的数据传输速率。

TM5：下行多用户 MIMO，主要用来提高小区的容量，TM5 是 TM4 的 MU-MIMO 版本。

TM6：闭环多用户 MIMO，需要反馈 PMI，主要适合于小区边缘场景。

TM7：单流波束赋形，主要用于小区边缘，能够有效对抗干扰。

TM8：双流波束赋形，可以用于小区边缘，也可以应用于其他场景。

TM9：增强双流波束赋形，是 LTE-A 中新增加的一种模式，可以支持最大到 8 层的传输，主要目的是提升数据传输速率。

注意以下几点。

（1）传输模式是针对单个 UE 的。同小区的不同 UE 可以有不同传输模式。

（2）eNodeB 自行决定某一时刻对某一 UE 采用什么传输模式，并通过 RRC 信令通知 UE。

（3）TM3 到 TM8 中均含有传输分集。当信道质量快速恶化时，eNodeB 可以快速切换到模式内的传输分集模式。

7.3.3　多用户 MIMO 系统

MIMO 技术利用多径衰落，在不增加带宽和天线发送功率的情况下，提高信道容量、频谱利用率，以及下行数据的传输质量。MIMO 系统需要将多个用户的数据安排在合适的时隙、合适的频率、合适的天线上，这就是多用户 MIMO 技术。

当 eNodeB 将占用相同时频资源的多个数据流发送给同一个用户时，该系统即为单用户 MIMO（single-user MIMO，SU-MIMO）系统；当 eNodeB 将占用相同时频资源的多个数据流发送给不同的用户时,该系统即为多用户 MIMO(multiple-user MIMO,MU-MIMO)系统,其原理如图 7-30 所示。

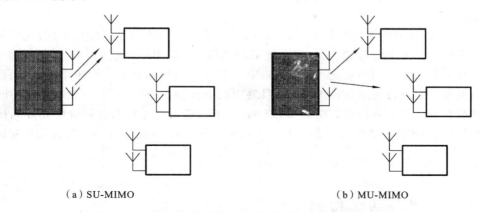

（a）SU-MIMO　　　　　　　　　　　　（b）MU-MIMO

图 7-30　SU-MIMO 系统和 MU-MIMO 系统原理示意图

7.3.3.1　下行 MU-MIMO 系统

从下行方向上来看,MIMO 系统可以把不同天线上的时隙资源安排给一个用户,也可以安排给不同用户。

在发射端,将多个独立信号合并成为一个多径信号,叫作复用;分集技术是指在多路彼此独立的传输路径上传送同一个信号,如图 7-31 所示。

图 7-31　复用与分集

同一个用户使用不同天线的时隙资源,享受着多个天线的无线资源,提高了该用户的数据传输速率,提高了频谱利用率,对于这个用户来说,实现了空间复用的效果,这是 SU-MIMO 模式,但是单用户 MIMO 系统挤占了其他用户的时隙资源。

将 MIMO 系统中不同天线的时隙资源安排给多个用户,多个用户享受空间复用的好处,可提高整体的调度效率,这就是 MU-MIMO 模式。

不同的用户可以占用不同天线的相同时间、相同频率的单元,也就是说,空间上的拓展带来了不同用户可以占用同样时隙资源的好处。多个用户占用不同的天线接口,不同的用户经历了相对独立的空间信道,起到了多用户分集的效果。

无论是 SU-MIMO 模式,还是 MU-MIMO 模式,都是自适应的 MIMO 模式。用户反馈在自适应中是必不可少的。通过用户反馈的 PMI 来动态地调整预编码矩阵,可降低空间复用数据流之间的干扰,改善 MIMO 技术的性能。

7.3.3.2　上行 MU-MIMO 系统

在 LTE 系统中应用 MIMO 技术的上行基本天线配置为"1×2",即一根发送天线和两根接收天线。与下行多用户 MIMO 系统不同,上行多用户 MIMO 系统是一个虚拟的 MIMO 系统,即每一个 UE 均发送一个数据流,两个或者更多的数据流占用相同的时隙资源,这样,从接收机来看,这些来自不同 UE 的数据流可以看作来自同一 UE 不同天线上的数据流,从而构成一个 MIMO 系统。

虚拟 MIMO 系统的本质是利用来自不同 UE 的多根天线提高空间的自由度,充分利用潜在的信道容量。由于上行虚拟 MIMO 系统采用多用户 MIMO 系统传输方式,因此每个 UE 的导频信号需要采用不同的正交导频序列以利于估计上行信道信息。对单个 UE 而言,并不需要知道其他 UE 是否采用 MIMO 方式,只要根据下行控制信令的指示,在所分配的时隙资源里发送导频和数据信号即可。在 eNodeB 侧,由于知道所有 UE 的资源分配和导频信号序列,因此可以检测出多个 UE 发送的信号。上行多用户 MIMO 技术并不会增加 UE 发送的复杂度。

7.4　链路自适应技术

由于移动通信的无线传输信道是一个多径衰落、随机时变的信道,因此通信过程存在不确定性。自适应编码调制(adaptive modulation and coding,AMC)技术是一种自适应技术,其能够根据信道状态自适应地调节传输参数的调制方式、信道编码方式和码率,系统根据当前的信道条件,在保证一定系统性能的前提下(如保证 BLER 小于某个门限值)来确定发射端各路数据流应使用的调制方式,从而提高系统的吞吐率。

7.4.1　调制编码技术

7.4.1.1　高阶调制

调制就是对信号源的信息进行处理并将其加到载波上,使其变为适合于信道传输的形式的过程,调制是使载波随信号改变而改变的技术。

数字信号最基本的三种调制方法为 ASK(幅移键控)、FSK(频移键控)和 PSK(相移键控),其他各种调制方法都是以上方法的改进或组合,例如:正交振幅调制(QAM)就是调幅和调相组合而成的;MSK 是 FSK 的改进产物;GMSK 又是 MSK 的一种改进结果。

调制的用途为把需要传递的信息送上射频信道,以及提高空中接口数据业务能力。

LTE 系统制定了多种调制方案,其下行主要采用 QPSK(正交相移键控)、16QAM 和 64QAM 三种调制方式,上行主要采用位移 BPSK(二进制相移键控)、QPSK、16QAM 和 64QAM 四种调制方式。各物理信道所选用的调制方式如表 7-1 所示。

表 7-1　LTE 各物理信道的调制方式

上行链路		下行链路	
信道类型	调制方式	信道类型	调制方式
PUSCH	QPSK、16QAM 和 64QAM	PDSCH	QPSK、160QAM 和 64QAM
PUCH	QPSK、BPSK	PDCCH、PCFICH、PBCH	QPSK

和所有其他技术一样,调制方式的选择也受到很多条件的限制,其中最重要的限制就是:越是高性能(数据传输速率高)的调制方式,其对信号质量的要求就越苛刻。这意味着,如果某

个用户离 eNodeB 远了,或者所处位置信号变弱,那就不能用高性能的调制方式了,其得到的数据传输速率就会急剧下降。

在 LTE 系统中主要的调制方式是 QPSK、16QAM 和 64QAM,图 7-32 所示的为这三种调制方式的"星座图"。每种调制方式都有它特定的"星座图",一种调制方式的"星座点"越多,每个点代表的位数就越多,在同样的频带宽度下提供的数据传输速率就越大。

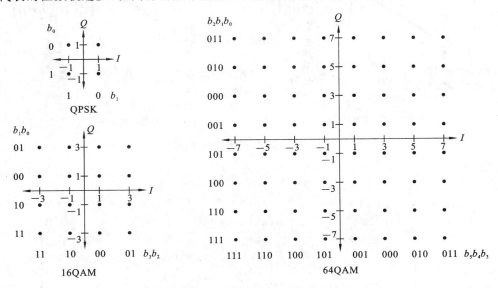

图 7-32 LTE 系统调制方式的"星座图"

高阶调制的优点:LTE 系统可以采用 64QAM 调制方式,于 TD-SCDMA 系统采用的 16QAM 相比,其数据传输速率提升了 50%。

高阶调制的缺点:越是高性能的调制方式,其对信号质量(信噪比)的要求也越高。

与以往的通信系统一样,由于信道编码具有不同的特性,因此 LTE 系统根据数据类型的不同而采用了不同的信道编码方式。广播信道和控制信道这些较低数据传输速率的信道采用的编码技术比较明确,即用咬尾卷积码进行编码。对于数据信道,采用 R6 Turbo 码作为母码,在此基础上进行一系列的改进,包括使用无冲突的内交织器,对较大的码块进行分段译码。

7.4.1.2 AMC 技术

自适应编码调制技术的基本原理是在发送功率恒定的情况下,动态地选择适当的调制和编码方式,以确保链路的传输质量。当信道条件较差时,降低调制等级以及信道编码传输速率;当信道条件较好时,提高调制等级以及信道编码传输速率。AMC 技术实质上是一种变速率传输控制方法,能适应无线信道衰落的变化,具有抗多径传播能力强、频率利用率高等优点,但其对测量误差和测量时延敏感。

AMC 技术的基本原理是通过信道估计,获得信道的瞬时状态信息,根据无线信道变化选择合适的调制和编码方式,如图 7-33 所示。网络侧根据用户瞬时信道质量状况和目前无线资源,选择最适合的下行链路调制和编码方式,从而提高频带利用效率,达到最高的数据吞吐量。当用户处于有利的通信地点(如靠近 eNodeB 或存在视距链路)时,网络侧选择高阶调制方式和高数据传输速率的信道编码方式,如 16QAM 和 3/4 编码速率,从而得到高的峰值速率;而当用户处于不利的通信地点(如位于小区边缘或存在信道深衰落)时,网络侧则选取低阶调制方式和低数据传输速率的信道编码方式,如 QPSK 和 1/2 编码速率,来保证通信质量。编码自适应示例如图 7-34 所示。

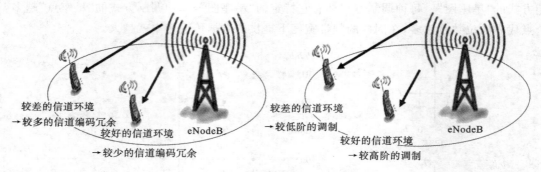

图 7-33　AMC 技术的基本原理

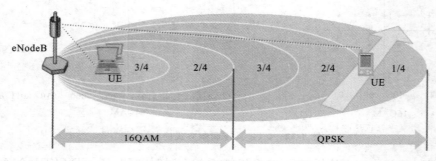

图 7-34　编码自适应

LTE 系统在进行 AMC 的控制过程中,对上下行采取不同的实现方法,具体如下。

(1) 下行 AMC 过程。

通过反馈的方式获得信道状态信息。UE 检测下行公共参考信号,进行下行信道质量测量,并周期(每 1 ms 或者是更长的周期)报告 CQI 给 eNodeB,eNodeB 基于 CQI 来选择对应的调制方式、数据块的大小和数据传输速率,如表 7-2 所示。

表 7-2　调制编码方式组合表

CQI 索引值	调 制 模 式	编码速率×1024/(bps)	效　率
0	超出范围		
1	QPSK	78	0.1523
2	QPSK	120	0.2344
3	QPSK	193	0.3770
4	QPSK	308	0.6016
5	QPSK	449	0.8770
6	QPSK	602	1.1758
7	16QAM	378	1.4766
8	16QAM	490	1.9141

CQI 索引值	调 制 模 式	编码速率×1024/(bps)	效　率
9	16QAM	616	2.4063
10	64QAM	466	2.7305
11	64QAM	567	3.3223
12	64QAM	666	3.9023
13	64QAM	772	4.5234
14	64QAM	873	5.1152
15	64QAM	948	5.5547

LTE 系统中采用 QPSK、16QAM、64QAM 三种调制方式进行数据传输,而且每一种调制方式又与多种编码速率相结合,共组成 15 种编码调制组合,分别对应 15 个 CQI 值。

(2) 上行 AMC 过程。

与下行 AMC 过程不同,上行过程不再采用反馈方式获得信道质量信息。eNodeB 侧通过测量 UE 发送的上行参考信号,进行上行信道质量测量。eNodeB 根据所测得的信息进行上行传输格式的调整并通过控制信令通知 UE。

7.4.2　混合自动重传请求

无线环境是复杂多变的,信道质量波动容易造成传输数据出错。虽然链路自适应技术可以在一定程度上克服这种信道质量的波动,但对于接收机的噪声和干扰的波动是无法克服的。因此在所有的通信系统中都有相应的纠错技术,如常见的前向纠错(forward error correction,FEC)和自动重传请求(automatic repeat reQuest,ARQ)。LTE 系统采用的是基于 FEC 和 ARQ 的混合自动重传请求(hybrid automatic repeat reQuest,HARQ)纠错技术。

FEC 的基本原理是在传输信号中增加冗余,即在信号传输之前在信息位中加入校验位。校验位由编码结构确定的方法对信息位进行运算得到。这样,信道中传输的位数目将大于原始信息位数目,从而在传输信号中引入冗余,这样可以纠正一定程度上的误码。

另外一种解决传输错误的方法是使用 ARQ 技术。在 ARQ 方案中,接收端通过错误检测(通常为 CRC 校验)判断接收到的数据包的正确性。如果数据包被判断为是正确的,那么说明接收到的数据是没有错误的,并且通过发送 ACK 应答信息告知发射机;如果数据包被判断为是错误的,那么通过发送 NACK 应答信息告知发射机,发射机将重新发送相同的信息,如图 7-35 所示。

HARQ 是一种将 FEC 和 ARQ 结合的技术,使用 ARQ 的重传和 CRC 校验来保证分组数据传输的正确性,使用 FEC 减少重传次数,降低误码率。该机制实际上整合了 ARQ 的高可靠性和 FEC 的高效率。HARQ 与 AMC 配合使用,为 LTE 系统的 HARQ 进程提供精细的弹性速率调整。

HARQ 的分类如下。

(1) 按重传与初传之间的定时关系,HARQ 可分为同步 HARQ 和异步 HARQ 两种,如图 7-36 所示。

LTE 上行为同步 HARQ:如果重传在预先定义好的时间内进行,接收机不需要显示告知

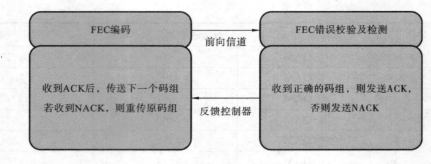

图 7-35 HARQ 机制

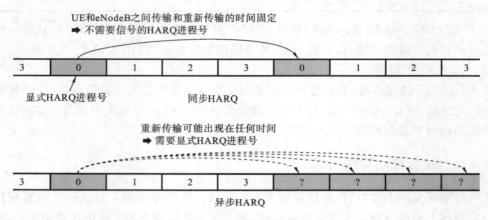

图 7-36 同步 HARQ 和异步 HARQ

进程号,则称为同步 HARQ 协议。

LTE 下行为异步 HARQ:如果重传在上一次传输之后的任何可用时间内进行,接收机需要显示告知具体的进程号,则称为异步 HARQ 协议。

(2) 按重传时的数据特征是否发生变化,HARQ 可分为自适应 HARQ 和非自适应 HARQ 两种。

自适应 HARQ:重传时可以改变初传的一部分或者全部属性,比如调制方式、资源分配等,这些属性的改变需要额外的信令通知。

非自适应 HARQ:重传时改变的属性是发射机与接收机事先协商好的,不需要额外的信令通知。

LTE 系统上行同时支持自适应 HARQ 和非自适应 HARQ,LTE 系统下行仅支持自适应 HARQ。

与异步 HARQ 相比较,同步 HARQ 具有以下优势。

① 控制信令开销小,每个传输过程中的参数都是预先已知的,不需要标示 HARQ 的进程号。

② 在非自适应 HARQ 系统中接收端操作复杂度低。

③ 提高了控制信道的可靠性,在非自适应 HARQ 系统中,有些情况下,控制信道的信令信息在重传时与初始传输时是相同的,这样就可以在接收端进行软信息合并,从而提高控制信道的性能。

根据层 1/层 2 的实际需求,异步 HARQ 具有以下优势。

① 如果采用完全自适应 HARQ 技术,同时在资源分配时采用离散、连续的子载波分配方式,那么调度将会具有很大的灵活性。

② 可以支持一个子帧的多个 HARQ 进程。

③ 重传调度具有灵活性。

LTE 下行链路系统中将采用异步自适应 HARQ 技术。因为相对于同步非自适应 HARQ 技术而言,异步 HARQ 技术更能充分利用信道的状态信息,从而提高系统的吞吐量。另一方面,异步 HARQ 技术可以避免重传时因资源分配而发生的冲突,从而避免造成性能损失。例如:在同步 HARQ 技术中,如果优先级较高的进程需要被调度,但是该时刻的资源已被分配给某一个 HARQ 进程,那么资源分配就会发生冲突;而异步 HARQ 技术的重传不是发生在固定时刻的,其可以有效地避免这个问题。

同时,LTE 系统将在上行链路采用同步非自适应 HARQ 技术。虽然异步自适应 HARQ 技术相比同步非自适应 HARQ 技术而言,在调度方面的灵活性更高,但是后者所需的信令开销更少。由于上行链路的复杂性,来自其他小区用户的干扰是不确定的,因此 eNodeB 无法精确估测出各个用户实际的 SINR 值。在自适应编码调制系统中,自适应编码调制根据信道的质量情况,选择合适的调制和编码方式,并提供粗略的数据传输速率的选择。另外,HARQ 基于信道条件提供精确的编码传输速率调节,SINR 值的不准确性导致上行链路对于调制编码模式的选择不够精确,因此更多地依赖 HARQ 技术来保证系统的性能。因此,上行链路的平均传输次数会高于下行链路的。考虑到控制信令的开销问题,在上行链路使用同步非自适应 HARQ 技术。

7.5 信道调度技术

7.5.1 调度概述

LTE 系统的无线资源调度功能位于 eNodeB 的 MAC 层。无线资源调度是 eNodeB 的一项核心功能,目的是决定哪些用户可以得到何种资源,即决定每个用户使用的时频资源、MI-MO 等。

调度的基本目标是在满足 QoS 的前提下,利用不同 UE 之间的信道质量及其他条件的不同,尽可能最大化系统容量。

eNodeB 在 MAC 层实现调度功能,其最小的调度单位是一个 RB(无线承载)对,由频域上的 12 个子载波(180 kHz)和时域上的 1 个子帧(1 ms)组成。

无线资源调度由 eNodeB 中的动态资源调度器实现。动态资源调度器为 DL-SCH 和 UL-SCH 分配物理层资源。DL-SCH 和 UL-SCH 分别使用不同的调度器进行调度操作。

对 UL-SCH 上的传输进行授权时,其授权是针对每个 UE 的,而没有针对每个 UE 的每个 RB 的资源授权。

动态资源调度器需要根据上下行信道的无线链路状态来进行资源分配,而无线链路状态是根据 eNodeB 和 UE 上报的测量结果进行判定的。分配的无线资源包含物理资源块的数量、物理资源块的位置,以及调制编码方案。

LTE 系统的调度模式有两种:动态调度和半静态调度。

动态调度:在每个 TTI(1 ms)中做一个调度决定,并将调度信息通过控制信令发送给被调度的所有 UE,其对数据包大小和到达时刻没有约束,可适用于任何业务。

半静态调度:在一定的半静态调度周期内,同一用户使用相同时频资源直到释放。一般用来处理数据传输速率不变、数据到达周期及时延小的业务,如 VoIP 业务。可以节省控制信令的开销,增加系统的 VoIP 容量。华为 eNodeB 的半静态调度周期固定为 20 ms。

常用的调度策略有 4 种:轮询调度(RR)、最大载干比算法(Max C/I)、正比公平算法(PF)和增强型正比公平算法(EPF),如表 7-3 所示。

表 7-3 几种调度策略对比

调度策略	排序影响因素	调度排序	应用场景
Max C/I	信道质量	信道质量好的 UE 则调度优先级高	验证系统最大容量
RR	无	每个 UE 的调度机会均等	验证系统调度公平性的上限
PF	业务数据传输速率与信道质量	UE 的业务数据传输速率与信道质量比值小则调度优先级高	验证系统容量与公平性
EPF	业务数据传输速率、信道质量以及 QoS 要求	按综合业务数据传输速率、信道质量和 QoS 要求排序	实际运营场景

在 LTE 系统的现网中,采用的是 EPF 调度策略,其支持半静态调度。

7.5.2 基本的调度操作

LTE 系统可以实现时域、频域和码域资源的动态调度和分配。动态调度带来的一个重要变化是 LTE 系统不再使用 3G CDMA 系统中的“专用信道”来传送数据,而以“共享信道”代之,即不再为特定用户长时间地保留固定的资源,而是将用户的数据都分割成小块,然后依赖高效的调度机制将来自多个用户的“数据块”复用在一个共享的大数据信道中。因此,LTE 系统的性能能否充分发挥,很大程度上取决于调度机制的效率。一方面要根据无线信道的特性进行灵活调度,另一方面又不能大幅度增加系统的信令开销。

频域资源调度是 LTE 系统资源调度的重要方法。在频域资源调度中,eNodeB 上的调度器根据上、下行信道的 CQI、QoS 要求、eNodeB 缓存中等待调度的负荷量、在队列中等待的重传任务、UE 能力、UE 睡眠周期和测量间隔/测量周期、系统参数(如系统带宽、干扰水平、干扰结构)等信息,动态地为 UE 选择适合的 RB 进行上、下行传输,并通过下行控制信令指示给 UE。在上述信息中,CQI 是资源调度最重要的考虑因素之一。

由于 LTE 系统中的资源调度和链路自适应完全由 eNodeB 控制,因此上行信道的 CQI 的测量值可以由 eNodeB 直接获取并使用,也不需要标准化;而下行信道的 CQI 值需要在 UE 侧获取,并由 UE 反馈给 eNodeB。

7.5.2.1 下行链路调度

在下行链路中,eNodeB 可以在每个 TTI 上用以某个 UE 的 C-RNTI 加扰的 PDCCH 为这个 UE 分配资源。当 UE 能够进行下行链路数据接收时,为了得到可能分配给该 UE 的下行资源,UE 需要一直监视 PDCCH。

下行资源的分配方案通过 PDCCH 发下去,通知某个 UE 在什么时频资源块、以什么样的调制编码方案、什么样的 MIMO 工作模式向该 UE 发送下行数据;随后,下行数据通过 PDSCH 发送给该 UE,UE 则根据 PDCCH 上的指示找到 eNodeB 发给自己的数据,如图 7-37 所示。

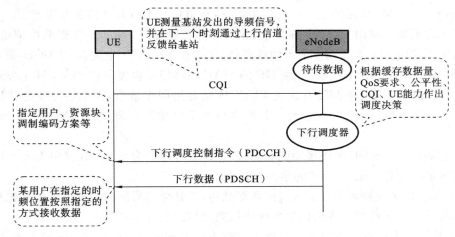

图 7-37 下行资源调度

与下行资源调度相关的信令是上行的 CQI 和下行的(资源)调度控制指令。

UE 的 CQI 是下行资源调度的重要依据,但不是唯一的依据。eNodeB 还有其他考虑,比如 UE 能力、QoS 要求、公平性等。CQI 信息不仅仅用于下行资源调度,还用于干扰协调、功率控制、AMC 等重要过程。UE 测量 eNodeB 的导频信号,得到不同频域的资源块的信噪比,然后以 CQI 报告的形式上报给 eNodeB。CQI 报告周期可以调整,如果周期过小,则信令开销会很大;如果周期过大,则下行调度器就不能全面了解下行信道的质量信息。

下行调度控制指令指导 UE 对下行发送信号进行接收处理,指令共有四种,如表 7-4 所示。

表 7-4 下行调度控制指令格式

类　　别	字　　段	作　　用
资源分配信息	UE 标识	区别用户,决定给哪个用户分配调度资源
	资源块分配	确定可以使用哪些时域和频域资源块
	分配时长	分配占用资源的有效持续时间
传输格式	多天线信息	确定自适应 MIMO 决定的天线工作模式
	调制方式	决定调制方式(QPSK、16QAM、64QAM 三选一)
异步 HARQ	HARQ 进程号	携带 HARQ 进程号
	冗余版本	确定 IR 方式的版本
	新数据包指示	指示是否为新数据,判定清空缓存
同步 HARQ	重传序列号	确定同步 HARQ 的重传版本、序号

7.5.2.2　上行链路调度

在上行链路中，eNodeB 可以在每个 TTI 上用以某个 UE 的 C-RNTI 加扰的 PDCCH 为这个 UE 分配资源（PRB 和 MCS）。当 UE 能够进行下行链路接收时，为了得到可能分配给该 UE 的上行链路传输资源，UE 需要一直监视 PDCCH。

在上行方向，UE 不能随时随意地发送自己的数据，必须服从 eNodeB 的安排。上行资源调度由 eNodeB 的 MAC 层的上行调度器决定，执行单位是上行共享信道的物理层。

由于无线资源调度由 eNodeB 完成，因此 UE 需要适时向 eNodeB 发送调度请求，用于请求 UL-SCH 资源。UE 发送调度请求的规则是：如果在当前 TTI 中配置 PUCCH 来发送调度请求，且没有可用的 UL-SCH 资源，则 UE 的 MAC 层将指示物理层在 PUCCH 上发送调度请求；如果 UE 在任何 TTI 中都没有配置 PUCCH 来发送调度请求，则 UE 将发起随机接入过程；如果一个调度请求已经被触发，则 UE 将在每个 TTI 中进行请求，直到获得 UL-SCH 资源为止。

UE 还需要向 eNodeB 发送缓冲区状态报告（BSR），用于为 eNodeB 提供 UE 上行链路缓冲区中数据量的信息。触发 BSR 的事件包括以下几种。

（1）UE 的传输缓冲区中有上行链路数据到达，并且数据所属的逻辑信道的优先权比已经有数据存在的缓冲区所属的逻辑信道的优先权高，触发"正常 BSR"。

（2）UE 拥有上行链路资源分配且填充位数不小于 BSR MAC 控制单元的大小，同时没有其他 BSR 等待传输，触发"填充 BSR"。

（3）服务小区发生变化，触发"正常 BSR"。

（4）周期性 BSR 定时器超时，触发"周期性 BSR"。

eNodeB 的上行调度器根据 BSR、上行信道状况等决定给 UE 调度什么样的无线资源，把调度结果通过 PDCCH 的上行调度准许（UL Grant）告知 UE，UE 根据 eNodeB 的指示，在 PUSCH 信道发送业务数据，如图 7-38 所示。

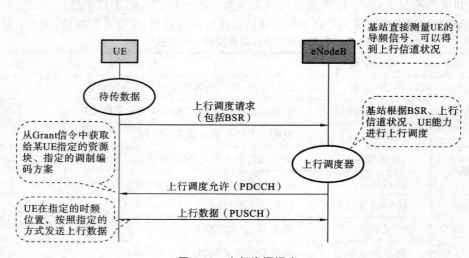

图 7-38　上行资源调度

与上行无线资源调度有关的信令包括上行资源调度申请（以及 BSR）、上行调度准许。上行调度准许用于确定 UE 的上行发送信号格式（见表 7-5）。

表 7-5　UE 上行发送信号指令格式说明

类　别	字　段	作　用
资源分配信息	UE 标识	区别用户,确定给哪个用户分配上行调度资源
	资源块分配	确定可以使用哪些时域和频域资源块
	分配时长	分配占用资源的有效持续时间
传输格式	用户传输参数	确定用户使用的传输格式:调制方案、负载大小、多天线信息,依据传输格式确定用户的发送数据传输速率

7.6　小区间干扰控制技术

小区间干扰(ICI)是蜂窝移动通信系统中存在的一个固有问题。LTE 系统采用 OFDMA 技术,依靠频率之间的正交性来区分用户,使小区内干扰可基本消除。但是 LTE 系统同频组网时,邻小区的用户之间的干扰不可避免,这称为小区间干扰。

对于小区中心用户来说,其本身离 eNodeB 的距离就比较近,而与外小区的干扰信号距离较远,因此其信噪比相对较大;但是对于小区边缘的用户,由于相邻小区占用同样载波资源的用户对其干扰比较大,加之其本身距离 eNodeB 较远,因此其信噪比就相对较小,导致小区边缘的用户服务质量较差。因此,在 LTE 系统中,引入小区间干扰控制技术十分必要,常用的干扰控制技术主要有小区间干扰随机化(ICI randomization)技术、小区间干扰消除(ICI cancellation)技术、小区间干扰协调(ICI coordination)技术。

7.6.1　小区间干扰随机化和小区间干扰消除

干扰随机化就是指将干扰随机化,使窄带的有色干扰等效为白噪声干扰,这种方式不能降低干扰的能量。干扰随机化并不能消除干扰,而是将干扰弱化,做到处处有干扰,但是处处无强干扰。如同教室里有一堆灰尘,同学拿扫帚一扫,让灰尘分布在教室各处,但实际上灰尘并没有消失。

干扰消除最初是在 CDMA 系统中提出的,是指对干扰小区的信号进行解调、解码,然后利用接收端的处理增益从接收信号中消除干扰信号分量。打个比方:将一堆花生和一堆瓜子混在一起,学生 A 只吃瓜子,把花生挑出来放到一边;学生 B 只吃花生,把瓜子挑出来放到一边。干扰消除技术可以显著改善小区边缘的系统性能,获得较高的频谱效率,但是对于带宽较小的业务(如 VoIP)则不太适用,在 OFDMA 系统中实现起来也比较复杂。

小区间干扰随机化技术和小区间干扰消除技术在 LTE 系统现网中均有应用,但实际上应用最广的还是小区间干扰协调技术,这种技术的实现较简单,效果较好。

7.6.2　小区间干扰协调

小区间干扰协调(ICIC)的基本思想是让小区间按照一定的规则和方法协调资源的调度和分配,以减少本小区对相邻小区的干扰,提高相邻小区在这些资源上的信噪比,以及小区边缘的数据传输速率和覆盖面积。小区中心的用户可以使用全部带宽,而边缘用户使用的频率资源则需要进行协调和回避,如图7-39所示。

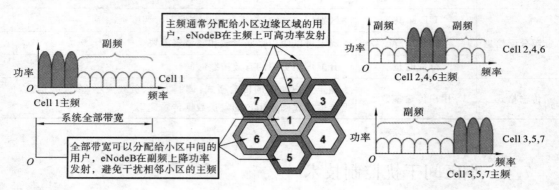

图 7-39　小区间干扰协调

我们通过图例来具体分析小区边缘区域是如何做到频带互相正交的。

首先将系统全部频谱带宽分为 3 段相等的子频带。小区 1 到小区 7 共同组成了一个蜂窝网络。小区边缘区域只使用 1/3 的子频带,称为主频,而未使用的 2/3 频带称为副频。如图 7-39 所示,小区 1 的边缘区域使用前 1/3 的子频段,小区 2,4,6 的边缘区域使用中间 1/3 的子频段,而小区 3,5,7 的边缘区域则使用后 1/3 的子频段。这样能够保证每个小区边缘区域所使用的频段不会与其相邻小区边缘区域使用的频段相同,从而人为地对同频小区的边缘区域异频化。

小区中心用户可以使用全带宽频率资源,只不过 eNodeB 会在副频上降低功率发射,以避免干扰相邻小区的主频。例如,对于小区 1 的中心区域,eNodeB 会使用全带宽频率发射,在副频上,会降低发射功率,因为小区 1 的副频是其相邻小区边缘区域的主频,降低发射功率则可以减少对邻区的干扰。

我们来总结一下 ICIC 技术的优缺点。

ICIC 技术的优点:降低邻区干扰,提升小区边缘数据吞吐量,改善小区边缘用户体验。干扰降低了,无线信道质量就提升了,自然就提升了用户吞吐量。

ICIC 技术的缺点:干扰水平的降低以牺牲系统容量为代价。在小区边缘区域只使用了全带宽频率资源的一小部分,而大部分的频率资源不会被使用。

ICIC 的实现有三种方式,分别为静态 ICIC、动态 ICIC、自适应 ICIC,如图 7-40 所示。

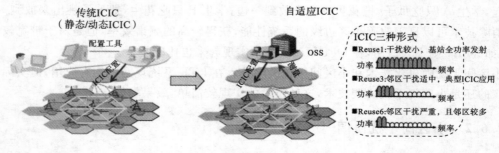

图 7-40　ICIC 的三种实现方式

（1）静态 ICIC：每个模式固定 1/3 边缘用户频带，每个小区的边缘频带模式由用户手工配置确定。这种实现方式比较简单，系统开销小，但手工配置工作量很大，有时效果不是很好。

（2）动态 ICIC：每个小区的边缘频带模式由用户手工配置确定，实际占用的边缘用户频带由小区负载和邻区干扰水平动态决定（可动态收缩和扩张）。这种方式是在静态 ICIC 的基础上，加入了人性化的考虑，可以使得小区边缘区域的主频带宽根据实际情况在一定范围内变化，同样，其手工配置工作量比较大，但降干扰的效果会比静态 ICIC 的好。

（3）自适应 ICIC：通过测量判断信道环境调整 ICIC 形式。小区的边缘频带模式无须用户手工配置，由系统根据网络的总干扰水平和负载情况动态决定和调整。相比较前两种传统的方式，其非常人性化，且降干扰效果是最好的，当然系统开销也是最大的，需要借助 OSS 系统来共同完成。

7.7　自组织网络

运营商在维护系统时面临着很大挑战，具体表现在以下方面。

（1）移动带宽提升并不能够带来运营商效益的同步提升，TCO 能否有效降低成为决定移动宽带商务模式是否可行的重要因素。

（2）eNodeB 形态的多样化，同等覆盖区域基站数量的增多，给传统的运营维护方式带来更大挑战。

（3）网络复杂度提升，网络和业务部署需要由传统以人工为主的网络优化方式向网络自主优化方式演进（见图 7-41）。

图 7-41　传统 OSS 向 SON 转换

自组织网络（SON）的引入是一个循序渐进的过程，初期的人工辅助决策必不可少。SON 具有如下四大功能。

（1）自配置：eNodeB 即插即入、自动安装软件、自动配置无线参数和传输参数、自动检测。自配制能减少网络建设中工程师重复手动配制参数的过程，降低建设难度和减少建设成本。

（2）自优化：根据网络设备的运行状况，自适应调整参数，优化网络性能。传统的网络优化可以分为两个方面，其一为无线参数优化，其二为机械和物理优化。自优化只能部分代替传统的网络优化。自优化包括覆盖与容量优化、节能、PCI 自配置、移动健壮性优化、移动负荷均衡优化、RACH 优化、自动邻区关系、小区内干扰协调等。

（3）自治愈：通过自动告警关联发现故障，及时进行隔离和恢复。

（4）自规划：动态地自动重计算网络的规划。

7.7.1 SON 的应用 1——基站自启动

eNodeB 自启动流程如下。

（1）在 M2000 上存放 eNodeB 的可用目标版本包以及配置信息。

（2）M2000 开站后，PNP 开始检测 OM 通道，OM 通道连通后，即触发自动配置过程，识别当前版本和目标版本的一致性，版本一致，则跳过升级过程（此功能点称为支持同版本开站功能）。

（3）完成相关版本软件和配置的下载和升级。

（4）eNodeB 复位，使相关版本软件和配置生效。

（5）eNodeB 可以同时采用 U 盘的方式加载版本，eNodeB 自身要处理 U 盘加载和 M2000 加载的协调：在远端版本加载和近端 U 盘插入同时进行时要做互斥协调处理。

eNodeB 自启动流程如图 7-42 所示。

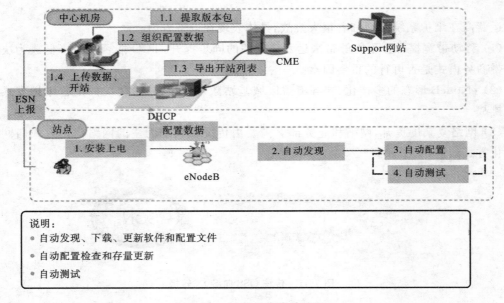

图 7-42 eNodeB 自启动流程

7.7.2 SON 的应用 2——自动邻区关系

自动邻区关系（ANR）为 SON 的重要功能之一，通过邻区关系的自动添加和邻区关系表的自动维护，一方面可减少复杂烦琐的邻区配置工作，另一方面可提高切换成功率和网络性能。ANR 功能的应用场景如图 7-43 所示。

ANR 功能的原理：两个 eNodeB 通过 UE 的测量上报结果，检索对方的 PCI 是否在自己的邻区关系表中，如果没有，eNodeB 会指示 UE 进一步读取对方小区的 CGI，通过此过程添加邻区关系，建立 X2 连接，如图 7-44 所示。

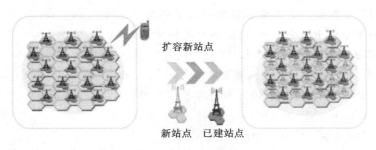

图 7-43 ANR 功能的应用场景

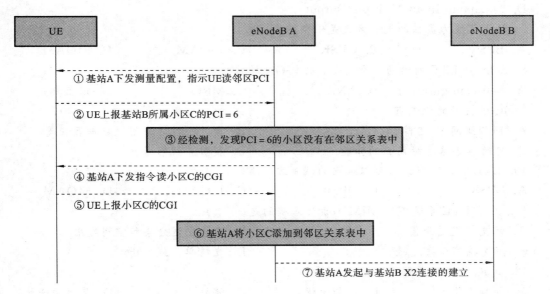

图 7-44 ANR 功能原理图

课后习题

一、选择题(不定项选择)

1. 常见的多址技术有( )。

A. FDMA   B. TDMA   C. CDMA   D. SDMA

2. LTE 采用( )作为下行多址方式。

A. CDMA   B. FDMA   C. OFDMA   D. TDMA

3. OFDM 技术的优点是( )。

A. 频谱利用率高   B. 不需要精准同步

C. 对抗频率选择性衰落   D. 对抗多普勒效应

4. 下列关于 LTE 的多址方式,描述正确的是( )。

A. SC-FDMA 与 OFDMA 一样,将传输带宽划分成一系列正交的子载波

B. OFDMA 分配 RB 给用户,包括集中式和分布式

C. SC-FDMA 分配给用户的资源在频域上必须是不连续的

D. SC-FDMA 分配 RB 给用户,包括集中式和分布式

5. LTE 系统支持 MIMO 技术,包括(　　)。

A. 空间复用　　　　　　B. 波束赋形　　　　　C. 传输分集　　　　　D. 功率控制

6. TD-LTE 中的 MIMO 技术的英文全称是(　　)。

A. Maximum Input Maximum Output

B. Multiple Input Multiple Output

C. Multiple Input Maximum Output

D. Maximum Input Multiple Output

7. 抗干扰能力最强的调制方式是(　　)。

A. BPSK　　　　　　　　B. QPSK　　　　　　　C. 16QAM　　　　　　D. 64QAM

8. SON 是 LTE 网络的一个重要属性,SON 的功能是(　　)。

A. Self-configuration　　B. ANR　　　　　　　C. MRO　　　　　　　D. 以上都是

9. ICIC 技术的优点有(　　)。

A. 同频组网下,可降低邻区干扰　　　　　　B. 提升小区边缘用户数据吞吐量

C. 可改善小区边缘用户的体验　　　　　　D. 提升系统容量

10. LTE 系统下行链路可以采用的调制方式有(　　)。

A. BPSK　　　　　　　　B. QPSK　　　　　　　C. 16QAM　　　　　　D. 64QAM

11. 关于 LTE 系统下行 MIMO,说法正确的是(　　)。

A. 只支持发送分集　　　　　　　　　　　　B. 支持发送分集和空间复用

C. 不支持单天线发送　　　　　　　　　　　D. 支持单天线发送

12. ICIC 技术用来解决(　　)。

A. 邻频干扰　　　　　　B. 同频干扰　　　　　C. 随机干扰　　　　　D. 异系统干扰

二、简答题

1. SC-FDMA 与 OFDMA 最大的区别是什么？ LTE 系统上行多址方式为什么选择 SC-FDMA？

2. 简述 AMC 技术的工作原理。

3. ICIC 的实现有哪几种方式？请简单描述每种方式的工作原理。

4. 简述 SON 引入和部署的四个阶段。

第8章　第五代移动通信系统模块

8.1　第五代移动通信概述

移动通信的发展已经经历了几代,从只能提供话音业务的 1G(模拟蜂窝)到 2G(数字蜂窝),再到 3G(移动多媒体通信)。在 3G 才刚刚普及的时候,4G 已然来临。而日益增长的数据流量以及智能终端的普及,导致 4G 在容量、速率、频谱等方面已经不能满足人们对网络的需求,基于此,第五代移动通信(简称 5G)技术应运而生。

5G 技术的出现是必然的,一方面是由于通信技术自身持续发展的需要:随着 4G 标准的全面商用,以 4G 标准为目标的技术研发告一段落,而技术的发展是不会止步的,持续不断的创新技术需要在下一代移动通信系统中体现它的价值。另一方面是由持续增长的用户需求决定的:智能手机的高速发展引发了互联网从固定桌面快速向移动 UE 转移的革命,并带来了无线数据流量的指数级增长。过去 5 年中,中国移动的数据流量增长了 80 多倍。同时物联网的引入及快速发展,不仅对无线通信网络的容量提出了要求,更对无线通信网络能够提供的连接数有了数量级的提高要求。

未来的网络将会面对 1000 倍的数据容量增长,10~100 倍的无线设备连接数,10~100 倍的用户数据传输速率需求,10 倍的电池续航时间需求等。坦白地讲,4G 网络无法满足这些需求,所以 5G 网络就必须登场。

2012 年年初,ITU(国际电信联盟)启动了名为"IMT for 2020 and beyond"的项目,将目标瞄准下一代移动通信技术,并初步给出了时间规划。第一步为在 2~3 年的时间内完成两份面向未来通信系统的建议稿,分别是 ITU-R M.〔IMT.Vision〕及 ITU-R M.〔IMT Future Technology Trend〕。基于此,目前业界将下一代移动通信系统统称为 IMT-2020。世界各个国家和地区积极响应 ITU 的规划,制定了相应的科研规划及经费资助计划,组织企业、科研院校等进行科研攻关。部分早期的研究成果通过 5G 白皮书的形式发表,包括需求分析、应用场景研究,以及技术发展趋势判断等。

从目前网络技术发展现状来看,4G 技术是现阶段使用最多的技术,但是整个业界已经开始了对 5G 技术的研讨和研发,5G 技术的目标简单来说就是形成人与物和物与物之间的高速连接,实现整个网络、终端、无线和业务的进一步融合。从目前的研究现状来看,欧盟于 2012年启动 METIS 项目,正式开始研究 5G 技术,现阶段 METIS 共有 8 个工作组进行相应横向课题研究,目标是为建立 5G 系统奠定基础,它们目前已经在 5G 技术的概念和关键技术上获得了较为统一的认识。韩国从 2013 年开始研发 5G 技术,成立了 5G Forum,积极推动 6 GHz 以上频段为未来 IMT 频段,韩国计划以 2020 年实现该技术的商用为目标,全面研发 5G 系统。日本于 2013 年成立了 ARIB 研究所,开始正式对 5G 技术进行研究,计划在 2020 年东京奥运会上推出 5G 服务,日本研究者认为 5G 技术代表着接入网容量增加 1000 倍,通过使用大量高频频谱,再加上大规模 MIMO 技术来实现容量的增加,可以说未来 5G 技术将会是人们通信生活的核心。

北京时间 2018 年 6 月 14 日,3GPP 批准了 5G 技术标准(5G NR)独立组网功能冻结。加之 2017 年 12 月完成的非独立组网 NR 标准,5G 已经完成第一阶段全功能标准化工作。这意味着 5G 标准按时完成,5G 网络商用进程随之开启。

8.2　5G 关键技术

1. 毫米波

频率为 30～300 GHz,波长为 1～10 毫米的波称为毫米波。

移动通信传统工作频段主要集中在 3GHz 以下,这使得频谱资源十分拥挤,而在高频段(如毫米波、厘米波频段)可用频谱资源丰富,能够有效缓解频谱资源紧张的现状,可以实现极高速短距离通信,支持 5G 容量和数据传输速率等方面的需求。

高频段在移动通信中的应用是未来的发展趋势,业界对此高度关注。足够量的可用带宽、小型化的天线和设备、较高的天线增益是高频段毫米波移动通信的主要优点,但也存在传输距离短、穿透和绕射能力差、容易受气候环境影响等缺点。

以图 8-1 所示的毫米波技术为例。蓝色手机处于 4G 小区覆盖边缘,信号较差,且有建筑物(房子)阻挡,此时,就可以通过毫米波传输信息,绕过阻挡物,实现高速传输。

图 8-1　毫米波技术

粉色手机同样可以使用毫米波实现与 4G 小区的连接,且不会产生干扰。当然,由于绿色手机距离 4G 小区较近,其可以直接和 4G 小区连接。

高频段(毫米波)在 5G 时代的多种无线接入技术叠加型网络中可以有以下两种应用场景。

(1) 毫米波小基站:增强高速环境下移动通信的使用体验。

如图 8-2 所示,在传统的多种无线接入技术叠加型网络中,宏基站与小基站均工作于低频段,这就带来了频繁切换的问题,用户体验差。为解决这一关键问题,在未来的叠加型网络中,宏基站工作于低频段并作为移动通信的控制平面,毫米波小基站工作于高频段并作为移动通信的用户数据平面。

图 8-2 将毫米波应用于小基站

（2）基于毫米波的移动通信回程。

如图 8-3 所示，在采用毫米波信道作为移动通信的回程后，叠加型网络的组网就将具有很大的灵活性（相对于有线方式的移动通信回程，因为在未来的 5G 时代，小/微基站的数目将非常庞大，而且部署方式也将非常复杂），可以随时随地根据数据流量增长需求部署新的小基站，并可以在空闲时段或轻流量时段灵活、实时关闭某些小基站，从而可以得到节能降耗之效。

图 8-3 将毫米波应用于移动通信回程

2. 新型多天线技术

多天线技术经历了从无源到有源，从 2D（二维）到 3D（三维），从高阶 MIMO 到大规模阵列的发展，有望实现将频谱效率提升数十倍甚至更高，其是目前 5G 技术重要的研究方向之一。

随着无线通信的高速发展，对数据流量的需求越来越大，而可用频谱资源是有限的。因此，提高频谱利用率显得尤为重要。多天线技术是一种提高网络可靠性和频谱效率的有效手段，目前正被应用于无线通信领域的各个方面，如 3G 系统、LTE 系统、LTE-A 系统等，天线数量的增加，可以保证传输的可靠性，以及提高频谱利用率。新型大规模天线技术可以实现比现有的 MIMO 技术更加高的空间分辨率，使得多个用户可以利用同一时频资源进行通信，从而在不增加基站密度的情况下大幅度提高频谱利用率。新型多天线技术可以降低发送功率，将波束集中在很窄的范围内，降低干扰。总之，新型多天线技术无论在频谱利用率、网络可靠性、还是能耗方面都具有不可比拟的优势，其在 5G 时代为最重要的关键技术之一。

由于引入了有源天线阵列，基站侧可支持的协作天线数量将达到 128 根。此外，原来的 2D 天线阵列拓展成为 3D 天线阵列，形成新颖的 3D-MIMO 技术，支持多用户波束智能赋形，减少用户间干扰，结合高频段毫米波技术，将进一步改善无线信号覆盖性能。

MIMO 技术已经广泛应用于 Wi-Fi 系统、LTE 系统等。理论上，天线越多，频谱利用率和传输可靠性就越高。

具体而言，当前 LTE 系统基站的多天线只在水平方向排列，只能形成水平方向的波束，并且当天线数目较多时，水平排列会使得天线总尺寸过大，从而导致安装困难。而 5G 系统的天线设计参考了军用相控阵雷达的思路，目标是更大地提升系统的空间自由度。基于这一思想的大规模天线阵列系统（large scale antenna system，LSAS，或称为 Massive MIMO）技术，通过在水平和垂直方向同时放置天线，增加了垂直方向的波束维度，并提高了不同用户间的隔离，如图 8-4 所示。同时，有源天线技术的引入还将更好地提升天线性能，降低天线耦合造成的能耗损失，使 LSAS 技术的商用化成为可能。

（a）传统MIMO天线阵列排布

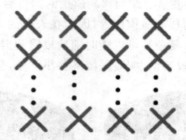

（b）5G中基于Massive MIMO的天线阵列排布

图 8-4　5G 天线与 4G 天线对比

由于 LSAS 技术可以动态地调整水平和垂直方向的波束，因此可以形成针对用户的特定波束，并利用不同的波束方向区分用户，如图 8-5 所示。基于 LSAS 技术的 3D 波束赋形可以提供更细的空域粒度，提高单用户 MIMO 和多用户 MIMO 的性能。

同时，LSAS 技术的使用为提升系统容量带来了新的思路。例如，可以通过半静态地调整垂直方向波束，在垂直方向上通过小区分裂技术区分不同的小区，实现更大的资源复用，如图 8-6 所示。

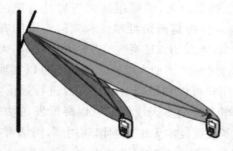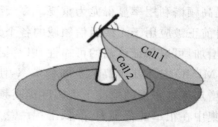

图 8-5　基于 3D 波束赋形技术的用户区分　　**图 8-6　基于 LSAS 的小区分裂技术**

大规模 MIMO 技术可以由一些并不昂贵的低功耗的天线组件来实现，为实现在高频段上进行移动通信提供了广阔的前景，它可以成倍提升无线频谱利用率，增强网络覆盖和系统容量，帮助运营商最大限度利用已有站址和频谱资源。

例如，以一个 20 cm² 的天线物理平面为例，如果这些天线以半波长的间距排列在一个个方格中，则：如果工作频段为 3.5 GHz，就可部署 32 根天线；如果工作频段为 10 GHz，就可部署 169 根天线；如果工作频段为 20 GHz，就可部署 676 根天线。

3D-MIMO 技术在原有的 MIMO 技术的基础上增加了垂直维度，使得波束在空间上能三维赋形,可避免波束相互之间的干扰。配合大规模 MIMO 技术,可实现多方向波束赋形。

3. 非正交多址接入技术

非正交多址接入(non-orthogonal multiple access,NOMA)技术不同于传统的正交传输技术,其在发射端采用非正交发送,主动引入干扰信息,在接收端通过串行干扰删除技术实现正确解调。与正交传输相比,接收机复杂度有所提升,但可以获得更高的频谱利用率。非正交传输的基本思想是利用复杂的接收机设计来换取更高的频谱利用率,芯片处理能力的增强,使非正交传输技术在实际系统中的应用成为可能。NOMA 技术的思想是,重拾 3G 时代的非正交多用户复用原理,并将之融于现在的 4G OFDM 技术之中。

从 2G 技术、3G 技术到 4G 技术,多用户复用技术无非就是在时域、频域、码域上做文章,而 NOMA 技术在 OFDM 技术的基础上增加了一个维度——功率域而形成的。新增这个功率域的目的是,利用每个用户不同的路径损耗来实现多用户复用。

NOMA 系统中的关键技术有串行干扰删除、功率复用。

(1)串行干扰删除。

在发射端,类似于 CDMA 系统,引入干扰信息可以获得更高的频谱利用率,但是同样也会遇到多址干扰问题。关于消除多址干扰的问题,在研究 3G 系统的过程中已经取得了很多成果,串行干扰消除技术也是其中之一。NOMA 在接收端采用 SIC(串行干扰删除)接收机来实现多用户检测。串行干扰消除技术的基本思想是采用逐级消除干扰策略,在接收信号中对用户逐个进行判决,进行幅度恢复后,该用户信号产生的多址干扰将从接收信号中减去,并对剩下的用户再次进行判决,如此循环操作,直至消除所有的多址干扰为止。

(2)功率复用。

串行干扰消除技术在接收端消除多址干扰时,需要在接收信号中对用户进行判决来排出消除干扰的用户的先后顺序,而判决的依据就是,用户信号功率大小。基站在发射端会为不同的用户分配不同的信号功率,以获取系统最大的性能增益,同时达到区分用户的目的,这就是功率复用技术。发射端采用功率复用技术。不同于其他的多址方案,NOMA 技术首次采用了功率复用技术。功率复用技术在其他几种传统的多址方案中没有被充分利用,其不同于简单的功率控制,而是由基站遵循相关的算法来进行功率分配。在发射端,对不同的用户分配不同的发射功率,从而提高系统的吞吐率。另一方面,NOMA 技术在功率域叠加多个用户,在接收端,SIC 接收机可以根据不同的功率区分不同的用户,也可以通过诸如 Turbo 码和 LDPC 码的信道编码来进行区分。这样,NOMA 技术能够充分利用功率域,而功率域是在 4G 系统中没有被充分利用的。与 OFDM 技术相比,NOMA 技术具有更好的性能增益。

NOMA 技术可以利用不同路径损耗的差异来对多路发射信号进行叠加,从而提高信号增益。它能够让同一小区覆盖范围内的所有移动设备都能获得最大的可接入带宽,这可以解决由大规模连接带来的网络挑战。

NOMA 技术的另一优点是,无须知道每个信道的 CSI,从而有望在高速移动场景下获得更好的性能,并能组建更好的移动节点回程链路。

4. 滤波组多载波技术

在 OFDM 系统中,各个子载波在时域相互正交,它们的频谱相互重叠,因而具有较高的频谱利用率。OFDM 技术一般应用在无线系统的数据传输中,在 OFDM 系统中,无线信道的多径效应使符号间产生干扰。为了消除符号间干扰,在符号间插入保护间隔。插入保护间隔的一般方法是将符号间置零,即发送第一个符号后停留一段时间(不发送任何信息),接下来再发送第二个符号。在 OFDM 系统中,这样虽然减弱或消除了符号间干扰,但由于破坏了子载波间的正交性,从而导致了子载波之间的干扰。因此,这种方法在 OFDM 系统中不能采用。在 OFDM 系统中,为了既可以消除符号间干扰,又可以消除载波间干扰,通常由 CP 来充当保护间隔。CP 是系统开销,不传输有效数据,从而降低了频谱利用率。

而 FBMC(滤波组多载波)技术利用一组不交叠的带限子载波实现多载波传输,FBMC 技术对于频偏引起的载波间干扰非常小,不需要 CP,较大地提高了频率利用率,如图 8-7、图 8-8 所示。

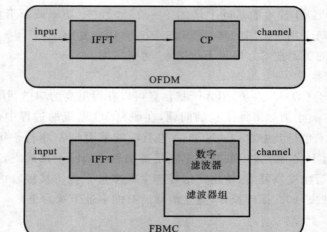

图 8-7 OFDM 和 FBMC 实现的简单框图

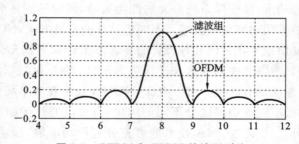

图 8-8 OFDM 和 FBMC 的波形对比

5. 超密度异构网络

无线通信网络正朝着多元化、宽带化、综合化、智能化的方向演进。随着各种智能 UE 的普及,数据流量将出现井喷式的增长。未来数据业务将主要分布在室内和热点地区,这使得超密集网络成为实现未来 5G 系统提升 1000 倍流量需求的主要手段之一。超密集网络能够改善网络覆盖,大幅度提升系统容量,并且对业务进行分流,具有更灵活的网络部署和更高效的频率复用。未来,面向高频段、大带宽,将采用更加密集的网络方案,部署小小区/扇区将高达100 个以上。

异构网络(HetNet)是指在宏蜂窝网络层中布放大量微蜂窝(microcell)、微微蜂窝(picocell)、毫微微蜂窝(femtocell)等接入点来满足数据容量增长要求。

为应对未来持续增长的数据业务需求,采用更加密集的小区部署将成为 5G 系统提升网络总体性能的一种方法。通过在网络中引入更多的低功率节点可以实现增强热点、消除盲点、改善网络覆盖、提高系统容量的目的。但是,随着小区密度的增加,整个网络的拓扑结构也会变得更为复杂,会带来更加严重的干扰问题。因此,密集网络技术的一个主要难点就是要进行有效的干扰管理,提高网络抗干扰性能,特别是提高小区边缘用户的性能。

密集小区技术也增强了网络的灵活性,可以针对用户的临时性需求和季节性需求快速部署新的小区。在这一技术背景下,未来网络架构将形成"宏蜂窝+长期微蜂窝+临时微蜂窝"的网络架构,如图 8-9 所示。这一结构将大大降低网络性能对于网络前期规划的依赖,为 5G 时代实现更加灵活的自适应网络提供保障。

图 8-9　超密集网络组网的网络架构

到了 5G 时代,更多的物-物连接接入网络,HetNet 的密度将会大大增加。

与此同时,小区密度的增加也会带来网络容量和无线资源利用率的大幅度提升。仿真表明,当宏小区用户数为 200 时,仅仅将微蜂窝的渗透率提高到 20%,就可能带来理论上 1000 倍的小区容量提升,如图 8-10 所示。同时,这一性能的提升会随着用户数量的增加而变得更加明显。考虑到 5G 系统主要的服务区域是城市中心等人员密度较大的区域,因此,这一技术将会给 5G 系统的发展带来巨大潜力。当然,密集小区所带来的小区间干扰也将成为 5G 系统面临的重要技术难题。目前,在这一领域的研究中,除了传统的基于时域、频域、功率域的干扰协调机制外,3GPP R11 进一步提出了增强的小区间干扰协调(eICIC)技术,包括通用参考信号抵消技术、网络侧的小区检测和干扰消除技术等。这些 eICIC 技术均在不同的自由度上,通过调度使得相互干扰的信号互相正交,从而消除干扰。除此之外,还有一些新技术的引入也为干扰管理提供了新的手段,如认知技术、干扰消除技术和干扰对齐技术等。随着相关技术难题的陆续解决,在 5G 系统中,密集小区技术将得到更加广泛的应用。

6. 多技术载波聚合

我们知道,3GPP R12 版本已经提到多技术载波聚合(见图 8-11)这一技术标准。未来的网络是一个融合的网络,载波聚合技术不但要实现 LTE 系统内载波间的聚合,还要扩展到与 3G 网络、Wi-Fi 等网络的融合。

多技术载波聚合技术与 HetNet 一起,终将实现万物之间的无缝连接。

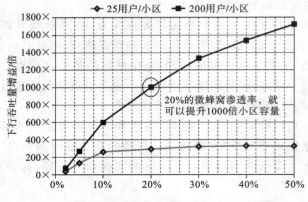

图 8-10 超密集组网技术带来的系统容量提升

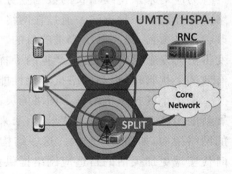

图 8-11 多技术载波聚合

7. 新型网络架构

目前,LTE 系统接入网采用网络扁平化架构,减小了系统时延,降低了建网成本和维护成本。未来 5G 系统可能采用 CRAN 接入网架构。CRAN 接入网架构是基于集中化处理、协作式无线电和实时云计算构架的绿色无线接入网构架。CRAN 接入网架构的基本思想是通过充分利用低成本高速光传输网络,直接在远端天线和集中化的中心节点间传送无线信号,以构建覆盖上百个基站的服务区域,甚至覆盖上百平方千米的无线接入系统。CRAN 接入网架构适于采用协同技术,能够减小干扰,降低功耗,提升频谱利用率,同时便于实现动态使用的智能化组网,其采用集中处理方式,有利于降低成本,便于维护。目前的研究内容包括 CRAN 的架构和功能,如集中控制、基带池 RRU 接口定义、基于 CRAN 接入网架构的更紧密协作等。

8.3 5G 技术应用场景

面向 2020 年及未来,5G 技术将解决多样化应用场景下差异化性能指标带来的挑战,不同应用场景面临的性能挑战有所不同,用户体验速率、流量密度、时延、能效和连接数都可能成为不同场景的挑战性指标。

在 ITU 召开的 ITU-RWP5D 第 22 次会议上确定了未来的 5G 系统具有以下三大主要的应用场景:① 增强型移动宽带(eMBB);② 超高可靠与低时延通信(uRLLC);③ 大规模机器类通信(mMTC)。具体包括:Gb/s 数量级移动宽带数据接入、智慧家庭、智能建筑、语音通话、智慧城市、3D 立体视频、超高清晰度视频、云工作、云娱乐、增强现实、行业自动化、紧急任务应用、自动驾驶汽车等。

以图 8-12 所示的人与车之间的通信为例,mMTC 代表了人车之间的通信,uRLLC 代表了车与车之间的通信。eMBB 以现有的移动宽带业务场景为基础,直接和人与人之间的通信相关,通过不断地提升性能来朝着实现人与人之间最佳通信的方向努力。这 3 个应用场景对于覆盖率、速度、安全性等性能指标提出了不尽相同的要求,未来需要运营商根据实际情况进行灵活的改进与调整。

后来,IMT-2020 从移动互联网和物联网主要应用场景、业务需求及挑战出发,将 5G 系统

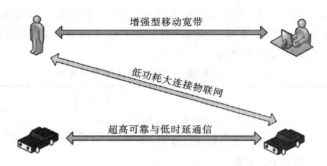

图 8-12　5G 系统的 3 大典型应用场景

主要应用场景纳为：连续广域覆盖、热点高容量、低功耗大连接和低时延高可靠四个主要技术场景（见图 8-13），与 ITU 要求的三大应用场景基本一致。

图 8-13　5G 系统主要技术场景

连续广域覆盖场景以保证用户的移动性和业务连续性为目标，为用户提供无缝的高速业务体验。该场景的主要挑战在于随时随地（包括小区边缘、高速移动等恶劣环境）为用户提供 100 Mb/s 以上的用户体验数据传输速率。

热点高容量场景主要面向局部热点区域，为用户提供极高的数据传输速率，满足网络极高的流量密度需求。1 Gb/s 用户体验数据传输速率、数 10 Gb/s 峰值数据传输速率和数 10 (Tb/s)/km² 的流量密度需求是该场景面临的主要挑战。

低功耗大连接场景主要面向智慧城市、环境监测、智能农业、森林防火等以传感和数据采样为目标的应用场景，具有小数据包、低功耗、海量连接等特点。这类终端分布范围广、数量众多，不仅要求网络具备超千亿连接的支持能力，满足 10^6 户/km² 的连接数密度指标要求，而且还要保证终端的超低功耗和超低成本。

低时延高可靠场景主要面向车联网、工业控制等垂直行业的特殊应用需求，这类应用对时延和可靠性具有极高的指标要求，需要为用户提供毫秒数量级的端到端时延和接近 100% 的业务可靠性保证。

连续广域覆盖和热点高容量场景主要满足 2020 年及未来的移动互联网业务需求，也是传统的 4G 系统主要技术场景。低功耗大连接和低时延高可靠场景主要面向物联网业务，是 5G 系统新拓展的场景，重点解决传统移动通信无法很好地支持物联网及垂直行业应用的问题。5G 系统主要场景与关键性能挑战如表 8-1 所示。

表 8-1　5G 系统主要场景与关键性能挑战

场　景	关　键　挑　战
连续广域覆盖	100 Mb/s 以上的用户体验数据传输速率
热点高容量	用户体验数据传输速率：1 Gb/s 峰值数据传输速率：数 10 Gb/s 流量密度：数 10（Tb/s）/km²
低功耗大连接	连接数密度：10^6 户/km² 超低功耗，超低成本
低时延高可靠	空中接口时延：1 ms 端到端时延：毫秒数量级 业务可靠性：接近 100%

课 后 习 题

一、选择题（不定项选择题）

1. 5G 网络采用的多址接入技术是（　　）。

A. CDMA　　　　B. OFDMA　　　　C. NOMA　　　　D. SDMA

2. 国际电信联盟无线电通信部门正式确定 5G 系统的标准名称为（　　）。

A. 5G　　　　B. IMT-2015　　　　C. IMT-2010　　　　D. IMT-2020

3. 国际电信联盟确定的 5G 系统三大应用场景是（　　）。

A. 增强型移动带宽（eMBB）　　　　B. 超高可靠与低时延通信（uRLLC）

C. 大规模机器类通信（mMTC）　　　　D. 以上都是

4. NOMA 技术的实现需要的两个关键技术是（　　）。

A. 串行干扰消除　　B. 功率复用　　C. Fast TPC　　D. 以上都不是

5. 3GPP R15 版本定义了两种组网标准：独立组网（SA）和非独立组网（NSA），独立组网标准的冻结时间是（　　）。

A. 2017 年 12 月　　B. 2018 年 6 月　　C. 2018 年 12 月　　D. 2019 年 3 月

二、简答题

1. 简述 5G 系统涉及的关键技术。

2. ITU 确定的三大应用场景是什么？它们分别应用在哪些领域？具有哪些特点？

3. 5G 系统将使用毫米波作为数据承载，请简述毫米波的优缺点。

第二部分

实　践　篇

项目一 DBS3900 系统产品描述及天馈系统概述

项目背景

目前全球各大运营商正在如火如荼地进行 LTE 系统建设,各通信公司对于熟悉产品知识的设备督导的需求量也越来越大。华为是全球最大的移动通信设备供应商,学习华为产品知识对于就业有很大帮助。

项目目标

- 掌握 DBS3900 系统的机柜、机框和单板的特性与功能。
- 了解 DBS3900 系统相关线缆及机房配套功能。
- 能够根据单板特性调整单板板位。
- 能够画出 eNodeB 的天馈系统。
- 能够识别 DBS3900 系统线缆类型及作用。

1.1 认识 DBS3900 系统的机柜、机框和单板

为了实现多种无线制式设备的融合、站点资源的共享及统一的运维,使得运营商的多模需求成为可能,华为提出了华为增强型无线技术(Huawei enhanced radio technology,HERT)的概念。而 3900 系列 eNodeB 正是华为为满足客户需求而推出的面向未来移动网络发展的产品,其采用业界领先的多制式、多形态统一模块来进行设计,如项图 1-1 所示。

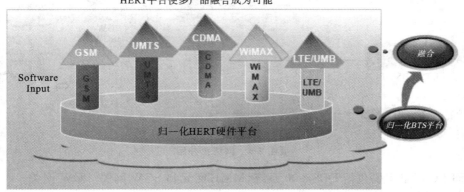

项图 1-1 HERT BTS 平台

当然 DBS3900 系统也是一步步慢慢演进过来的,项图 1-2 所示的是 CDMA 华为设备的

发展历史,展现了 HERT 平台归一化的发展趋势。

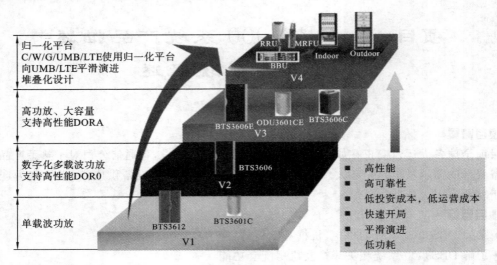

项图 1-2　CDMA 网络中 eNodeB 设备的演进

　　在 LTE 网络,无线设备统称为 eNodeB,而华为将对应的产品统一命名为 DBS3900 分布式基站(即基带单元和射频单元是单独分开的),从项图 1-3 可以看出 DBS3900 系统在网络中所处的位置。另外我们可以从项图 1-3 看出移动通信网络现在所处的状态,我们现在处在一个 2G 系统、3G 系统、4G 系统共存的状态。

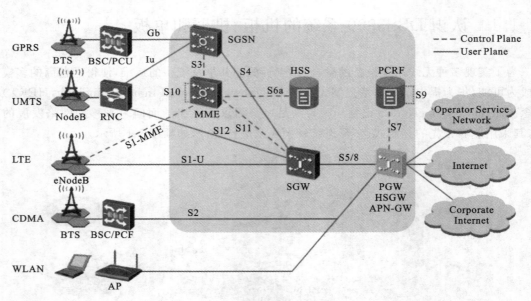

项图 1-3　网络拓扑图

　　LTEEPC 网络主要包括 DBS3900 系统、MME 网元和 SGW 网关/PGW 网关。

　　DBS3900 系统是 LTE 系统的无线接入设备,管理空中接口,主要负责接入控制、移动性控制、用户资源分配等无线资源管理功能,为 LTE 系统用户提供无线接入。多个 DBS3900 系统可组成 EUTRAN 系统。LTE/SAE 网络结构如项图 1-4 所示。

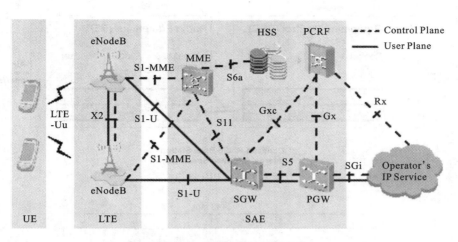

项图 1-4 LTE/SAE 网络结构

DBS3900 系统采用模块化架构（见项图 1-5），基带处理单元（BBU）与射频拉远单元（RRU）之间采用 CPRI 接口，通过光纤连接。

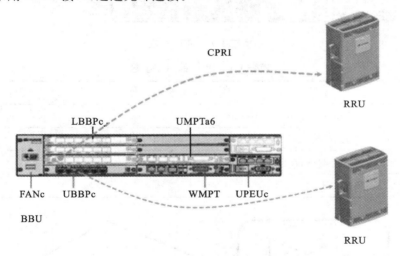

项图 1-5 DBS3900 系统模块化架构

LTE 系统组网采用分布式架构，传统的组网方式（BBU 配合载频板的模式）在 LTE 系统 eNodeB 不再采用。

1. CPRI 接口

CPRI 接口标准是 REC 和 RE 之间的接口标准，如项图 1-6 所示。

2. 基带处理单元

BBU 是一个 442 mm 长、86 mm 高的小型化的盒式设备。BBU 外观如项图 1-7 所示。

BBU 的相应参数如项表 1-1 所示。

BBU 上打印着 ESN 号码。如果 BBU 的 FAN 模块上挂有标签，则 ESN 号码打印在标签上和 BBU 挂耳上。如项图 1-8 所示。

如果 BBU 的 FAN 模块上没有标签，则 ESN 号码打印在 BBU 挂耳上，如项图 1-9 所示。

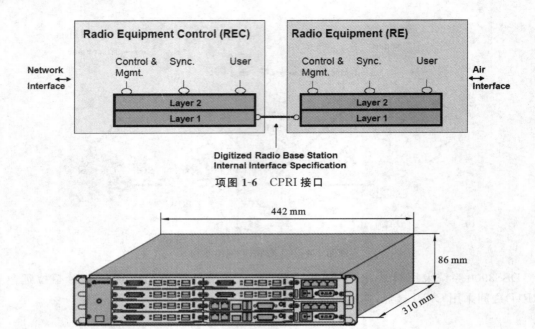

项图 1-6　CPRI 接口

项图 1-7　BBU 外观

项表 1-1　BBU 的相应参数

指　　标	参　　数
规格	442 mm×86 mm×310 mm
重量	空机柜(包含 FAN 和 UPEU)≤8 kg,满配置≤11 kg
输入电压	直流+24 V 或直流-48 V
功耗	满配置不大于 250 W

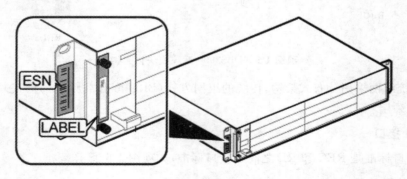

项图 1-8　ESN 位置(1)

　　BBU 为基带处理单元,主要完成基站基带信号的处理。BBU 由基带子系统、整机子系统、传输子系统、互联子系统、主控子系统、监控子系统和时钟子系统组成,各个子系统又由不同的单元模块组成。

　　● 基带子系统有基带处理单元。

　　● 整机子系统有背板、风扇、电源模块。

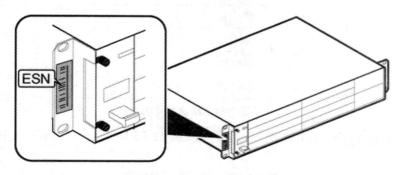

项图 1-9 ESN 位置(2)

- 传输子系统有主控传输单元、传输扩展单元。
- 互联子系统有主控传输单元、基础互联单元。
- 主控子系统有主控传输单元。
- 监控子系统有电源模块、监控单元。
- 时钟子系统有主控传输单元、时钟星卡单元。

BBU 原理如项图 1-10 所示。

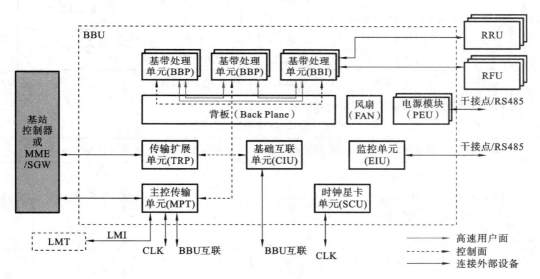

项图 1-10 BBU 原理图

BBU 的主要功能如下。

（1）提供与传输设备、射频模块、USB 设备、外部时钟源、LMT 或 U2000 连接的外部接口，实现信号传输、基站软件自动升级、接收时钟以及在 LMT 或 U2000 上维护 BBU 的功能。

（2）集中管理整个基站系统，完成上下行数据处理、信令处理、资源管理和操作维护功能。（注：USB 加载接口具有 USB 加密特性，可以保证其安全性，且用户可以通过命令关闭 USB 加载接口。USB 调试接口仅做调试用，无法进行配置和基站信息导出。）

LTE（FDD）和 LTE（TDD）基站的 BBU 单板配置原则相同，本章节以 LTE（FDD）为例进行说明。

BBU 上有 11 个槽位，在 BBU 面板上的分布如项图 1-11 所示。

Slot 16	Slot 0	Slot 4	Slot 18
	Slot 1	Slot 5	
	Slot 2	Slot 6	Slot 19
	Slot 3	Slot 7	

项图 1-11　槽位编号图

在任意场景下，FAN、UPEU 和 UEIU 都固定配置 BBU 上相应的槽位，具体情况如项表 1-2 所示。

项表 1-2　BBU 固定配置单板槽位

单板种类	单板名称	是否必配	最大配置数	配置槽位顺序（优先级自左向右降低）	
风扇板	FAN	是	1	Slot 16	—
电源板	UPEU	是	2	Slot 19	Slot 18
环境监控板	UEIU	否	1	Slot 18	—

项图 1-12 所示的是 LTE 基站的 BBU 单板槽位分布情况。

FAN	USCUb/LBBP/UBBPd_L	USCUb/LBBP/UBBPd_L	UPEU/UEIU
	USCUb/LBBP/UBBPd_L	USCUb/LBBP/UBBPd_L	
	LBBP/UBBPd_L	UMPT/LMPT	UPEU
	LBBP/UBBPd_L	UMPT/LMPT	

项图 1-12　LTE 基站的 BBU 单板槽位配置情况

BBU 单板配置原则如项表 1-3 所示。

项表 1-3　BBU 单板配置原则

优先级	单板种类	单板名称	是否必配	最大配置数	配置槽位顺序（优先级自左向右降低）					
1	LTE(FDD) 主控传输板	UMPTb	是	2	Slot 7	Slot 6	—	—	—	—
		UMPTa2 /UMPTa6								
		LMPT								
2	星卡时钟板	USCUb22	否	1	Slot 5	Slot 1	—	—	—	—
		USCUb14	否	1	Slot 5	Slot 4	Slot 1	Slot 0	—	—
		USCUb11								
3	LTE(FDD) 基带处理板	LBBPd	是	6	Slot 3	Slot 0	Slot 1	Slot 2	Slot 4	Slot 5
		LBBPc								
		UBBPd								

LTE(FDD) 或 LTE(TDD) 单模场景下，UMPT 单板和 LMPT 单板不能配置在同一个 BBU 中

典型单板配置情况如项图 1-13 所示。

BBU 单板包括主控传输板、基带处理板、风扇板、电源板、传输扩展板、环境监控板和星卡时钟板。

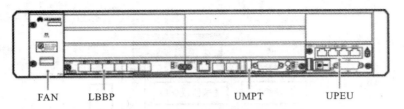

项图 1-13 BBU 单板典型配置示意图

1）主控传输板

UMPT 单板传输规格如项表 1-4 所示。

项表 1-4 UMPT 单板传输规格

单板名称	支持的无线制式	传 输 制 式	端口数量	端 口 容 量	全双工/半双工
UMPTa1 /UMPTa2 /UMPTb1	• GSM 单模 • UMTS 单模 • LTE(FDD)单模 • 含任意制式的多模(共主控)	ATM over E1/T1ᵃ 或 IP over E1/T1	1	4 路	—
		FE/GE 电传输	1	10 Mb/s 100 Mb/s 1000 Mb/s	全双工
		FE/GE 光传输	1	100 Mb/s 1000 Mb/s	全双工或半双工
UMPTb2	• GSM 单模 • UMTS 单模 • LTE(FDD)单模 • LTE(TDD)单模 • 含任意制式的多模(共主控)	ATM over E1/T1ᵃ 或 IP over E1/T1	1	4 路	—
		FE/GE 电传输	1	10 Mb/s 100 Mb/s 1000 Mb/s	全双工
		FE/GE 光传输	1	100 Mb/s 1000 Mb/s	全双工或半双工
UMPTa6	• LTE(FDD)单模 • LTE(TDD)单模	IP over E1/T1	1	4 路	—
		FE/GE 电传输	1	10 Mb/s 100 Mb/s 1000 Mb/s	全双工
		FE/GE 光传输	1	100 Mb/s 1000 Mb/s	全双工或半双工

a：仅 UMTS 制式可以支持 ATM over E1/T1

UMPT 单板的功能有如下几个。

（1）完成 eNodeB 的配置管理、设备管理、性能监视、信令处理等功能。

（2）为 BBU 内其他单板提供信令处理和资源管理功能。

（3）提供 USB 接口、传输接口、维护接口，完成信号传输、软件自动升级、在 LMT 或 U2000 上维护 BBU 的功能。

UMPT 单板工作原理如项图 1-14 所示。

UMPTa1、UMPTa2、UMPTa6、UMPTb1、UMPTb2 的外观通过面板左下方"UMPTa1"、

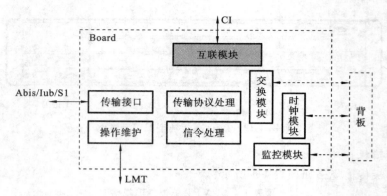

项图 1-14 UMPT 单板工作原理

"UMPTa2"、"UMPTa6"、"UMPTb1"、"UMPTb2"的属性标签进行区分。面板结构如项图 1-15 所示。

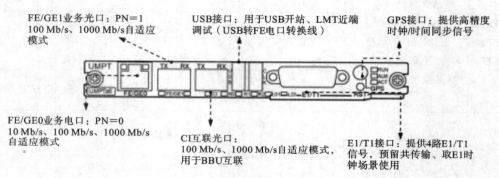

项图 1-15 UMPT 面板结构

UMPT 面板各接口功能如项表 1-5 所示。

项表 1-5 UMPT 接口说明

面板标识	连接器类型	说　明
E1/T1	DB26 母型连接器	E1/T1 信号传输接口
FE/GE0	RJ45 连接器	FE 电信号传输接口
FE/GE1	SFP 母型连接器	FE 光信号传输接口
GPS	SMA 连接器	UMPTa1、UMPTa2、UMPTb1 上 GPS 接口预留 UMPTa6、UMPTb2 上 GPS 接口,用于将传输天线接收的射频信号传给星卡
USB[a]	USB 连接器	可以插 U 盘对 eNodeB 进行软件升级,同时与调试网口[b]复用
CLK	USB 连接器	接收 TOD 信号 时钟测试接口,用于输出时钟信号
CI	SFP 母型连接器	用于 BBU 互联
RST	—	复位开关

a:USB 加载接口具有 USB 加密特性,可以保证其安全性,且用户可以通过命令关闭 USB 加载接口

b:USB 接口与调试网接口复用时,必须开放 OM 接口才能访问,且通过 OM 接口访问 eNodeB 有登录的权限控制

UMPT 面板上有 3 个状态指示灯,分别是 RUN、ALM 和 ACT(见项表 1-6),日常维护时我们可以根据指示灯的颜色来判断单板的运行状态。

项表 1-6　　UMPT 状态指示灯

面板标识	颜　色	状　　态	说　　明
RUN	绿色	常亮	有电源输入,单板存在故障
		常灭	无电源输入或单板处于故障状态
		闪烁(1s 亮,1s 灭)	单板正常运行
		闪烁(0.125s 亮,0.125s 灭)	单板正在加载软件或进行数据配置,或单板未开工
ALM	红色	常亮	有告警,需要更换单板
		常灭	无故障
		闪烁(1s 亮,1s 灭)	有告警,不能确定是否需要更换单板
ACT	绿色	常亮	主用状态
		常灭	非主用状态、单板没有激活、单板没有提供服务
		闪烁(0.125s 亮,0.125s 灭)	OML 断开
		闪烁(1s 亮,1s 灭)	测试状态,例如:U 盘[a] 进行射频模块驻波测试(说明:只有 UMPTa1 和工作在 UMTS 制式下的 UMPTb1、UMPTb2 才存在这种状态)
		闪烁(以 4s 为周期,前 2s 内,0.125s 亮,0.125s 灭,重复 8 次后常灭 2s)	未激活该单板所在框配置的所有小区或 S1 链路异常(说明:只有 UMPTa2、UMPTa6 和工作在 LTE 制式下的 UMPTb1、UMPTb2 才存在这种状态)

a:USB 加载接口具有 USB 加密特性,可以保证其安全性,且用户可以通过命令关闭 USB 加载接口

除了以上 3 个指示灯外,还有一些指示灯用于指示 FE/GE 电接口、FE/GE 光接口、互联接口、E1/T1 接口等接口的链路状态。FE/GE 电接口、FE/GE 光接口的链路指示灯的 LINK 和 ACT 工作状态字样没有在单板面板上印丝印,它们位于每个接口的两侧,如项图 1-16 所示。

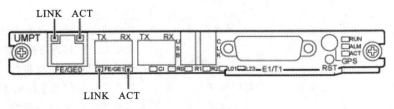

项图 1-16　 UMPT 接口指示灯图

接口指示灯的具体含义如项表 1-7 所示。

另外,UMPT 上还有 3 个制式指示灯 R0、R1 和 R2,分别用来指示 UMPT 单板是否工作在 GSM、UMTS 或 LTE 三种制式下,具体情况如项表 1-8 所示。

项表 1-7　UMPT 接口指示灯含义

对应的接口/面板标识	颜　色	状　态	含　义
FE/GE 光接口	绿色（左边 LINK）	常亮	连接状态正常
		常灭	连接状态不正常
	橙色（右边 ACT）	闪烁	有数据传输
		常灭	无数据传输
FE/GE 电接口	绿色（左边 LINK）	常亮	连接状态正常
		常灭	连接状态不正常
	橙色（右边 ACT）	闪烁	有数据传输
		常灭	无数据传输
CI	红绿双色	绿灯亮	互联链路正常
		红灯亮	光模块收发异常，可能原因：光模块故障、光纤折断
		红灯闪烁，0.125s 亮，0.125s 灭	连线错误，分以下两种情况：UCIU＋UMPT 连接方式下，用 UCIU 的 S0 接口连接 UMPT 的 CI 口，相应接口上的指示灯闪烁；环形连接方式下，相应接口上的指示灯闪烁
		常灭	光模块不在位
L01	红绿双色	常灭	0 号、1 号 E1/T1 链路未连接或存在 LOS 告警
		绿灯常亮	0 号、1 号 E1/T1 链路连接正常
		绿灯闪烁，1s 亮，1s 灭	0 号 E1/T1 链路连接正常，1 号 E1/T1 链路未连接或存在 LOS(Loss Of Signal)告警
		绿灯闪烁，0.125s 亮，0.125s 灭	1 号 E1/T1 链路连接正常，0 号 E1/T1 链路未连接或存在 LOS 告警
		红灯常亮	0 号、1 号 E1/T1 链路均存在告警
		红灯闪烁，1s 亮，1s 灭	0 号 E1/T1 链路存在告警
		红灯闪烁，0.125s 亮，0.125s 灭	1 号 E1/T1 链路存在告警
L23	红绿双色	常灭	2 号、3 号 E1/T1 链路未连接或存在 LOS 告警
		绿灯常亮	2 号、3 号 E1/T1 链路连接正常
		绿灯闪烁，1s 亮，1s 灭	2 号 E1/T1 链路连接正常，3 号 E1/T1 链路未连接或存在 LOS 告警
		绿灯闪烁，0.125s 亮，0.125s 灭	3 号 E1/T1 链路连接正常，2 号 E1/T1 链路未连接或存在 LOS 告警
		红灯常亮	2 号、3 号 E1/T1 链路均存在告警
		红灯闪烁，1s 亮，1s 灭	2 号 E1/T1 链路存在告警
		红灯闪烁，0.125s 亮，0.125s 灭	3 号 E1/T1 链路存在告警

项表 1-8　UMPT 制式指示灯

面板标识	颜　色	状　态	含　义
R0	红绿双色	常灭	单板没有工作在 GSM 制式
		绿灯常亮	单板有工作在 GSM 制式
		红灯常亮	预留
R1	红绿双色	常灭	单板没有工作在 UMTS 制式
		绿灯常亮	单板有工作在 UMTS 制式
		红灯常亮	预留
R2	红绿双色	常灭	单板没有工作在 LTE 制式
		绿灯常亮	单板有工作在 LTE 制式
		红灯常亮	预留

UMPTa1、UMPTa2 和 UMPTa6 单板上有 2 个拨码开关,分别为"SW1"和"SW2",拨码开关在单板上的位置如项图 1-17 所示。UMPTb1、UMPTb2 单板上有 1 个拨码开关"SW2",拨码开关在单板上的位置如项图 1-18 所示。UMPTb 系列单板上的"SW2"和 UMPTa 系列单板上的"SW2"的功能和含义相同。

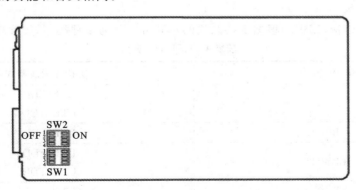

项图 1-17　UMPTa 系列拨码开关位置

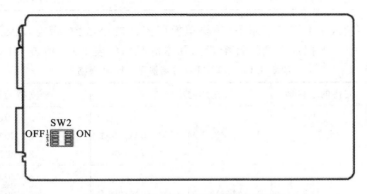

项图 1-18　UMPTb 系列拨码开关位置

拨码开关的功能如下。

（1）"SW1"用于 E1/T1 模式选择。

（2）"SW2"用于 E1/T1 接地模式选择。

每个拨码开关上都有四个拨码位，拨码开关说明如项表 1-9、项表 1-10 所示。

项表 1-9　"SW1"拨码开关说明

拨码开关	拨 码 状 态				说　　明
	1	2	3	4	
SW1	ON	ON	预留	预留	E1 阻抗选择 75Ω
	OFF	ON			E1 阻抗选择 120Ω
	ON	OFF			T1 阻抗选择 100Ω

项表 1-10　"SW2"拨码开关说明

拨码开关	拨 码 状 态				说　　明
	1	2	3	4	
SW2	OFF	OFF	OFF	OFF	平衡模式
	ON	ON	ON	ON	非平衡模式

2）基带处理板

LTE 基带处理板（LBBP）根据支持制式的不同可以分为多种类型，如项表 1-11 所示。

项表 1-11　LBBP 类型

单 板 名 称	支持的无线制式
LBBPc	LTE(FDD) LTE(TDD)
LBBPd1	LTE(FDD)
LBBPd2	LTE(FDD) LTE(TDD)
LBBPd3	LTE(FDD)
LBBPd4	LTE(TDD)

对于不同的单板，在不同的场景下，单块单板所支持的小区数、带宽以及天线配置都不尽相同，在实际工程中要根据运营商设计配置。具体情况如项表 1-12、项表 1-13 所示。

项表 1-12　LTE(FDD)场景下 LBBP 规格

单 板 名 称	支持的小区数	支持的小区带宽	支持的天线配置
LBBPc	3	1.4M/3M/5M/10M/15M/20M	3×20M 1T1R 3×20M 1T2R 3×20M 2T2R
LBBPd1	3	1.4M/3M/5M/10M/15M/20M	3×20M 1T1R 3×20M 1T2R 3×20M 2T2R

续表

单 板 名 称	支持的小区数	支持的小区带宽	支持的天线配置
LBBPd2	3	1.4M/3M/5M/10M/15M/20M	3×20M 1T1R 3×20M 1T2R 3×20M 2T2R 3×20M 2T4R 3×20M 4T4R
LBBPd3	6	1.4M/3M/5M/10M/15M/20M	6×20M 1T1R 6×20M 1T2R 6×20M 2T2R[a]

a：当 CPRI 拉远距离大于 20 km 且小于 40 km 时，LBBPd3 最大支持 3×20M 2T2R

项表 1-13 LTE(TDD)场景下 LBBP 规格

单 板 名 称	支持的小区数	支持的小区带宽	支持的天线配置
LBBPc	3	5M/10M/20M	1×20M 4T4R 3×10M 2T2R 3×20M 2T2R 3×10M 4T4R
LBBPd2	3	5M/10M/15M/20M	3×20M 2T2R 3×20M 4T4R
LBBPd4	3	10M/20M	3×20M 8T8R

另外，LBBP 有最大吞吐量的限制。具体限制情况如项表 1-14 所示。

项表 1-14 LBBP 最大吞吐量规格

单 板 名 称	最大吞吐量
LBBPc	下行 300Mbit/s、上行 100Mbit/s
LBBPd1	下行 450Mbit/s、上行 225Mbit/s
LBBPd2	下行 600Mbit/s、上行 225Mbit/s
LBBPd3	下行 600Mbit/s、上行 300Mbit/s
LBBPd4	下行 600Mbit/s、上行 225Mbit/s

LBBPc 类型的面板和其他四种(LBBPd1,LBBPd2,LBBPd3,LBBPd4)的有所不一样，每种类型的面板的左下方会贴有属性标签。具体情况如项图 1-19 所示。

LBBP 的主要功能包括：提供与射频模块的 CPRI 接口，完成上、下行数据的基带处理功能。

LBBP 单板工作原理如项图 1-20 所示。

LBBP 有 6 个接口，分别是 CPRI0、CPRI1、CPRI2、CPRI3、CPRI4、CPRI5，采用 SFP 母型连接器作为 BBU 与射频模块互联的数据传输接口，支持光、电传输信号的输入和输出。其中，

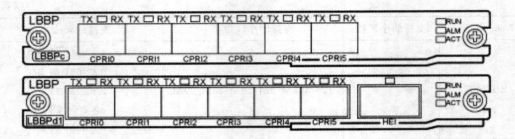

项图 1-19　LBBP 面板图

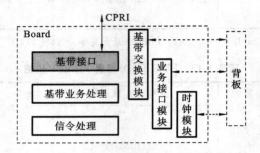

项图 1-20　LBBP 单板工作原理

LBBPc 类型单板支持的 CPRI 光接口数据传输速率有 1. 25 Gb/s、2. 5 Gb/s、4. 9 Gb/s,LBBPd 类型单板支持的 CPRI 光接口数据传输速率有 1. 25 Gb/s、2. 5 Gb/s、4. 9 Gb/s、6. 144 Gb/s、9. 8 Gb/s。两种类型的单板均支持星形、链形、环形的组网方式。

　　CPRI 接口在不同数据传输速率下支持的小区数不同,在 LTE(FDD)和 LTE(TDD)场景下分别如项表 1-15 和项表 1-16 所示。

项表 1-15　LTE(FDD)场景下 CPRI 接口数据传输速率与支持小区数

CPRI 接口数据传输速率(Gbit/s)	支持小区数(4×4 MIMO)	支持小区数(2×2 MIMO)
1.25	受限于 CPRI 接口的传输带宽, 不推荐配置为 4×4 MIMO 小区	小区带宽≤3MHz:4 个 小区带宽≤5MHz:2 个 小区带宽≤10MHz:1 个
2.5	小区带宽≤10MHz:1 个	小区带宽≤5MHz:4 个 小区带宽≤10MHz:2 个 小区带宽为 15MHz/20MHz:1 个
4.9	小区带宽≤10MHz:2 个 小区带宽为 15MHz/20MHz:1 个	小区带宽≤10MHz:4 个 小区带宽为 15MHz/20MHz:2 个
6.144	小区带宽≤10MHz:2 个 小区带宽为 15MHz/20MHz:1 个	小区带宽≤10MHz:4 个 小区带宽为 15MHz/20MHz:2 个
9.8	小区带宽≤10MHz:4 个 小区带宽为 15MHz/20MHz:2 个	小区带宽≤10MHz:4 个 小区带宽为 15MHz/20MHz:4 个

项表 1-16　LTE(TDD)场景下 CPRI 接口数据传输速率与支持小区数

CPRI 接口数据传输速率（Gbit/s）	CPRI 压缩[a]	支持小区数(8T8R)	支持小区数(4T4R)	支持小区数(2T2R)
2.5	不使用	不支持	小区带宽为 5MHz：2 个 小区带宽为 10MHz：1 个 小区带宽为 15MHz/20MHz：不支持	小区带宽为 5MHz：4 个 小区带宽为 10MHz：2 个 小区带宽为 15MHz/20MHz：1 个
	使用	不支持	小区带宽为 5MHz：不支持 小区带宽为 10MHz：1 个 小区带宽为 20MHz/15MHz：1 个	小区带宽为 5MHz：不支持 小区带宽为 10MHz：3 个 小区带宽为 20MHz/15MHz：2 个
4.9	不使用	小区带宽为 5MHz：不支持 小区带宽为 10MHz：1 个 小区带宽为 15MHz/20MHz：不支持	小区带宽为 5MHz：4 个 小区带宽为 10MHz：2 个 小区带宽为 15MHz/20MHz：1 个	小区带宽为 5MHz：8 个 小区带宽为 10MHz：4 个 小区带宽为 15MHz/20MHz：2 个
	使用	小区带宽为 5MHz：不支持 小区带宽为 10MHz：1 个 小区带宽为 15MHz/20MHz：1 个	小区带宽为 5MHz：不支持 小区带宽为 10MHz：3 个 小区带宽为 15MHz/20MHz：2 个	小区带宽为 5MHz：不支持 小区带宽为 10MHz：6 个 小区带宽为 15MHz/20MHz：4 个
9.8	不使用	小区带宽为 5MHz：不支持 小区带宽为 10MHz：2 个 小区带宽为 15MHz/20MHz：1 个	小区带宽为 5MHz：8 个 小区带宽为 10MHz：4 个 小区带宽为 15MHz/20MHz：2 个	小区带宽为 5MHz：16 个 小区带宽为 10MHz：8 个 小区带宽为 15MHz/20MHz：4 个
	使用，不打开 CPRI 扩展开关	小区带宽为 5MHz：不支持 小区带宽为 10MHz：2 个 小区带宽为 15MHz/20MHz：1 个	小区带宽为 5MHz：不支持 小区带宽为 10MHz：4 个 小区带宽为 15MHz/20MHz：2 个	小区带宽为 5MHz：不支持 小区带宽为 10MHz：8 个 小区带宽为 15MHz/20MHz：5 个
	使用，打开 CPRI 扩展开关	小区带宽为 5MHz：不支持 小区带宽为 10MHz：3 个 小区带宽为 15MHz/20MHz：2 个	小区带宽为 5MHz：不支持 小区带宽为 10MHz：6 个 小区带宽为 15MHz/20MHz：4 个	小区带宽为 5MHz：不支持 小区带宽为 10MHz：12 个 小区带宽为 15MHz/20MHz：8 个

a：5M 带宽不支持 CPRI 压缩；

LBBPc 单板不支持 CPRI 压缩；

打开 CPRI 扩展开关仅在 CPRI 压缩时，对 LBBPd 板 9.8Gbit/s 的数据传输速率支持的载波规格有影响，CPRI 扩展开关请参考 MOD BBP/LST BBP 命令中的"CPRIEX"开关，打开 CPRI 扩展开关后，LBBPd 仅可使用 CPRI0、CPRI1、CPRI2 三个接口。

LBBP 提供 3 个状态指示灯,指示灯各状态含义如项表 1-17 所示。

项表 1-17　LBBP 指示灯

面板标识	颜　色	状　　态	含　　义
RUN	绿色	常亮	有电源输入,单板存在故障
		常灭	无电源输入或单板存在故障
		闪烁(1s 亮,1s 灭)	单板正常运行
		闪烁(0.125s 亮,0.125s 灭)	单板正在加载软件或进行数据配置,或单板未开工
ALM	红色	常亮	有告警,需要更换单板
		常灭	无故障
		闪烁(1s 亮,1s 灭)	有告警,不能确定是否需要更换单板
ACT	绿色	常亮	主用状态
		常灭	非主用状态、单板没有激活、单板没有提供服务
		闪烁(1s 亮,1s 灭)	单板供电不足(说明:只有 LBBPd 单板存在这种状态)

除了以上 3 个状态指示灯外,LBBP 还提供 6 个 SFP 接口(CPRI0～CPRI5 接口)链路指示灯和 1 个 QSFP 接口(HEI 接口)链路指示灯,分别位于 SFP 接口上方和 QSFP 接口上方,如项图 1-21 所示。其中,SFP 接口指示灯状态含义如项表 1-18 所示。

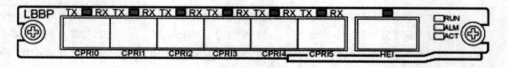

项图 1-21　接口指示灯位置

项表 1-18　SFP 接口指示灯含义

面板标识	颜　色	状　　态	含　　义
CPRIx	红绿双色	绿灯常亮	CPRI 链路正常
		红灯常亮	光模块收发异常,可能原因:光模块故障、光纤折断
		红灯闪烁(0.125s 亮,0.125s 灭)	CPRI 链路上的射频模块存在硬件故障
		红灯闪烁(1s 亮,1s 灭)	CPRI 失锁,可能原因:双模时钟互锁失败、CPRI 接口数据传输速率不匹配
		常灭	光模块不在位或 CPRI 电缆未连接

3）风扇板

FAN 是 BBU3900 系统的风扇板,有 FAN 和 FANc 两种类型,其外观如项图 1-22 所示。

FAN 的主要功能是为 BBU 内其他单板提供散热功能:控制风扇转速和监控风扇温度,并向主控板上报风扇状态、风扇温度值和风扇在位信号。FANc 支持电子标签读/写功能。

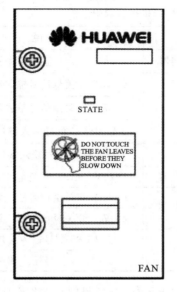 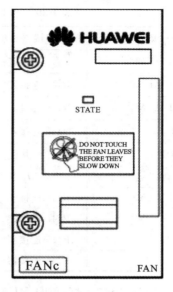

项图 1-22　FAN 和 FANc 面板图

FAN 只有 1 个指示灯,用于指示风扇的工作状态,如项表 1-19 所示。

项表 1-19　FAN 指示灯

面板标识	颜　　色	状　　态	含　　义
STATE	红绿双色	绿灯闪烁(0.125s 亮,0.125s 灭)	模块尚未注册,无告警
		绿灯闪烁(1s 亮,1s 灭)	模块正常运行
		红灯闪烁(1s 亮,1s 灭)	模块有告警
		常灭	无电源输入

4) 电源板

电源板(UPEU)有三种规格,分别是 UPEUa、UPEUc、UPEUd,三者均支持 1+1 备份,其中,UPEUa 的输出功率为 300W;UPEUc 的输出功率为 360W,两块 UPEU 在非备份模式下的总输出功率为 650W;UPEUd 的输出功率为 650W。不支持三种类型的 UPEU 单板在同一 BBU 内混插。项图 1-23 所示的是 UPEU 面板图。

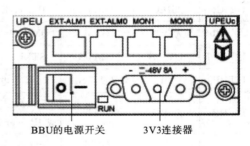

项图 1-23　UPEU 面板图

UPEU 的主要功能有以下两个。

(1) UPEUa、UPEUc 和 UPEUd 用于将直流-48V 输入电源转换为+12V 直流电源。

(2) 提供 2 路 RS485 信号接口和 8 路开关量信号接口,开关量输入只支持干接点和 OC(open collector)输入。

另外,还有一种类型的电源板,即 UPEUb,主要用于将直流+24V 输入电源转换为+12V 直流电源,其在国内用得比较少。

UPEU 一般配置在 Slot18、Slot19 槽位置,面板接口情况如项表 1-20 所示。

项表 1-20　UPEU 面板接口说明

配置槽位	面板标识	连接器类型	说　　明
Slot 19	"＋24V"或"－48"	3V3/7W2 连接器	＋24V/－48V 直流电源输入
	EXT-ALM0	RJ45 连接器	0～3 号开关量信号输入端口
	EXT-ALM1	RJ45 连接器	4～7 号开关量信号输入端口
	MON0	RJ45 连接器	0 号 RS485 信号输入端口
	MON1	RJ45 连接器	1 号 RS485 信号输入端口
Slot 18	"＋24V"或"－48V"	3V3/7W2 连接器	＋24V/－48V 直流电源输入
	EXT-ALM0	RJ45 连接器	0～3 号开关量信号输入端口
	EXT-ALM1	RJ45 连接器	4～7 号开关量信号输入端口
	MON0	RJ45 连接器	0 号 RS485 信号输入端口
	MON1	RJ45 连接器	1 号 RS485 信号输入端口

　　UPEU 面板上只有一个指示灯,就是 RUN 指示灯,颜色呈绿色,常亮表示正常工作,常灭表示无电源输入或出现单板故障。

5) 传输扩展板

传输扩展板(UTRP)单板为选配单板,其类型比较多,具体如项表 1-21 所示。

项表 1-21　UTRP 类型

单板名称	扣板/单板类型	支持的无线制式	传输制式	端口数量	端口容量	全双工/半双工
UTRP2	UEOC	UMTS	FE/GE 光传输	2	10Mbps/100Mbps/1000Mbps	全双工
UTRP3	UAEC	UMTS	ATM over E1/T1	2	8 路	全双工
UTRP4	UIEC	UMTS	IP over E1/T1	2	8 路	全双工
UTRPb4	无扣板	GSM	TDM over E1/T1	2	8 路	全双工
UTRP6	UUAS	UMTS	STM-1/OC-3	1	1 路	全双工
UTRP9	UQEC	UMTS	FE/GE 电传输	4	10Mbps/100Mbps/1000Mbps	全双工
UTRPa	无扣板	UMTS	ATM over E1/T1 或 IP over E1/T1	2	8 路	全双工
UTRPc	无扣板	GSM UMTS 多模共传输	FE/GE 电传输	4	10Mbps/100Mbps/1000Mbps	全双工
			FE/GE 光传输	2	100Mbps/1000Mbps	全双工

项图 1-24、项图 1-25 所示的是常见的 UTRP 类型的面板图。

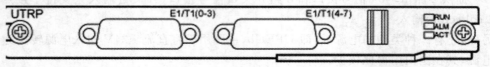

项图 1-24　UTRP3、UTRP4 面板外观图(支持 8 路 E1/T1)

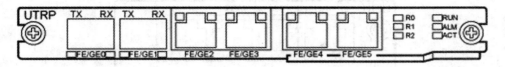

项图 1-25　UTRPc 面板外观图(支持 4 路电口和 2 路光口)

UTRP 单板的主要功能如下。

(1) 提供 E1/T1 传输接口,支持 ATM 协议、TDM 协议和 IP 协议。

(2) 提供电、光传输接口。

(3) 支持冷备份功能。

UTRP 面板提供 3 个状态指示灯,分别是 RUN、ALM、ACT,如项表 1-22 所示。

项表 1-22　UTRP 指示灯

面板标识	颜色	状　态	含　义
RUN	绿色	常亮	有电源输入,单板存在故障
		常灭	无电源输入或单板处于故障状态
		闪烁(1s 亮,1s 灭)	单板正常运行
		闪烁(0.125s 亮,0.125s 灭)	单板正在加载软件或进行数据配置,或单板未开工
ALM	红色	常亮	有告警,需要更换单板
		常灭	无故障
		闪烁(1s 亮,1s 灭)	有告警,不能确定是否需要更换单板
ACT	绿色	常亮	主用状态
		常灭	非主用状态、单板没有激活、单板没有提供服务

注意,当 UTRP 应用在 GSM 制式下时,ACT 指示灯的状态与其他单板的不同。其常亮时有两种可能:①接收配置前,GSM 制式下的 E1 接口全不通或 1 个以上的 E1 接口通;②接收配置后,闪烁(0.125s 亮,0.125s 灭)表示接收配置前 GSM 制式下有且仅有一个 E1 接口通。

除了以上三个指示灯外,UTRP2、UTRP9 和 UTRPc 上还有其他指示灯用于指示 FE/GE 电接口、FE/GE 光接口等接口的链路状态,如 LINK 指示灯和 ACT 指示灯。

6) 环境监控板

环境监控板(UEIU)为选配单板,其主要功能有:①提供 2 路 RS485 信号接口和 8 路开关量信号接口,开关量输入只支持干接点和 OC 输入;②将环境监控设备信息和告警信息上报给主控板。面板如项图 1-26 所示。

各接口功能如项表 1-23 所示。

7) 星卡时钟板

星卡时钟板(USCU)为选配单板。USCU 有三种规格,具体规格和相应功能如下。

(1) USCUb11 提供与外界 RGPS(如局方利旧设备)和 BITS 设备的接口,不支持 GPS。

(2) USCUb14 含 U-BLOX 单星卡,不支持 RGPS。

(3) USCUb22 支持 NavioRS 星卡,单板内不含星卡,星卡需现场采购和安装,不支持 RGPS。

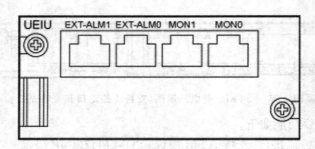

项图 1-26　UEIU 面板图

项表 1-23　UEIU 接口说明

面 板 标 识	连接器类型	接口数量	说　　明
EXT-ALM0	RJ45 连接器	1	0～3 号开关量信号输入接口
EXT-ALM1	RJ45 连接器	1	4～7 号开关量信号输入接口
MON0	RJ45 连接器	1	0 号 RS485 信号输入接口
MON1	RJ45 连接器	1	1 号 RS485 信号输入接口

　　面板图如项图 1-27、项图 1-28 所示。

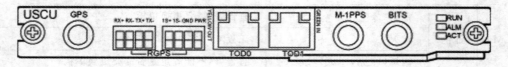

项图 1-27　USCUb11/USCUb14 面板图

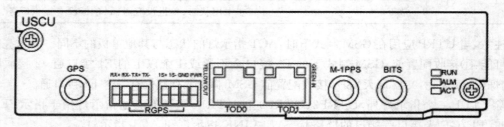

项图 1-28　USCUb22 面板图

　　面板各接口说明如项表 1-24 所示。

项表 1-24　USCU 接口说明

面板标识	连接器类型	说　　明
GPS	SMA 连接器	USCUb14、USCUb22 上 GPS 接口用于接收 GPS 信号 USCUb11 上 GPS 接口预留,无法接收 GPS 信号
RGPS	PCB 焊接型接线端子	USCUb11 上 RGPS 接口用于接收 RGPS 信号 USCUb14、USCUb22 上 RGPS 接口预留,无法接收 RGPS 信号
TOD0	RJ45 连接器	接收或发送 1PPS＋TOD 信号
TOD1	RJ45 连接器	接收或发送 1PPS＋TOD 信号,接收 M1000 的 TOD 信号

续表

面板标识	连接器类型	说 明
BITS	SMA 连接器	接 BITS 时钟,支持 2.048M 和 10M 时钟参考源自适应输入
M-1PPS	SMA 连接器	接收 M1000 的 1PPS 信号

指示灯状况说明如项表 1-25 所示。

项表 1-25　USCU 指示灯

面板标识	颜　色	状　态	含　义
RUN	绿色	常亮	有电源输入,单板存在故障
		常灭	无电源输入或单板处于故障状态
		闪烁(1s 亮,1s 灭)	单板正常运行
		闪烁(0.125s 亮,0.125s 灭)	单板正在加载软件或进行数据配置,或单板未开工
ALM	红色	常亮	有告警,需要更换单板
		常灭	无故障
		闪烁(1s 亮,1s 灭)	有告警,不能确定是否需要更换单板
ACT	绿色	常亮	主用状态
		常灭	非主用状态、单板没有激活、单板没有提供服务

3. 射频拉远单元

射频拉远单元(RRU)主要包括:高速接口模块、信号处理单元、功放单元、双工器单元、扩展接口和电源模块。RRU 主要完成基带信号和射频信号的调制/解调、数据处理、功率放大、驻波检测等功能。

RRU 具体功能如下。

(1) 接收 BBU 发送的下行基带数据,并向 BBU 发送上行基带数据,实现与 BBU 的通信。

(2) 通过天馈接收射频信号,将接收信号下变频至中频信号,并进行放大处理、A/D 转换。发射通道完成下行信号滤波、D/A 转换,将射频信号上变频至发射频段。

(3) 提供射频通道接收信号和发射信号复用功能,可使接收信号与发射信号共用一个天线通道,并对接收信号和发射信号提供滤波功能。

(4) 提供内置 BT(bias tee)功能。通过内置 BT,RRU 可直接将射频信号和 OOK 电调信号耦合后从射频接口 A 输出,还可为塔放提供馈电。

RRU 功能结构图如项图 1-29 所示。

RRU 根据支持的制式和技术指标不同,可分为很多类型,如项表 1-26 所示。

RRU 有单通道、双通道和八通道三种类型,这里以支持 LTE(TDD)制式的 RRU 为例做简单介绍。项表 1-27 所示的是 D 频段的 RRU。

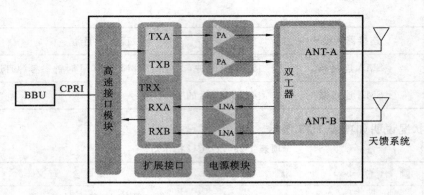

项图 1-29　RRU 功能结构图

项表 1-26　RRU 类型

模 块 名 称	支持的制式
RRU3004	GSM
RRU3008	GSM
RRU3801E	UMTS
RRU3804	UMTS
RRU3805	UMTS
RRU3806	UMTS
RRU3808	UMTS、LTE(FDD)、UL
RRU3821E	UMTS、LTE(FDD)、UL
RRU3824	UMTS
RRU3826	UMTS
RRU3828	UMTS
RRU3829	UMTS
RRU3832	UMTS、LTE(FDD)、UL
RRU3838	UMTS
RRU3839	UMTS
RRU3201	LTE(FDD)
RRU3203	LTE(FDD)
RRU3220	LTE(FDD)
RRU3221	LTE(FDD)
RRU3222	LTE(FDD)
RRU3229	LTE(FDD)
RRU3240	LTE(FDD)
RRU3260	LTE(FDD)

续表

模 块 名 称	支持的制式
RRU3268	LTE(FDD)
RRU3628	LTE(FDD)
RRU3632	LTE(FDD)
RRU3638	LTE(FDD)
RRU3642	LTE(FDD)
RRU3841	LTE(FDD)
RRU3908	GSM、UMTS、LTE(FDD)、GU、GL
RRU3926	GSM、UMTS、LTE(FDD)、GU、GL
RRU3928	GSM、UMTS、LTE(FDD)、GU、GL
RRU3929	GSM、UMTS、LTE(FDD)、GU、GL
RRU3936	GSM、UMTS、LTE(FDD)、GU、GL
RRU3938	GSM、UMTS、LTE(FDD)、GU、GL
RRU3939	GSM、LTE(FDD)、GL
RRU3942	GSM、UMTS、LTE(FDD)、GU、GL、UL、GUL
RRU3961	GSM、UMTS、LTE(FDD)、GU、GL、UL、GUL
RRU3922E	GSM
RRU3232	LTE(TDD)
RRU3251	LTE(TDD)
RRU3252	LTE(TDD)
RRU3253	LTE(TDD)
RRU3256	LTE(TDD)
RRU3259	LTE(TDD)

项表 1-27 LTE(TDD) RRU 举例

型　　　号	RRU3253	RRU3251
支持频段	2575~2615MHz	
载波数	2×20M	
通道数	8 通道	2 通道
Ir 光接口数据传输速率	9.8 Gb/s	9.8 Gb/s
额定输出功率	16W/Path	40W/Path
RGPS	支持	—
级联级数	—	6
体积	21L	18L
重量	21kg	18kg

下面分别介绍 RRU3253 和 RRU3251 两种典型的 RRU 的外形和接口。首先介绍 RRU3251，这种类型的 RRU 只有两种通道，其外形和尺寸如项图 1-30 所示。

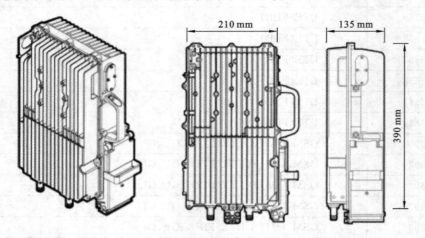

项图 1-30　RRU3251 外形和尺寸

RRU3251 的各面板接口（包括底部接口、配线腔接口）和指示灯如项图 1-31 所示。

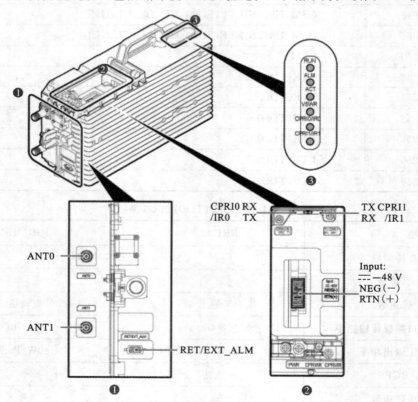

项图 1-31　RRU3251 各面板接口和指示灯

RRU3253 除了通道数目与 RRU3251 的不一样外，其尺寸和面板指示灯的分布也与 RRU3251 的略有差异。项图 1-32 所示的是 RRU3253 的外形和尺寸图。

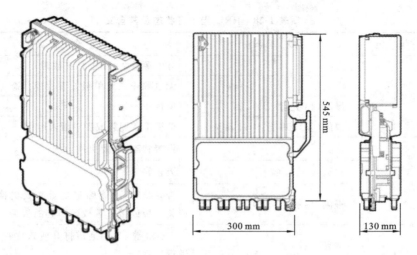

项图 **1-32**   RRU3253 外形和尺寸

RRU3253 的各面板接口(包括底部接口、配线腔接口)和指示灯如项图 1-33 所示。

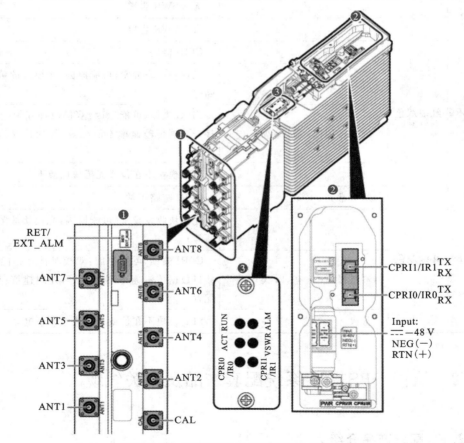

项图 **1-33** RRU3253 各面板接口和指示灯

我们注意到 RRU 上有 6 个指示灯,这 6 个指示灯是用来指示 RRU 的运行状态的,具体如项表 1-28 所示。

项表 1-28　RRU 指示灯状态及其含义

标识	颜色	状态	含义
RUN	绿色	常亮	有电源输入,单板存在故障
		常灭	无电源输入或单板处于故障状态
		慢闪(1s 亮,1s 灭)	单板正常运行
		快闪(0.125s 亮,0.125s 灭)	单板正在加载或者单板未运行
ALM	红色	常亮	告警状态,需要更换模块
		常灭	无告警
		慢闪(1s 亮,1s 灭)	告警状态,不能确定是否需要更换模块,可能是相关单板或接口等故障引起的告警
ACT	绿色	常亮	工作正常(发射通道打开或软件在未开工状态下进行加载)
		慢闪(1s 亮,1s 灭)	单板运行(发射通道关闭)
VSWR	红色	常灭	无 VSWR 告警
		常亮	有 VSWR 告警
CPRI0/IR0	红绿双色	绿灯常亮	CPRI 链路正常
		红灯常亮	光模块收发异常(可能原因:光模块故障、光纤折断等)
		红灯慢闪(1s 亮,1s 灭)	CPRI 失锁(可能原因:双模时钟互锁问题、CPRI 接口数据传输速率不匹配等,处理建议:检查系统配置)
		常灭	SFP 模块不在位或光模块电源下电
CPRI1/IR1	红绿双色	绿灯常亮	CPRI 链路正常
		红灯常亮	光模块收发异常(可能原因:光模块故障、光纤折断等)
		红灯慢闪(1s 亮,1s 灭)	CPRI 失锁(可能原因:双模时钟互锁问题、CPRI 接口数据传输速率不匹配等,处理建议:检查系统配置)
		常灭	SFP 模块不在位或光模块电源下电

1.2　认识 DBS3900 系统配套产品及相关线缆

1.2.1　配套产品介绍

1. DBS3900 系统配套机柜

　　BBU 是一个盒式的设备,体积较小,将其直接放在地上不符合规范,并且也不安全。因此,在实际的组网中,BBU 都配置有相关的配套产品(见项图 1-34),下面介绍几种在实际工程中放置 BBU 用的配套产品。

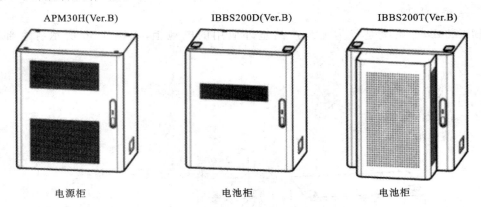

项图 **1-34** DBS3900 **系统配套机柜**

　　DBS3900 系统配套机柜主要功能如下。APM 系列机柜是华为无线产品室外应用的电源柜,为分布式基站和分体式基站提供室外应用的交流配电和直流配电功能,同时提供一定的用户设备安装空间。蓄电池机柜是华为无线产品室外应用的电池柜,提供蓄电池安装空间,为分布式基站和分体式基站提供长时备电功能。IBBS200D、IBBS200T 的差异在于机柜内各功能模块配置不同。下面具体介绍 APM 系列机柜的使用情况。APM30H 机柜外观和内置如项图 1-35 所示。

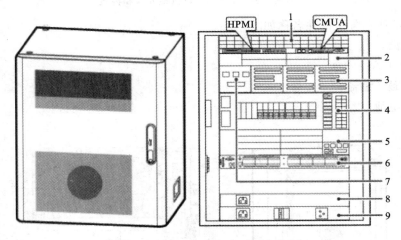

项图 **1-35** APM30H **机柜外观和内置**

APM 系列机柜共有 7U 安装空间,项图 1-35 所示各个部件名称如下。

1——风扇框(内循环)。

2——SLPU(signal lightning protection unit,中继信号防护单元)。

3——PSU(power supply unit,电源)。

4——EPS 插框。

5——BBU3900。

6——EMUA(environment monitoring unit type A,环境监控单元)。

7——PMU（power monitoring unit，电源监控单元）。

8——交流加热盒。

9——维护插座。

IBBS200D/T 系统是华为无线产品室外应用的电池柜，项图 1-36 所示各个部件名称如下。

1——风扇。

2——CMUA。

3——门磁传感器。

4——蓄电池。

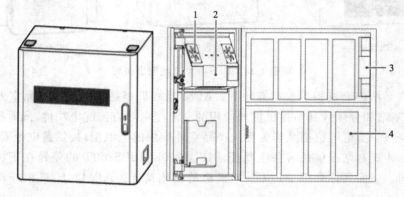

项图 1-36　IBBS200D 机柜外观和内置

项图 1-37 所示各个部件名称如下。

1——空调。

2——CMUA。

3——门磁传感器。

4——蓄电池。

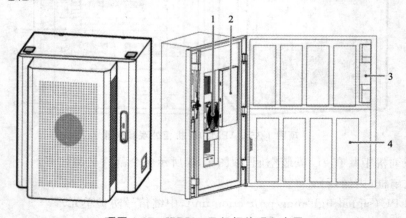

项图 1-37　IBBS200T 机柜外观和内置

2. DCDU 模块

机柜中除了布放 BBU 外还会经常安装传输设备等其他客户电信设备，这时候如果每套设备都从电源柜中引入一条电源线路,不仅增加了成本,而且增加了施工的难度。考虑到这点,在现网中通常从电源柜中输出一条－48 V 电路,然后通过某种设备转接输出,相当于我们日常生活中使用的插座一样,只是我们输出的是－48 V 的直流电而已。

DCDU(直流电源配电盒)正是为这种情况而研发、生产出来的产品。DCDU 有各种不同型号,主要区别在于输出的电流大小不一样,数目不一样。这里介绍两种,DCDU03B 和 DCDU11B。

DCDU03B 为机柜内各部件提供直流电源输入,高度为 1U,DCDU03B 提供如下功能:提供 1 路直流－48V 输入;提供 9 路直流－48V 输出;6 路 20A 的空开给直流 RRU 供电;3 路 12A 电流给 BBU3900 和风扇供电;另内置直流防雷板,提供防雷保护功能。DCDU03B 面板如项图 1-38 所示。

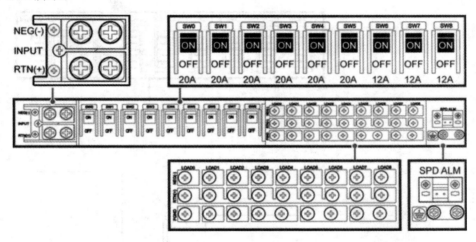

项图 1-38　DCDU03B 面板

DCDU11B 为机柜内各部件提供直流电源输入,高度为 1U。DCDU11B 支持单路 160A 的－48V 直流电源输入,10 路 25A 的－48V 直流电源输出,为风扇盒、DBBP530、RRU 等设备供电。

DCDU11B 配置在 TMC11H Ver. C 机柜中:LOAD0～LOAD5 用于给 RRU 供电;LOAD6～LOAD9 用于给 DBBP530、风扇以及选配部件供电。最多可配置 3 个 DCDU11B:其中 1 个 DCDU11B 用于给直流 RRU 供电,其余 2 个 DCDU11B 用于给 DBBP530 和风扇供电。DCDU11B 面板如项图 1-39 所示,其中,1 是直流输入端子,2 是空气开关,3 是直流输出端子。

3. GPS 天线

GPS(全球定位系统)天线用于接收来自 GPS 的卫星信号,用于基站时钟和时间同步。项图 1-40 所示的是 GPS 天线的形状。

楼顶有空间时尽量将 GPS 天线安装在馈线走线架附近,以便馈线的绑扎。GPS 固定方式有楼顶地面打膨胀螺丝安装方式和女儿墙固定方式,条件允许的情况下优先选择女儿墙固定方式,以免打穿楼顶。室外接头必须有防水处理,必须要有三次缠绕,第一次缠绕三层绝缘胶带,第二次缠绕三层防水胶带,第三次再缠绕三层绝缘胶带。选择安装位置时需要注意,要保证垂直向上 90°范围内无遮挡(见项图 1-41),如果有遮挡物可能会导致接收不到 4 颗或 4 颗以上的卫星信号。

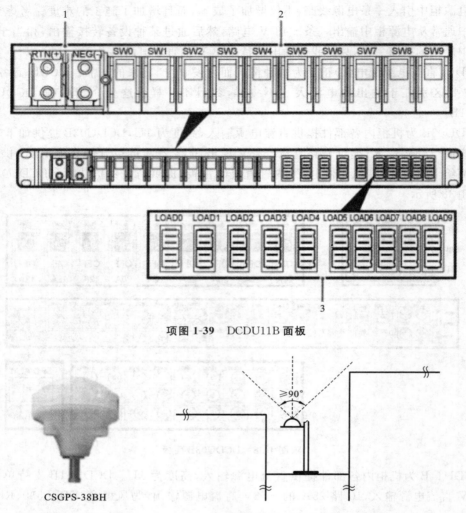

项图 1-39　DCDU11B 面板

CSGPS-38BH

项图 1-40　GPS 天线

项图 1-41　GPS 天线安装要求

项图 1-42　GPS 天线楼顶安装实例

项图 1-42 所示的是实际工程中安装的情况。

安装 GPS 天线时,需要安装配套的 GPS 避雷器,它用于避免 GPS 通信基站因系统天馈线引入感应雷击过电流和过电压而遭到损坏。GPS 避雷器采用多级过压保护措施,具有通流容量大、残压低、反应快、性能稳定且可靠等特点,同时具有插入损耗小、匹配性能好的优点。避雷器差模满足 8kA、共模满足 40kA 的防雷指标。

GPS 避雷器根据安装位置分为天线侧避雷器和设备侧避雷器,二者型号相同。GPS 天线在塔上安装时,需要在天线侧安装天线侧避雷器,同时在设备侧安装设备侧避雷器;GPS 天线在非塔上安装时,仅需要在设备侧安装设备侧避雷器。

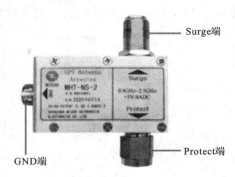

避雷器的 Protect 端朝向被保护设备,即天线侧避雷器的 Protect 端朝向天线侧连接,设备侧避雷器的 Protect 端朝向设备侧连接。项图 1-43 所示的为 GPS 避雷器,Surge 端连接 GPS 天线,Protect 端连接 BBU,GND 端连接地端。

当多个 BBU 安装在同一个机房时,我们在实际网络建设中不需要对每个 BBU 都安装 GPS 天线,只需要通过 GPS 分路器来实现多个 BBU 集中共享 GPS。GPS 分路器有一分二和一分四两种型号(见项图 1-44)。在实际计算馈线长度时,需要考虑器件插损,一分二型号的插损为 3.5 dB,一分四型号的插损为 6.6 dB。

项图 1-43　GPS 避雷器

一分二分路器　　　　　　　　　　一分四分路器

项图 1-44　GPS 分路器

当 GPS 天线远距离拉远时,为了满足 GPS 接收机的最小接收灵敏度,可以使用 GPS 放大器(见项图 1-45)来满足这一要求,目前选用的型号的增益为 22 dB。RF IN 端朝向天线端连接,RF OUT 端朝向设备端连接。

项图 1-45　GPS 放大器

4. 电缆转接器

若当地供电距离较远,RRU 自带电源线无法支持长距离的电源输送,则需要用线径较粗的线缆从远处取电。由于连接 RRU 的电源线线径是固定的,因此这时候就需要用电缆转接器来实现不同线径的转接。OCB-01M(见项图 1-46)正是这样一个器件,通过它可以实现 RRU 电源线的接入。OCB-01M 的 2 个接口采用两种规格的 PG 头,一端接口为 PG29,兼容直径为 13～19 mm 的电缆,另一端接口为 PG19,兼容直径为 8.5～15 mm 的电缆。

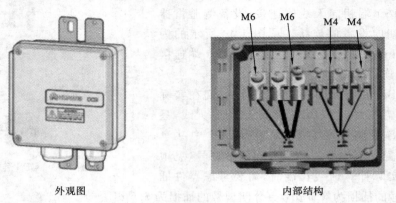

外观图   内部结构

项图 1-46 电缆转接器 OCB-01M

1.2.2 DBS3900 系统相关线缆介绍

1. BBU 侧相关线缆

BBU 各部件之间的连接自然离不开各种线缆的连接。项表 1-29 列出了可能用到的线缆。

项表 1-29 BBU 侧线缆一览表

线缆名称	线缆一端		线缆另一端	
	连接器	连接位置 (设备/模块/端口)	连接器	连接位置 (设备/模块/端口)
BBU 保护地线	OT 端子 ($6mm^2$,M4)	BBU/接地端子	OT 端子 ($6mm^2$,M4)	机柜接地端子
机柜保护地线	OT 端子 ($25mm^2$,M8)	机柜/接地端子	OT 端子 ($25mm^2$,M8)	外部接地排
BBU 电源线	3V3 连接器	BBU/UPEUc/PWR	OT 端子 ($6mm^2$,M4)	DCDU/LOAO6
	3V3 连接器	BBU/UPEUc/PWR	快速安装型母端 (压接型)连接器	EPS/LOAD1
FE/GE 网线	RJ45 连接器	BBU/UFLPb/OUTSIDE 处的 FE0 BBU/UMPTa6/(FE/GE0)	RJ45 连接器	外部传输设备
FE 防雷转接线	RJ45 连接器	BBU/UMPTa6/(FE/GE0)	RJ45 连接器	SLPU/UFLPb/INSIDE 处的 FE0
FE/GE 光纤	LC 连接器	BBU/UMPTa6/(FE/GE1)	FC/SC/LC 连接器	外部传输设备
Ir 光纤	DLC 连接器	BBU/LBBP/CPRI	DLC 连接器	RRU/CPRI_W
BBU 告警线	RJ45 连接器	BBU/UPEUc(UEIU) /EXT_ALM	RJ45 连接器	外部告警设备

续表

线缆名称	线缆一端		线缆另一端	
	连接器	连接位置 （设备/模块/端口）	连接器	连接位置 （设备/模块/端口）
GPS 时钟信号线	SMA 公型连接器	BBU/UMPTa6/GPS	N 型母端连接器	GPS 防雷器
维护转接线	USB 3.0 连接器	BBU/UMPTa6/USB	网口连接器	网线

下面对部分线缆进行简单介绍。

1）保护地线

保护地线在整个基站系统中的应用非常广泛,BBU、RRU、天馈系统、电源系统、传输设备等都需要进行保护接地。BBU 保护地线的横截面积为 6 mm²,机柜保护地线的横截面积为 25 mm²,均呈黄绿色。保护地线两端为 OT 端子。若自行准备保护地线,建议选择横截面积不小于 6 mm² 的铜芯导线。项图 1-47 所示的为保护地线的外观,其中,1 为 OT 端子。

RAD00C6002

项图 1-47　保护地线

OT 端子的头部是圆形的,尾部是圆柱形的,其外观呈现为 OT 形态,故其被称为 OT 端子。OT 端子也就是圆形冷压端子,能够很容易地实现链式桥接,在市场上被广泛应用。优点:在导线接线位紧密相邻时,它能提高绝缘安全度并防止导线分叉,可使导线更容易插入端头。

2）BBU 电源线

BBU 电源线有两根,分别为蓝色和黑色,蓝色为 −48V,黑色为 0V。电源线一端为 3V3 电源连接器,另一端为裸线,需要现场制作响应端子,如项图 1-48 所示,其中,1 为 3V3 电源连接器,2 为 OT 端子。

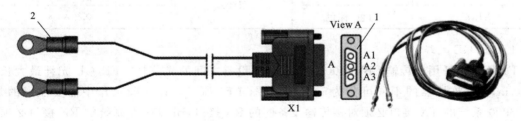

项图 1-48　BBU 电源线(1)

＋24V 电源线的外观与 −48V 电源线的不相同,红色的为 ＋24V,蓝色的为 −24V。＋24V 在我们国家使用得比较少。当供电设备为 EPS 时,BBU 电源线一端为 3V3 连接器,另一端为快速安装型母端(压接型)连接器,如项图 1-49 所示,其中,1 为快速安装型母端(压接型)连接器。

3）FE/GE 网线

FE/GE 网线在基站中有三种用途:作为近端维护的连接;作为 FE 防雷转接线(见项图

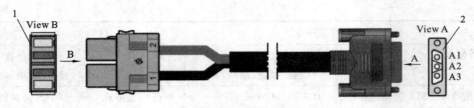

项图 1-49　BBU 电源线(2)

1-50),在配置 UFLP 时作为跳线使用;作为传输介质(目前大部分情况下使用光纤)。

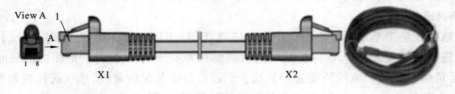

项图 1-50　FE/GE 网线作为防雷转接线

在实际工作中基本都是由设备商配发成品网线,使用者也可自己动手制作网线,项表1-30所示的是网线的线序。

项表 1-30　网线线序

RJ45 连接器芯脚	芯线颜色	芯线关系	RJ45 连接器芯脚
X1.2	橙色	双绞线	X2.2
X1.1	白色/橙色		X2.1
X1.6	绿色	双绞线	X2.6
X1.3	白色/绿色		X2.3
X1.4	蓝色	双绞线	X2.4
X1.5	白色/蓝色		X2.5
X1.8	棕色	双绞线	X2.8
X1.7	白色/棕色		X2.7

4) FE/GE 光纤

FE/GE 光纤用于传输 BBU3900 系统与传输设备之间的光信号。FE/GE 光纤最大长度为 20 m,根据连接器的不同可分为三种,如项图 1-51 所示。在实际工作中需要注意的是,BBU3900 系统的 TX 接口必须对接传输设备侧的 RX 接口,BBU3900 系统的 RX 接口必须对接传输设备侧的 TX 接口。

5) Ir 光纤

Ir 光纤分为多模光纤和单模光纤等两种,用于传输 Ir 信号。Ir 光纤如项图 1-52 所示,其中,1 为 DLC 连接器,2 为分支光缆,3 为分支光缆标签。

当 BBU 和 RRU 直连或 RRU 互联的距离大于 100 m 时,推荐使用 ODF 转接。连接 BBU 到 ODF、ODF 到 RRU,使用单模光纤。直连 BBU 和 RRU 时(见项图 1-53),BBU 侧分支光缆长为 0.34 m,RRU 侧分支光缆长为 0.03 m;RRU 互联时,两侧分支光缆长均为0.03 m。

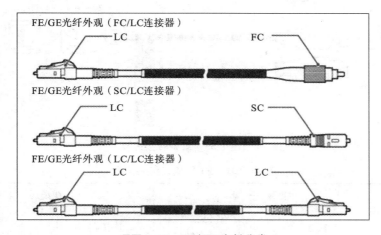

项图 1-51　FE/GE 光纤分类

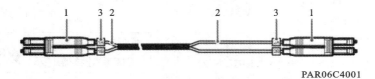

PAR06C4001

项图 1-52　Ir 光纤

6）GPS 时钟信号线

GPS 时钟信号线用于连接 GPS 天馈系统，可将接收到的 GPS 信号作为 BBU 的时钟基准，其为选配线缆。GPS 时钟信号线的一端为 SMA 公型连接器（见项图 1-54 中的 1），另一端为 N 型母头连接器（见项图 1-54 中的 2）。

7）维护转接线

维护转接线用于近端维护，连接 UMPT 单板上的 USB 接口和网线。维护转接线一端为 USB 连接器（见项图 1-55 中的 1），另一端为网口连接器（见项图 1-55 中的 2）。

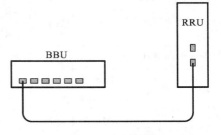

项图 1-53　Ir 光纤连接 BBU 和 RRU 示意图

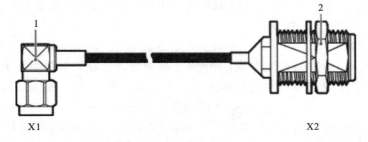

项图 1-54　GPS 时钟信号线

2. RRU 侧相关线缆

下面介绍 RRU 侧相关线缆，如项表 1-31 所示。

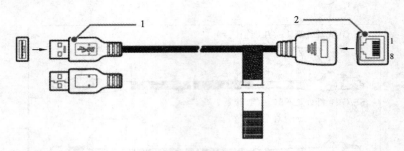

项图 1-55　维护转接线

项表 1-31　RRU 侧线缆一览表

线缆名称	线缆一端		线缆另一端	
	连接器	连接位置（设备/模块/端口）	连接器	连接位置（设备/模块/端口）
RRU 保护地线	OT 端子（16mm², M6）	RRU/接地端子	OT 端子（16mm², M8）	保护地排/接地端子
RRU 电源线	快速安装型母端（压接型）连接器	RRU/NEG(－)、RTN(＋)	快速安装型母端（压接型）连接器	EPS/RRU0～RRU5
			OT 端子（8.2mm², M4）	DCDU/LOAD0～LOAD5 PDU/LOAD4～LOAD9
CFRI 光纤	DLC 连接器	RRU 上 CPRI0/IR0	DLC 连接器	BBU/LBBP/CPRI
		RRU 上 CPRI1/IR1		RRU 上 CPRI0/IR0
RRU 射频跳线	N 型连接器	RRU 上 ANT0～ANT3	N 型连接器	天馈系统
RRU 告警线	DB9 防水公型连接器	RRU 上 RET/EXT_ALM	冷压端子	外部告警设备
RRU AISG 多芯线	DB9 防水公型连接器	RRU 上 RET/EXT_ALM	AISG 标准母型连接器	RCU 或 AISG 延长线/AISG 标准公型连接器
RRU AISG 延长线	AISG 标准公型连接器	AISG 多芯线/AISG 标准母型连接器	AISG 标准母型连接器	RCU/AISG 标准公型连接器

　　保护地线、CPRI 光纤等和 BBU 侧相关线缆中的线缆一致，这里就不再重复。下面具体介绍其他几种没有介绍过的线缆。

　　1）RRU 电源线

　　RRU 使用直流－48V 屏蔽电源线，用于将外部的直流－48V 电源引入 RRU，为 RRU 提供工作电源。外形：直流－48V 电源线的一端为两个 OT 端子，另一端为裸线（见项图 1-56）。OT 端子需要现场制作。

　　RRU 有时也使用交流电，连接 RRU 与供电设备的电源线如项图 1-57 所示，其中，1 为 3-PIN 圆形连接器，2 为裸线，电源线横截面积为 1.5 mm²。

　　2）AISG 多芯线

　　AISG 多芯线用于直接连接 RRU 和 RCU，传输

项图 1-56　RRU 电源线(DC)

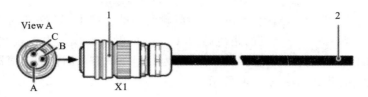

项图 **1-57** RRU 电源线(AC)

基站对电调天线的控制信号。该线缆在 RRU 连接电调天线时配置,传输 RS485 信号。AISG 多芯线的长度为 5 m。

AISG 多芯线的一端为 DB9 防水公型连接器,另一端为 AISG 标准母型连接器,其外观如项图 1-58 所示。

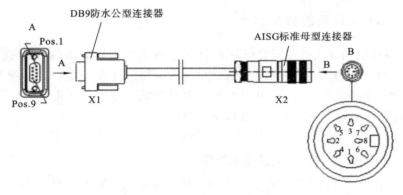

项图 **1-58** AISG 多芯线

3) AISG 延长线

当 RRU 与 RCU 间的距离超过 5m,AISG 多芯线不能直接连接 RRU 和 RCU 时,使用 AISG 延长线,其长度为 15 m。AISG 延长线的一端为 AISG 标准公型连接器,另一端为 AISG 标准母型连接器(见项图 1-59)。

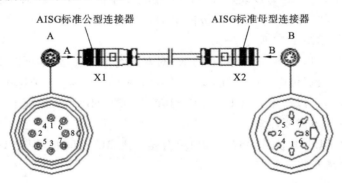

项图 **1-59** AISG 延长线

4) RRU 射频跳线

RRU 射频跳线用于射频信号的输入和输出。定长 RRU 射频跳线的长度规格分为 2 m、3 m、4 m、6 m 和 10 m。不定长的 RRU 射频跳线的最大长度为 10m。实际工程中若客户自行准备 RRU 射频跳线,建议使所用射频跳线的长度尽量短,最好不超过 2 m。

当 RRU 与天线的距离不超过 14 m 时,射频跳线一端连接 RRU 底部的 ANT 接口,另一端直接连接天线。当 RRU 与天线的距离超过 14 m 时,射频跳线应先连接馈线再连接 RRU 和天线。射频跳线的一端为 N 型连接器,另一端为根据现场需求制作的连接器。两端为 N 型连接器的射频跳线的外观如项图 1-60 所示。

PAR06C5004

项图 1-60　RRU 射频跳线

1.2.3　DBS3900 系统典型组网

DBS3900 系统组网方式按照安装覆盖地点,可以分为室外基站方式和室内分布式基站方式两种。而室外基站根据 BBU 的安装位置又可分为两种典型的组网方式:一种是有房舱的基站方式,一种是室外露天的利用了一体化机柜的基站方式。室外一体化机柜目前在新建基站中使用广泛,这种基站建设方式在一定程度上给运营商降低了建设成本。

下面以中国移动为例,具体介绍几种室外基站的典型设备配置方式。

1. 室外 3×(20M/F+4C/FA)共模典型配置

3 表示三个扇区站点,20M/F 表示 TD-LTE 侧每个扇区带宽为 20MHz 的 F 频段,4C/FA 表示 TD-SCDMA 侧站型为 S4/4/4,即每个扇区支持 4 个 FA 频段的载波。当 LBBPc 数量超过 2 块时,须加配 UPEUc,更换 FANc。使用 LBBPc 组网时,必须配置双光口双光纤连接。

具体配置情况如项图 1-61 和项图 1-62 所示。

2. 室外 3×20M/D 新建典型配置

3 表示三个扇区站点,20M/D 表示 TD-LTE 侧每个扇区带宽为 20MHz 的 D 频段。

使用 LBBPc 组网时,Slot0/1/2 基带板使用了对双光纤独立连接。

具体配置情况如项图 1-63 所示。

使用 LBBPd 组网时,Slot4/5 基带板使用 3 对双光纤汇聚连接,如项图 1-64 所示。

室内分布式基站根据供电方式不同,又可以分为两大类,一类是直流供电,一类是交流供电。使用直流供电时,可以利用 DCDU、ETP48100-B1 或 OMB Ver. C 配电盒进行安装。进行设备安装时,有以下几点需要注意。

(1) BBU 和 DCDU12B 优选内置于客户综合柜。无 3U 空间时,配发 ILC29 机柜落地安装或 IMB03 机框挂墙安装。

(2) DCDU 输入电源线长不大于 10 m。

(3) ETP48100-B1 或 OMB Ver. C 将交流电转为直流电,ETP48100-B1 可支持 1×BBU +2pcsDC DRRU3161-fae 供电。OMB Ver. C 可支持 1×BBU + 3pcsDC DRRU3161-fae 供电。

(4) AC DRRU3161-fae 就近交流供电,推荐距离不大于 10 m;当集中给 RRU 供直流电时,建议 DC DRRU3161-fae 拉远距离不大于 80 m。

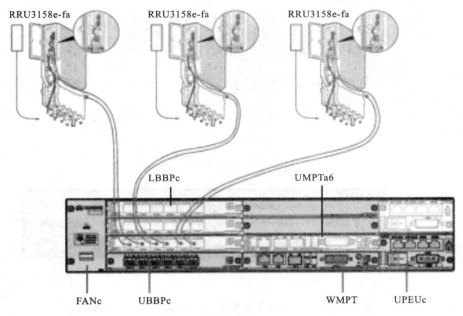

项图 1-61　室外典型基站配置(1)——使用 LBBPc 组网

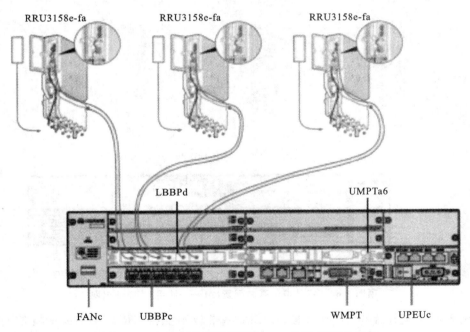

项图 1-62　室外典型基站配置(1)——使用 LBBPd 组网

下面具体介绍几种室内分布式基站的典型设备配置方式。

3. 室内分布式 20M/E+12C/FA 典型配置

20M/E 表示 TD-LTE 侧的全向小区带宽为 20MHz 的 E 频段,12C/FA 表示 TD-SCD-MA 侧全向小区支持 12 载波,即 O12。

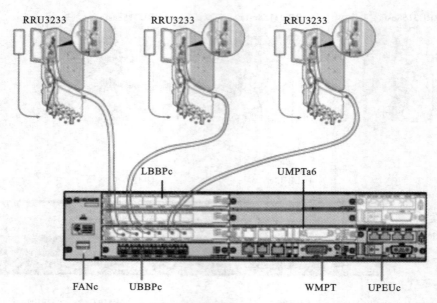

项图 1-63　室外典型基站配置(2)——使用 LBBPc 组网

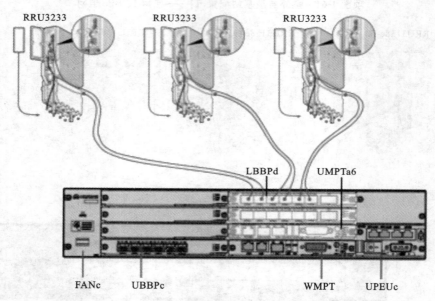

项图 1-64　室外典型基站配置(2)——使用 LBBPd 组网

该配置必须使用 LBBPd 基带板,LBBPc 基带板不支持 DRRU3151e,配置情况如项图 1-65 所示。

4. 室内分布式 20M/E 新建单模典型配置

基带板数量超过 4 块或 LBBPd 单板数量超过 2 块时,须加配 UPEUc 基带板,更换 FANc。

使用 LBBPc 组网时,Slot0/1/2 基带板各出 1 个光接口连接(见项图 1-66)。

使用 LBBPd 组网时,Slot2 槽位基带板在出光接口汇聚(见项图 1-67)。

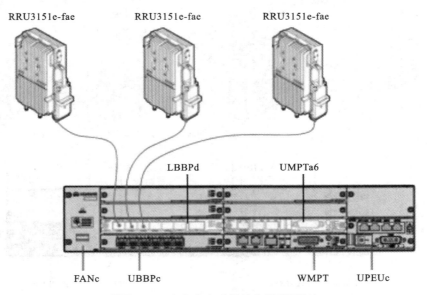

项图 1-65　室内分布式基站典型配置(1)

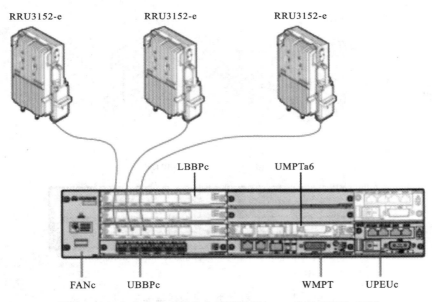

项图 1-66　室内分布式基站典型配置(2)——使用 LBBPc 组网

5. 室内分布式 20M/E 新建单模 RRU 级联典型配置

室内分布式 20M/E 新建单模 RRU 级联典型配置情况如项图 1-68 所示,最大支持 4 级级联。

对于新建 DBS3900 系统室外站点,当站址只能提供 220V 交流电源输入或＋24V 直流电源输入,并需要新增备电设备时,可以采用 BBU＋RRU＋APM30 一体化配置。BBU 和传输设备安装在 APM30 内,APM30 为 BBU 提供室外防护;RRU 安装在铁塔上,靠近天线,可节省馈线损耗,提高系统覆盖容量。同时,该应用方式配置丰富,可满足配电、备电、提供大容量

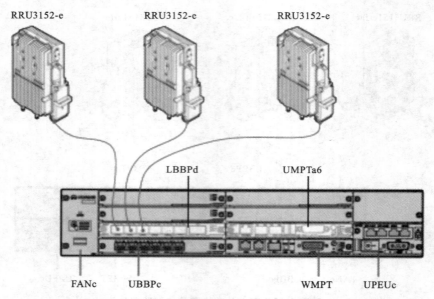

项图 1-67　室内分布式基站典型配置(2)——使用 LBBPd 组网

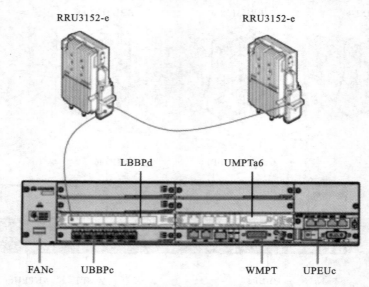

项图 1-68　室内分布式基站典型配置(3)

传输空间等多种需求,可根据不同需求,灵活选择配套设备。该方式具体特点如下。

（1）APM30 支持为 BBU 和 RRU 提供-48V 直流电源,同时提供蓄电池管理、监控、防雷等功能。

（2）APM30 中可内置 12A·h 或 24A·h 蓄电池,为分布式基站提供短时间备电;当备电要求更大时,还可配置 BBC 蓄电池柜。如配置 2 个 BBC,可实现 276A·h、备电 8h 的直流电源备电。

（3）APM30 可提供最大 7U 的传输设备安装空间,当需要更大的用户设备空间时,还可配置 TMC 传输柜,增加 11U 设备空间。

（4）无须配电，只需要传输设备空间时，BBU 也可直接安装于 TMC 内。

BBU＋RRU＋APM30 一体化配置应用的典型场景如项图 1-69（a）所示。

项图 1-69 中体现的是常见的三种 BBU3900 系统典型安装场景。

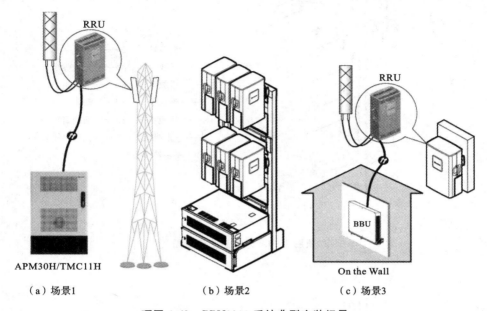

（a）场景1　　　　　　　　　（b）场景2　　　　　　　（c）场景3

项图 1-69　BBU3900 系统典型安装场景

1.3　认识基站天馈系统

传统的天馈系统连接情况如项图 1-70 所示。LTE 网络采用的是 DBS3900 系统，其组成部分 BBU 和 RRU 采用分离式安装方式，而 RRU 一般采用就近天线设备安装的方式，具体情况如项图 1-71 所示。

1. 馈线

馈线是在发射设备和天线之间传输信号的导线。均匀的特性阻抗和高回损是馈线最重要的传输特征。馈线按特点可分为标准型馈线、低损耗型馈线、超柔型馈线三种。

2. 合路器

合路器是将两种或多种不同频段、制式的信号合路的射频器件。合路器的插损一般小于 0.6 dB，插损是指因接入某一器件而在传输线路上带来的衰落。

3. 电桥

电桥主要用于基站不同载频的合路。其输入端接口以及输出端接口之间的隔离度大于 20 dB。

4. 塔放

塔放即塔顶放大器（TMA），其是一个低噪声放大器，安装在天线的下面，补偿上行信号在

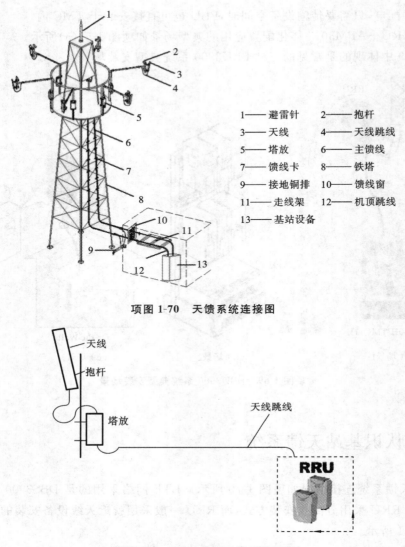

1——避雷针		2——抱杆	
3——天线		4——天线跳线	
5——塔放		6——主馈线	
7——馈线卡		8——铁塔	
9——接地铜排		10——馈线窗	
11——走线架		12——机顶跳线	
13——基站设备			

项图 1-70　天馈系统连接图

项图 1-71　RRU 靠近天馈系统场景

馈线中的损耗,从而降低系统的噪声系数,提高基站灵敏度,扩大上行覆盖半径。其主要用于解决移动通信基站上行覆盖受限的问题。在馈线长度超过 50 m 时,使用塔放可以补偿 3 dB 左右的馈线损耗。

塔放为塔顶设备,选用塔放会使系统可靠性降低,维护难度增加,且会增加天馈下行通道的插损,使下行可用有效功率降低,从而影响下行覆盖。

5. 避雷器

避雷器的工作原理与带通滤波器的类似:在工作频段,相当于在主同轴线并连了一个无限大的阻抗,而在闪电最具破坏能力的 100 kHz 或更低频段,表现出频率选择性,其具有很强的衰落作用,使闪电破坏性的能量转向接地装置而不致对设备造成损害。

6. N 型系列接头、馈线卡、接地线

N 型系列接头是一种具有螺纹连接结构的中大功率连接器,具有抗振性强、可靠性高、机械和电气性能优良等特点,广泛用于振动和环境恶劣条件下的无线电设备。

馈线卡一般用来固定馈线位置,以保证馈线的安装可靠、美观等,馈线卡一般根据孔位划分为两联馈线卡和三联馈线卡两种。

馈线和天线设备等会应用到接地线,其起到安全和防雷作用。

7. 天线及其相关知识

下面着重介绍天线的相关知识。首先,天线是什么? 我们把有效低辐射和接收、发送无线电波的装置称为天线。

无线电发射机输出的射频信号通过馈线(电缆)输送到天线上,经天线以电磁波的形式辐射出去。电磁波到达接收地点后,由天线接收,并通过馈线送到无线电接收机(见项图 1-72)。

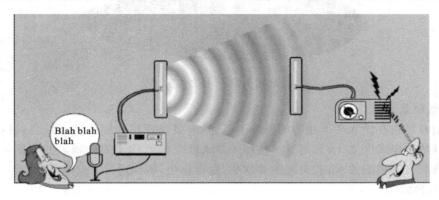

项图 1-72 天线工作举例

1)发射天线和接收天线

发射天线是一种将高频已调电流能量变换为电磁波能量,并将电磁波辐射到预定的方向的装置。

接收天线是将无线电磁波能量变换为高频电流能量,同时还能分辨出由预定方向传来的电磁波的装置。

天线接收和发射过程是互逆的。

2)工作频段

在我们国家,三大运营商各自使用工业和信息化部(简称"工信部")分配的频段。2013 年12 月 4 日下午,工信部向中国联通、中国电信、中国移动正式发放了 4G 业务牌照,中国移动、中国电信、中国联通三家均获得 TD-LTE 牌照,此举标志着中国电信产业正式进入 4G 时代。有关部门对 TD-LTE 频谱规划使用做了详细说明:中国移动获得 130MHz 频谱资源,分别为1880~1900 MHz、2320~2370 MHz、2575~2635 MHz;中国联通获得 40 MHz 频谱资源,分别为 2300~2320 MHz、2555~2575 MHz;中国电信获得 40 MHz 频谱资源,分别为 2370~2390 MHz、2635~2655 MHz。

3)天线的方向

天线的方向指天线向一定方向辐射电磁波的能力,对应接收天线则表示天线对来自不同方向的电磁波的接收能力。天线方向的选择性常用方向图来表示。所谓天线方向图,是指在离天线一定距离处,辐射场的相对场强(归一化模值)随方向变化的图形,通常用通过天线最大辐射方向上的两个相互垂直的平面方向图来表示,以天线为球心的等半径球面上,相对场强随

坐标变量 θ 和 φ 的变化而变化情况。在工程设计中一般使用 2D 方向图，可用极坐标来表示天线在垂直方向和水平方向的方向图。

3D 方向图(见项图 1-73)可用来说明天线在空间各个方向上所具有的发射或接收电磁波的能力。方向图中通常都有两个瓣或多个瓣，其中最大的瓣称为主瓣，其余的瓣称为副瓣，波束宽度是主瓣两半功率点间的夹角，又称为半功率(角)波束宽度、3dB 波束宽度。波束宽度越窄，说明天线方向性越好，抗干扰能力越强，经常考虑 3dB、10dB 波束宽度。

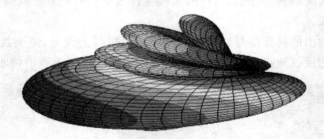

项图 1-73　3D 方向图

4) 天线增益

天线增益是指在输入功率相等的条件下，实际天线与理想的辐射单元在空间同一点处所产生的信号的功率密度之比，它定量地描述一个天线把输入功率集中辐射的程度。增益显然与天线方向图有密切的关系，方向图主瓣越窄，副瓣越小，增益越高。

5) 天线的极化

极化是指在垂直于传播方向的波阵面上，电场强度矢量端点随时间变化而变化的轨迹(见项图 1-74)。如果轨迹为直线，则称为线极化波，如果轨迹为圆形或者椭圆形，则称为圆极化波或者椭圆极化波。

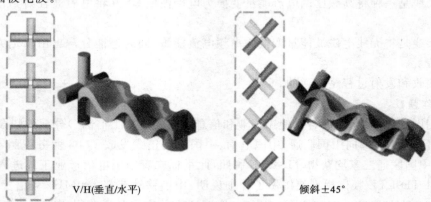

V/H(垂直/水平)　　　　　　　倾斜±45°

项图 1-74　天线的极化示意图

平面极化波可分为线极化波、圆极化波(或椭圆极化波)两种；线极化波可分为垂直线极化波、水平线极化波和±45°倾斜极化波三种。

6) 天线下倾角

为使主瓣指向地面，安置天线时需要将其适度下倾，下倾方式可分为机械下倾、固定电下倾、可调电下倾(见项图 1-75)。

项图 1-76 中，上面的是全向天线的覆盖示意图，下面的是定向天线的覆盖示意图。

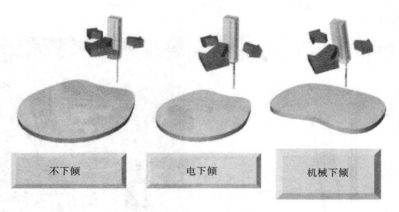

项图 1-75　各种下倾的覆盖

　　项图 1-77 所示的为定向天线,在水平方向上表现为具有一定角度的辐射,即具有方向性。同全向天线一样,其波瓣宽度越小,增益越大。定向天线在通信系统中一般应用于通信距离远、覆盖范围小、目标密度大、频率利用率高的环境。定向天线的主要辐射范围呈一个倒立的不太完整的圆锥形状。也可以这样来解释全向天线和定向天线之间的区别:全向天线会向四面八方发射信号,前后左右都可以接收到信号,定向天线就好像在天线后面罩一个碗状的反射面,信号只能向前面传递,射向后面的信号被反射面挡住并反射到前方,加强了前面信号的强度。

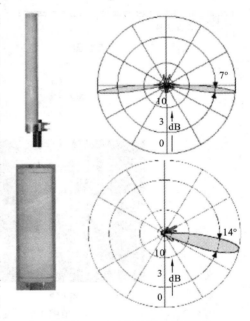

项图 1-76　天线的覆盖示意图

　　在选购天线时,如需要天线满足多个站点,并且这些站点分布在 AP 的不同方向,则需要采用全向天线;如果站点集中在一个方向,建议采用定向天线;另外还要考虑天线的接头形式是否与 AP 匹配、天线的增益大小等是否符合需求等。

　　智能天线(见项图 1-78)是一种安装在基站现场的双向天线,其通过一组带有可编程电子相位关系的固定天线单元获取方向性,并可以同时获取基站和移动台之间各个链路的方向特性。智能天线的原理是将无线电的信号导向具体的方向,产生空间定向波束,使天线主波束对准用户信号到达方向,旁瓣或零陷对准干扰信号到达方向,达到充分、高效利用移动用户信号并删除或抑制干扰信号的目的。

　　智能天线阵元就是带有可编程电子相位关系的固定天线阵子。阵元又叫阵子,用来产生带方向的无线电磁波,智能天线包含不同方向的阵元,能产生多波束的电磁波。

　　电下倾通过调节天线各振子单元的相位来改变天线垂直方向下的主瓣方向,此时天线仍保持与水平面垂直。电下倾情况下的波束覆盖如项图 1-79 所示。

　　机械下倾利用天线的机械装置来调节天线立面相对于地平面的角度。对于机械下倾天线,在下倾角超过 10°后,其水平方向图将产生变形,当达到 20°的时候,天线前方会出现明显的凹坑(见项图 1-80)。

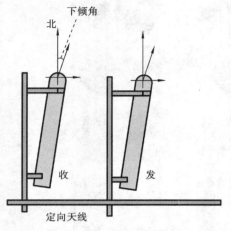

项图 1-77　定向天线图例

项图 1-78　智能天线图例

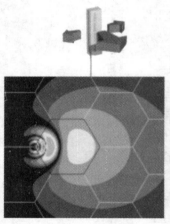

无下倾

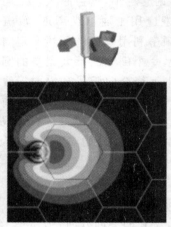

电下倾

项图 1-79　电下倾情况下的波束覆盖

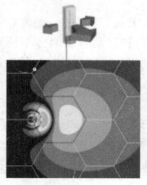

无下倾

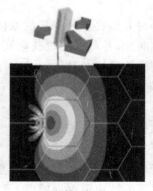

机械下倾

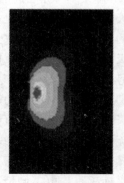

天线前方的凹坑

项图 1-80　机械下倾情况下的波束覆盖

在实际安装天线时,须结合机械下倾、电下倾来调节天线的下倾角度。项图 1-81 所示的是下倾方法的比较。

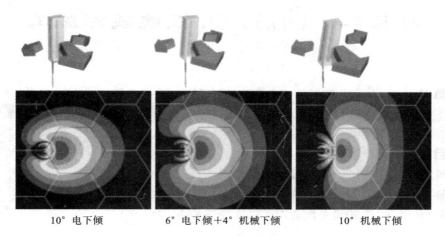

10°电下倾　　　　　6°电下倾+4°机械下倾　　　　10°机械下倾

项图 1-81　下倾方法的比较

思 考 题

1. 画出实验室 DBS3900 基站的系统组成。
2. 观摩实验室现场,画出实验室天馈系统。
3. 描述实验室中与实际工程中的天馈系统的区别。

项目二 DBS3900 系统硬件施工

项目背景

对于华为的典型产品 DBS3900 系统,除了需要掌握与其相关的知识外,还需要熟悉其硬件安装过程和规范,这也是 LTE 系统建设中至关重要的部分。

项目目标

- 了解实验室 DBS3900 系统设备的安装。
- 了解 DBS3900 系统机柜的安装。
- 了解 DBS3900 系统设备配置图。

2.1 DBS3900 系统机柜安装

在安装机柜前首先需要做好准备工作,准备工作主要包括两方面:机房安装环境的核查准备工作;安装机柜所使用的工具准备工作。

对于机房安装环境的核查准备工作,我们务必要做。在实际工程中这样可以减小很多的项目成本和提高工程的进度。核查事项如下:

(1)设备安装位置(按设计定位机柜);

(2)机房内电源系统满足设备供应商要求;

(3)机房内保护地排端子已准备好;

(4)机房内传输设备的 E1 满足设备供应商要求;

(5)机房内走线架已安装好;

(6)机房馈线窗有空间走馈线;

(7)室外馈线窗侧的保护地排到位;

(8)天线安装件已到位。

在启动安装前需要预先记录 ESN,以便基站调测时使用。一般情况下 ESN 粘贴在 BBU 的 FAN 模块上,如果没有,则可在 BBU 挂耳上找到,需手工抄录 ESN 和站点信息。如果 BBU 的 FAN 模块上挂有标签,则 ESN 同时贴于标签和 BBU 挂耳上,将标签取下,在标签上印有"Site"的页面上记录站点信息,并将 ESN 和站点信息上报给基站调测人员。对于现场有多个 BBU 的站点,需要将 ESN 逐一记录,并上报给基站调测人员。

项图 2-1 中列举了在安装设备时常用到的一些工具。

在实际工程中还可能会用到一些其他的工具,如安全防护工具:安全带,安全帽等;专业仪器/仪表:SiteMaster、光功率计等。

准备工作做好后,就可以开始安装了,一般需要遵从一定的安装流程来进行设备的安装,如项图 2-2 所示,这样可避免设备漏装、错装的情况出现。

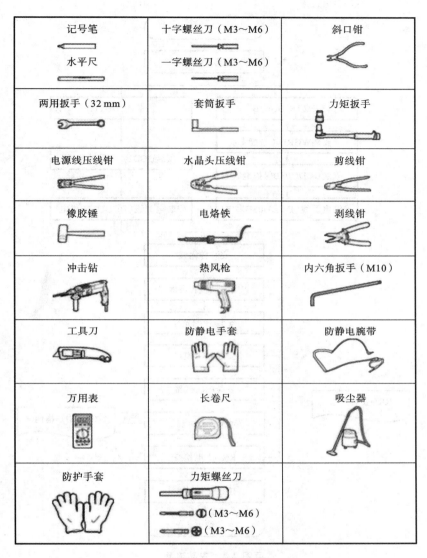

记号笔 水平尺	十字螺丝刀（M3~M6） 一字螺丝刀（M3~M6）	斜口钳
两用扳手（32 mm）	套筒扳手	力矩扳手
电源线压线钳	水晶头压线钳	剪线钳
橡胶锤	电烙铁	剥线钳
冲击钻	热风枪	内六角扳手（M10）
工具刀	防静电手套	防静电腕带
万用表	长卷尺	吸尘器
防护手套	力矩螺丝刀 （M3~M6） （M3~M6）	

项图 2-1　常用工具

　　当然，在实际工作中，如果人手富裕，可以在互不干扰的情况下分部分进行安装。对于有 19 in（1 in≈2.54 cm）机架的场景，现场还需要进行在 19 in 机架中安装部件和线缆的操作。

　　下面按照安装流程中主要设备的安装顺序来介绍具体设备的安装，首先安装 BBU。将走线爪与 BBU 盒体上孔位对齐，用四颗 M4 螺钉紧固，紧固力矩为 1.2N·m，如项图 2-3（a）所示。安装时需佩戴防静电手套或防静电腕带，用双手将 BBU 沿着滑道推入机柜。拧紧 4 颗 M6×16 面板螺钉，紧固力矩为 3 N·m，如项图 2-3（b）所示。

　　接下来是安装 DCDU，如果 BBU 安装在 19 in 机架上，可以由 DCDU03B 或 DCDU11B 为 BBU 提供电源输入，具体根据现场需要来定。

　　DCDU03B 为 BBU 提供电源输入时，若选配 WGRU（宽 CDMA 全球定位系统接收单元），则 DCDU03B 安装在 WGRU 上方的 1U 空间内，WGRU 安装在 BBU 上方的 1U 空间内（WGRU 为选配设备，仅应用在 UMTS 基站，为基站设备提供定位功能）。将 DCDU03B 沿着

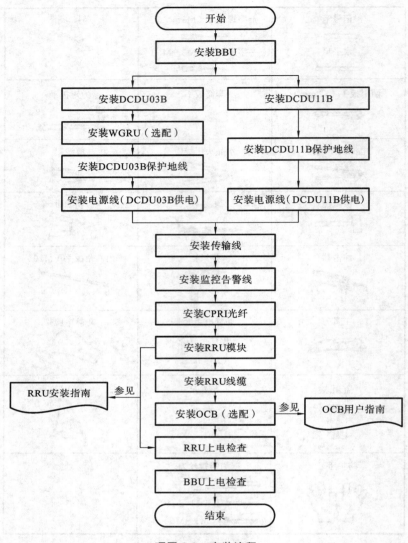

项图 2-2　安装流程

滑道推入机柜,拧紧 4 颗 M6×16 面板螺钉,紧固力矩为 3 N·m,如项图 2-4 所示。

安装 RRU 相对来说要复杂一点,可分为以下步骤:安装交流/直流电源模块(可选)、安装 RRU、安装 RRU 线缆、RRU 硬件安装检查和 RRU 上电(见项图 2-5)。

RRU 的安装步骤如下。

(1) 标记出主扣件的安装位置。

(2) 将辅扣件一端的卡槽卡在主扣件的一个双头螺母上。

(3) 将主、辅扣件套在抱杆上,再将辅扣件另一端的卡槽卡在主扣件的另一个双头螺母上。

(4) 用力矩扳手拧紧螺母,紧固力矩为 40 N·m,使主、辅扣件牢牢地卡在杆体上。

(5) 将 RRU 安装在主扣件上,当听见"咔嚓"的声响时,表明 RRU 已安装到位。

具体步骤如项图 2-6 所示。

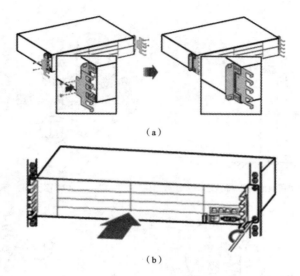

（a）

（b）

项图 2-3 安装 BBU

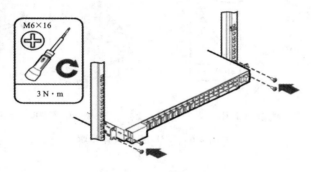

项图 2-4 安装 DCDU

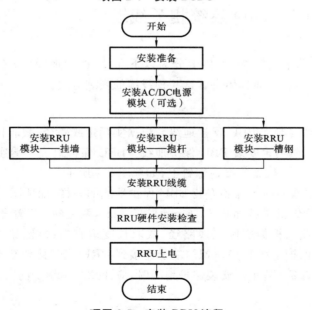

项图 2-5 安装 RRU 流程

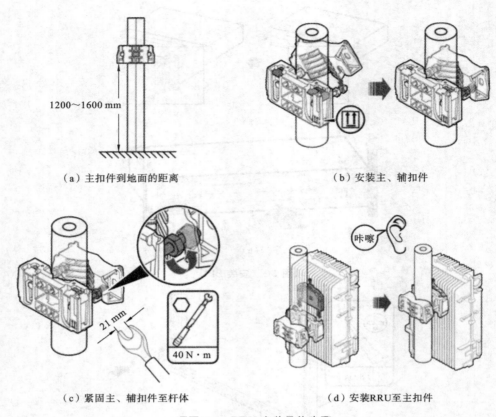

（a）主扣件到地面的距离   （b）安装主、辅扣件

1200～1600 mm

21 mm

40 N·m

咔嚓

（c）紧固主、辅扣件至杆体   （d）安装RRU至主扣件

项图 2-6　RRU 安装具体步骤

2.2　布设 DBS3900 系统相关线缆

DBS3900 系统线缆种类很多，大体上分为以下几种：保护地线（俗称黄绿线）、电源线、光纤、射频跳线、告警线等。下面具体讲解这几种线缆的安装方式。

1. 安装保护地线

在安装前，首先需要制作 BBU 保护地线。根据实际走线路径，截取长度适宜的线缆，给线缆两端安装 OT 端子，然后再安装 BBU 保护地线。BBU 保护地线一端连接到 BBU 上的接地端子，另一端连接到 19 in 机架的接地螺钉上，如项图 2-7 所示。

安装 DCDU 保护地线的步骤和安装 BBU 保护地线的一样，如项图 2-8 所示。

RRU 保护地线线缆的横截面积为 16 mm²、25 mm²，两端的 OT 端子分别为 M6、M8。首先制作 RRU 保护地线。根据实际走线路径，截取长度适宜的线缆，给线缆两端安装 OT 端子。接下来将 RRU 保护地线的 OT（M6）端子连接到 RRU 底部接地端子，OT（M8）端子连接到外部接地排，如项图 2-9 所示。安装保护地线时，应注意 OT 端子的安装方向。

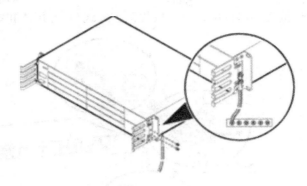

正确安装OT端子

项图 2-7　安装 BBU 保护地线

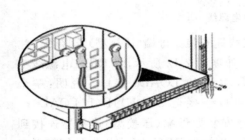

正确安装OT端子

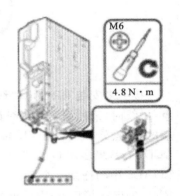

项图 2-8　安装 DCDU 保护地线

项图 2-9　安装 RRU 保护地线

2. 安装电源线

在安装 BBU 电源线前，首先要制作 BBU 电源线的快速安装型母端（压接型）连接器，BBU 电源线一端的 3V3 连接器在出厂前已经制作好，现场需要制作另一端的快速安装型母端（压接型）连接器。安装 BBU 电源线如项图 2-10 所示。将 BBU 电源线一端的 3V3 连接器连接至 BBU 上 UPEU 单板的－48V 接口，并拧紧连接器上的螺钉，紧固力矩为 0.25 N·m。将 BBU 电源线另一端的快速安装型母端（压接型）连接器连接至 DCDU11B 的 LOAD6 接口或 LOAD7 接口。

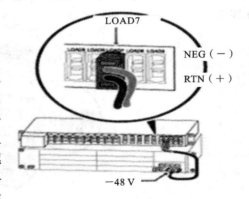

项图 2-10　安装 BBU 电源线

说明：当 BBU 上安装了两块 UPEU 电源板时，每块电源板需要连接一根 BBU 电源线。两根 BBU 电源线一端的 3V3 连接器分别连接至 BBU 上 UPEU 单板的－48V 接口，另一端的快速安装型母端（压接型）连接器分别连接至 DCDU11B 的 LOAD6 接口和 LOAD7 接口。按规范布放线缆，并用线扣绑扎固定。

在安装 DCDU11B 电源线前，需要先制作 DCDU11B 电源线，根据实际走线路径，截取长度适宜的线缆，并给线缆两端安装 OT 端子。如项图 2-11 所示，DCDU11B 电源线一端的 OT 端子连接到 DCDU11B 上的"NEG（－）"和"RTN（＋）"接线端子。DCDU11B 电源线另一端的

OT 端子连接到外部供电设备。按规范布放线缆,并用线扣绑扎固定。

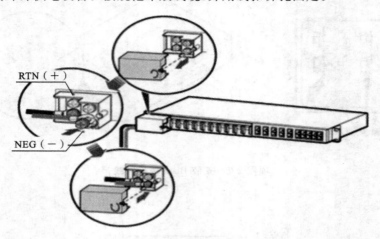

项图 2-11 安装 DCDU11B 电源线

接下来安装 RRU 电源线,给 RRU 电源线一端安装快速安装型母端(压接型)连接器。注意:做线时,请根据实际走线路径将多余的电源线剪掉。如项图 2-12 所示,将 RRU 电源线一端的快速安装型母端(压接型)连接器连接至 DCDU11B 上的 LOAD0 接口。说明:一个 DCDU11B 最多可以给 6 个 RRU 供电,RRU 电源线可以连接至 DCDU11B 上 LOAD0~ LOAD5 中的任意一个接口。RRU 电源线另一端的快速安装型母端(压接型)连接器连接到 RRU 的电源接口。RRU 电源线从 DCDU11B 端经过馈窗连接到 RRU 上,在机房外侧靠近馈窗处安装接地夹,并将接地夹上的保护地线连接到外部接地排。按规范布放线缆,并用线扣绑扎固定。

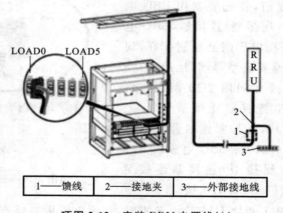

| 1——馈线 | 2——接地夹 | 3——外部接地线 |

项图 2-12 安装 RRU 电源线(1)

RRU 从 EPS 中取电时,RRU 电源线用于连接 EPS 和 RRU,EPS 提供输入电源给 RRU。

(1) 将 RRU 电源线的快速安装型母端(压接型)连接器连接至 RRU 的电源接口,如项图 2-13 所示。

(2) 将 RRU 电源线另一端的快速安装型母端(压接型)连接器连接至 EPS 上的 RRU0 接口。

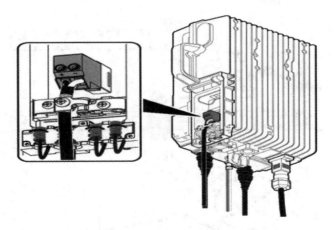

项图 2-13　安装 RRU 电源线(2)

说明:快速安装型母端(压接型)连接器的蓝色线缆对应 EPS 上的左侧接口,黑色/棕色线缆对应 EPS 上的右侧接口。EPS 最多可以给 6 个 RRU 供电,RRU 电源线可以连接至 EPS 上 RRU0~RRU5 中的任意一个接口。

(3) 按照线缆布放要求布放线缆,并用线扣绑扎固定。

(4) 在安装的线缆上粘贴标签。

3. 安装光纤

光纤在 DBS3900 系统设备安装中有两个用途,一个是作为传输链路(FE/GE 光纤),另外一个是作为 BBU 和 RRU 之间的连接(CPRI 光纤)。

光纤可以分为单模光纤和多模光纤两种。多模光纤的芯线粗,数据传输速率低、距离短,整体的传输性能差,但成本低,一般用于建筑物内或地理位置相邻的环境中。单模光纤的纤芯相应较细,传输频带宽,容量大,传输距离长,但需激光源,成本较高,通常在建筑物之间或地域分散的环境中使用。

与光纤配套的光模块分为单模光模块和多模光模块两种。可以通过光模块上的"SM"和"MM"标识进行区分。若光模块拉环颜色为蓝色,则为单模光模块;若光模块拉环颜色为黑色或灰色,则为多模光模块。

安装光纤时首先需要安装光模块。待安装光模块应与将要对应安装的接口的数据传输速率匹配。LMPT 单板的 SFP0 接口和 FE/GE0 接口是一路 GE 传输线路,两个接口不可同时使用。LMPT 单板的 SFP1 接口和 FE/GE1 接口是另一路 GE 传输线路,两个接口不可同时使用。将光模块的拉环折翻下来插入 LMPT 单板的 SFP0 接口或 SFP1 接口,如项图 2-14(a)所示。将 FE/GE 光纤连接到光模块,如项图 2-14(b)所示。沿右侧的走线空间布放线缆,用线扣绑扎固定。按规范布放线缆,用线扣绑扎固定。

安装 CPRI 光纤首先需要将光模块插入到 GTMU/WBBP/LBBP 的 CPRI 接口上,使用相同类型的光模块,将光模块插入到射频模块上的 CPRI_W、CPRI0 或 CPRI0/IR0 接口上。将光模块拉环折翻上去,安装 CPRI 光纤,如项图 2-15 所示。拔去光纤连接器上的防尘帽。

将 CPRI 光纤上标示为 2A 和 2B 的一端 DLC 连接器插入 GTMU/WBBP/LBBP 上的光模块中,标示为 1A 和 1B 的一端 DLC 连接器插入射频模块上的光模块中。注意:CPRI 光纤

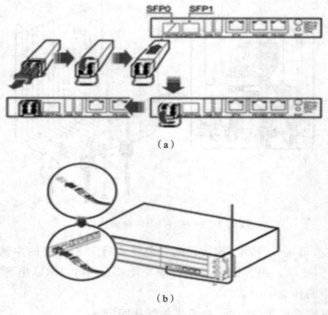

(a)

(b)

项图 2-14　安装 FE/GE 光纤

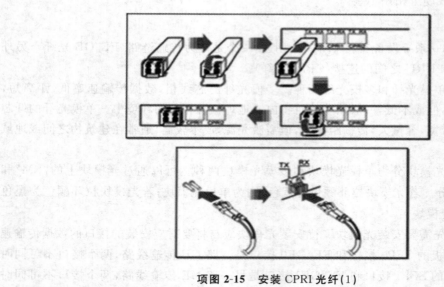

项图 2-15　安装 CPRI 光纤(1)

连接 BBU 和射频模块时，BBU 侧分支光缆长为 0.34 m，射频模块侧分支光缆长为 0.03 m。如果采用两端均为 LC 连接器的光纤，则 BBU 单板上的 TX 接口必须对接射频模块上的 TX 接口，BBU 单板上 RX 接口必须对接射频上的 RX 接口。将 CPRI 光纤沿机柜左侧布线，经机柜左侧底部出线孔出机柜。

RRU 侧光纤的安装步骤如下。

(1) 先将光模块上的拉环下翻，再将 RRU 上的 CPRI 接口和 BBU 上的 CPRI 接口分别插入光模块，最后将光模块的拉环上翻，如项图 2-16(a)所示。

（2）将光纤上标示为 1A 和 1B 的一端连接到 RRU 侧的光模块中，如项图 2-16(b)所示。

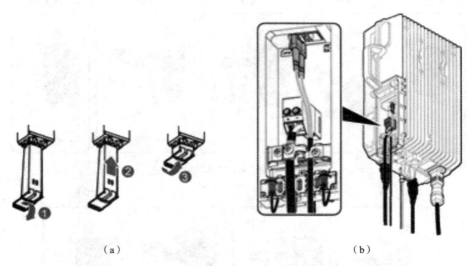

项图 2-16　安装 CPRI 光纤(2)

（3）将光纤上标示为 2A 和 2B 的一端连接到 BBU 侧的光模块中。

（4）按规范布放线缆，并用线扣绑扎固定。

（5）在安装的线缆上粘贴标签。

4．安装 RRU 射频跳线

安装步骤如下。

（1）分别将射频跳线一端的 N 型连接器连接到 RRU 的 ANT0_E 和 ANT1_E 接口上，并用力矩扳手对连接器进行紧固，紧固力矩为 1 N·m，如项图 2-17 所示。

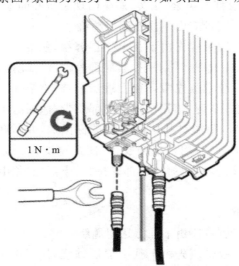

项图 2-17　安装 RRU 射频跳线

（2）再将射频跳线的另一端连接到外部天馈系统中。

（3）对 RRU 的防尘帽进行防水处理，如项图 2-18(a)所示。

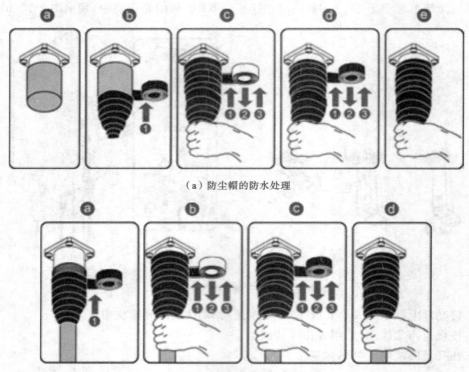

（a）防尘帽的防水处理

（b）各ANT端口的防水处理

项图 2-18 防水处理

缠绕防水胶带时,需均匀拉伸胶带,使其为原宽度的 1/2。逐层缠绕胶带时,上一层要覆盖下一层 1/2 左右,每缠一层都要拉紧、压实,避免出现皱折和间隙。缠绕步骤如下。

① 缠绕一层绝缘胶带。胶带应由下往上逐层缠绕。

② 缠绕三层防水胶带。胶带应先由下往上逐层缠绕,然后由上往下逐层缠绕,最后再由下往上逐层缠绕。每层缠绕完成时,需用手捏紧底部胶带,保证防水。

③ 缠绕三层绝缘胶带。胶带应先由下往上逐层缠绕,然后由上往下逐层缠绕,最后再由下往上逐层缠绕。每层缠绕完成时,需用手捏紧底部胶带,保证防水。

（4）若有空闲 ANT 端口,则需对其用防尘帽进行保护,并对防尘帽做防水处理,如项图 2-18（b）所示。缠绕防水胶带时,需均匀拉伸胶带,使其宽度为原宽度的 1/2。逐层缠绕胶带时,上一层要覆盖下一层 1/2 左右,每缠一层都要拉紧、压实,避免出现皱折和间隙。具体步骤如下。

① 确认防尘帽未被取下。

② 缠绕一层绝缘胶带。胶带应由下往上逐层缠绕。

③ 缠绕三层防水胶带。胶带应先由下往上逐层缠绕,然后由上往下逐层缠绕,最后再由下往上逐层缠绕。每层缠绕完成时,需用手捏紧底部胶带,保证防水。

④ 缠绕三层绝缘胶带。胶带应先由下往上逐层缠绕,然后由上往下逐层缠绕,最后再由下往上逐层缠绕。每层缠绕完成时,需用手捏紧底部胶带,保证防水。

（5）按照线缆布放要求布放线缆,并用线扣绑扎固定。

（6）在安装的线缆上粘贴标签。

（7）在安装的线缆上粘贴色环。

5. 安装 RRU 告警线

具体步骤如下。

（1）将 RRU 告警线的 DB9 型连接器连接至模块的 EXT_ALM 接口上，另一端的 8 个冷压端子连接至外部告警设备中，如项图 2-19 所示。

（2）按照线缆布放要求布放线缆，并用线扣绑扎固定。

（3）在安装的线缆上粘贴标签。

RRU 线缆比较多，下面将做总体介绍。项图 2-20 所示的是 RRU 线缆的连接，其中，①是保护地线；②是 RRU 射频跳线；③是 RRU 告警线；④是 CPRI 光纤；⑤是 RRU 电源线。

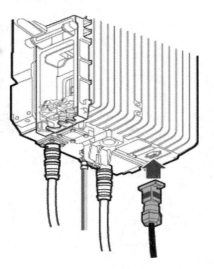

项图 2-19 安装 RRU 告警线

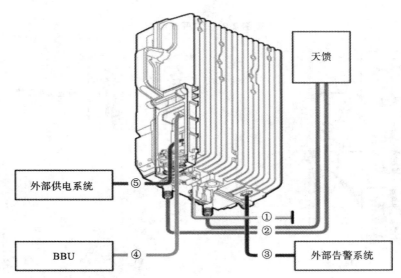

项图 2-20 RRU 线缆连接关系

RRU 有专门的配线腔用于安装线缆，下面介绍如何打开和关闭配线腔，以及配线腔的内部布局情况（见项图 2-21）。

打开配线腔步骤如下（见项图 2-21）。

（1）使用 M4 螺丝刀拧开配线腔盖上的螺钉，打开配线腔盖。

（2）拧开压线夹上的螺钉，打开压线夹。

（3）将 RRU 模块的配线腔盖板打开，此时能清晰地看见配线腔内的布局。

关闭配线腔步骤如下（见项图 2-22）。

（1）关闭压线夹，使用 M4 螺丝刀拧紧压线夹上的螺钉，紧固力矩为 1.4 N·m。

（2）配线腔中没有安装线缆的走线槽需用防水胶棒堵上。

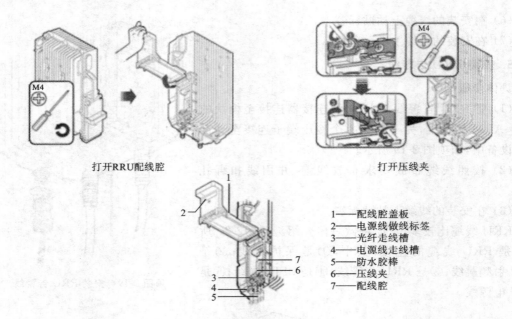

打开RRU配线腔　　　　　　　　　打开压线夹

1——配线腔盖板
2——电源线做线标签
3——光纤走线槽
4——电源线走线槽
5——防水胶棒
6——压线夹
7——配线腔

项图 2-21　打开配线腔

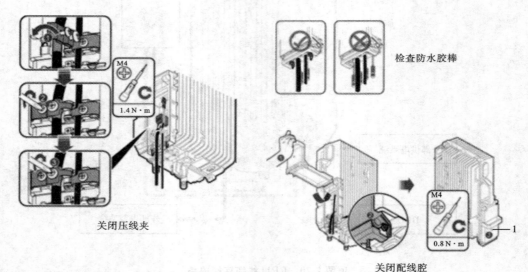

关闭压线夹　　　　检查防水胶棒　　　关闭配线腔

项图 2-22　关闭配线腔

（3）将 RRU 模块的配线腔盖板关闭，使用 M4 螺丝刀拧紧配线腔盖板上的螺钉，紧固力矩为 0.8 N·m。

由于线缆比较多，因此我们在布放线缆的时候需要遵循一定的布放规则。布放线缆应做到顺其自然，不可强拉硬拽，绑扎力度应适宜，不得绑扎过紧（见项图 2-23）。

布放光纤时，应尽量减少转弯，需转弯时最好将光纤弯成圆形。当采用上走线时，在走线架至分线盒一段需加保护套管；采用下走线时，也应加保护套管。多余的光纤应绕圈绑扎于机架一侧。

对于暂时不用的尾纤，应用护套套住其头部，将其整齐盘绕成直径不小于 8 cm 的圈后绑

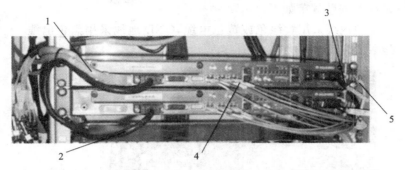

1——E1线缆；2——BBU之间的互连线；3——电源线；4——光纤；5——接地线

项图 2-23　BBU 线缆布放规则

扎固定，且不能绑扎过紧，并用宽绝缘胶带将其缠在光纤分线盒上，光纤布放好后不能有其他杂物压在上面。光纤的布放标准如下：

（1）光纤的弯曲半径不小于 150 mm；

（2）光纤尾部的弯曲半径不小于 40 mm；

（3）光纤尾部的扎带捆绑处距 BBU 面板的距离不大于 70 mm；

（4）BBU 的所有线缆连接正确、稳固。

请判断项图 2-24、项图 2-25 中所示的光纤连接方式是否正确。

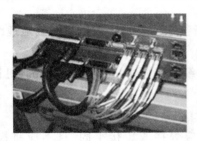 

项图 2-24　BBU 光纤连接方式判断（1）

  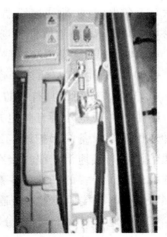

项图 2-25　RRU 光纤连接方式判断（2）

电源线和地线的安装规范如下。

(1) PGND 保护地线采用黄绿色或黄色电缆,GND 地线采用黑色电缆,—48V 电源线采用蓝色电缆(见项图 2-26)。

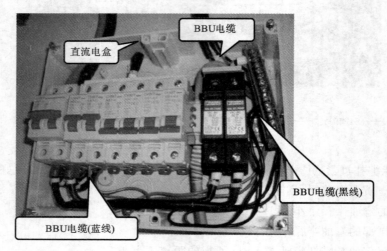

项图 2-26　电源线布放

(2) 所有电源线、地线一定要采用铜芯电缆,采用整段材料,中间不能有接头,并按规范要求进行可靠连接。

(3) 所有电源线、地线线径一定要符合设计要求,其中,接地铜排与接地地线连接的线径应不小于 95 mm² 或满足设计要求。

(4) 机柜外电源线、地线布放时应与其他电缆分开绑扎,间距大于 5 cm。机柜并柜时应按规范用导线在机柜顶进行连接,短接线经不小于 25 mm²。

(5) 地线、电源线的余长要剪除,不能盘绕。

(6) 在电源线及地线两头制作铜鼻子时,应焊接或压接牢固,且不应将裸线及线鼻柄露出。

(7) 各电源线、地线接线端子应安装牢固,接触良好。

(8) 对于 RRU 上塔安装场景,电源线必须为屏蔽电源线且屏蔽层可靠接地。

(9) 电源线、地线两端应粘贴标签。

(10) 单板拆包装、插拔符合防静电操作规范。

(11) 安装使用工具符合防静电要求。

除了上述规范外还有些地方需要注意。譬如移动基站的接地应当采用联合接地,就是说各种通信系统设备的保护地、工作地,以及基站防雷地接成一个公共地网。站内各类需要接地的通信设备与接地汇集线连接在一起,并且要安装过电压保护器。

接地选线装置的安装要注意以下几点。

(1) 小电流接地装置应按隐蔽工程处理,经检验合格后再回土。

(2) 接地装置回土时,要分层夯实,不应将石块、乱砖、垃圾等杂物填入沟内。

(3) 接地装置应尽量避免安装在腐蚀性强的地带,接地体要埋深。

(4) 移动基站的接地线需通过多点焊接连通到围绕机房外的环形地网和移动铁塔地网,

接地线与各部件的连接应符合设计规定要求。接地引入线与接地体应焊接牢固,所有焊点、焊缝处应作防腐处理(涂沥青),接地引入线应远离铁塔的一侧。

(5) 接地汇集装置安装位置应符合设计规定要求,安装端正、牢固,并有明显的标志。

小电流基地选线装置的接地电阻值应小于 5Ω,对于年雷暴日小于 20 天地区的基站,接地电阻可以小于 10Ω。接地线安装完毕后,在回土前,应用接地电阻测量仪测量消谐电阻,做好记录,随工人员应进行认真检查。测量仪所用的连接线必须是绝缘多股导线,雨后不宜立即测试。

出、入通信电缆线的接地应注意如下几点。

(1) 出、入站通信电缆线应采用地下埋设出、入站的方式。由楼顶引入机房的出、入站通信电缆线,必须选用具有金属护套的通信电缆线,在基站入口处做保护接地处理。在缆内芯线引入设备前应分别对地加装保安装置,或采取相应的防雷措施后再将其引入机房。

(2) 各种线缆应避免沿建筑物的墙角布放,应尽量远离移动铁塔。

基站通信设备的接地应注意如下几点。

(1) 基站专用变压器安装位置应远离基站(距离约 50 m)。变压器与避雷器的安装应符合供电部门规定要求。

(2) 对于变压器至基站的交流市电引入电缆线,必须选用具有金属铠装层的电力电缆,应将市电引入电缆线埋入地下,将金属铠装层两端就近接地。

铜鼻子(见项图 2-27)又称线鼻子、铜接线鼻子、铜管鼻、接线端子等,各地方和各行业叫法不一。铜鼻子是将电缆连接到电器设备上的连接件,顶端为固定上螺丝边,末端为上剥皮后的电缆铜芯。线径大于 10 mm² 的电缆才使用铜鼻子,线径小于 10 mm² 的电缆不使用铜鼻子,改用冷压线鼻。铜鼻子有表面镀锡和不镀锡、管压式和堵油式之分。

项图 2-27 铜鼻子

铜鼻子常用的表面处理方式有两种。

(1) 酸洗,酸洗过的颜色和红铜的本色基本相同,美观、抗氧化,更利于导电。

(2) 镀锡,镀锡后的铜鼻子表面为银白色,能更好地防氧化和导电,并可防止铜在导电过程中产生的有害气体扩散。

安装注意事项:①螺钉一定要拧紧,②电缆和铜鼻子一定要插到位,并用钳子压紧。

另外需要注意的是,设备电源引入线孔在柜顶,电源线应沿机柜顶顺直成把绑扎布放。交流电源线布放时应尽量不要和网络线缆并行走线,若并排时距离应不小于 50 mm,并且尽量避免交叉。

　　电源线走线时要平直,转弯处要圆滑,约 40 cm 左右绑扎一次,电源线出线时再绑扎一次。电缆的绑扎应间距均匀、松紧适度、线扣整齐,扎好后应将多余部分齐根剪掉,不留尖刺。交流电源线芯线间和芯线对地的绝缘电阻应不小于 1 MΩ。

　　正确的 BBU 和 RRU 的接地方式,和一些实际工程中常见的接地错误情况如项图 2-28、项图 2-29 所示。在施工过程中必须按照规范来对设备进行接地,这样才能对设备进行有效保护。

（a）正确的安装方式
（PGND线缆必须分别和
两个PGND螺钉连接）　　　　　（b）错误的安装位置　　　　　（c）不正确的连接方法

项图 2-28　BBU 的接地方式

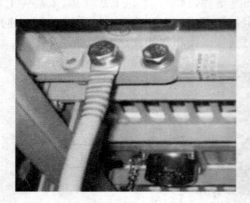

（a）正确的安装方式　　　　　　　（b）错误的安装方式
（错误的安装位置,连接器保护处理做得不好,
注意铜线是不能裸露在外面的）

项图 2-29　RRU 的接地方式

　　除了 BBU 和 RRU 的接地,还有天馈系统的接地,下面通过一些图片展示馈线接地的规范。

　　若 RRU 和天线安装于同一抱杆上,馈线长度小于 5 m 时,不需要对馈线进行专门的接地操作,大于 5 m 时,需要对馈线进行一处接地,接地位置应靠近 RRU 连接处(见项图 2-30)。

　　若 RRU 和天线不安装于同一抱杆上,馈线离开抱杆的长度小于 5 m 时,在馈线离开抱杆的位置附近进行接地,而馈线离开抱杆的长度不小于 5 m 时,则需要对馈线进行两处接地,即除了馈线离开抱杆的位置附近要接地外,还需要在靠近 RRU 连接处增加一处接地(见项图 2-31)。

　　若天线装在铁塔上,RRU 装于塔下,当馈线离开铁塔到 RRU 的长度小于 5 m 时,在离

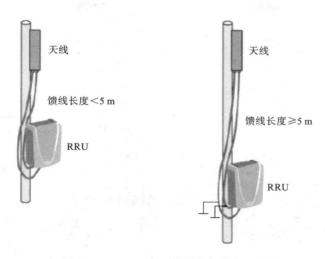

项图 2-30 RRU 与天线共抱杆馈线接地

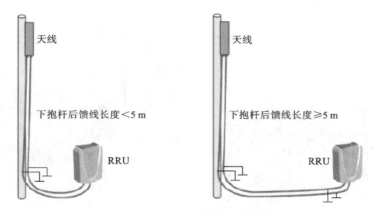

项图 2-31 RRU 与天线不共抱杆馈线接地

天线 1 m 处需进行接地,当馈线离开铁塔到 RRU 的长度不小于 5 m 时,需要对馈线进行两处接地,即除了馈线离开抱杆的位置附近要接地外,还需要在靠近 RRU 连接处增加一处接地(见项图2-32)。

若 RRU 安装于室内,大部分馈线在室内时,只需要在馈线进馈窗前 1 m 处进行接地,而大部分馈线在室外时,除了靠近馈窗处要接地外,在靠近天线侧 1 m 处还需增加一处接地(见项图 2-33)。

上面介绍了各种场景下的馈线接地情况,接下来具体介绍馈线接地的安装规范和制作步骤。

馈线接地安装规范如下。

(1)馈线接地线引向应由上往下,与馈管夹角以不大于 $15°$ 为宜。

(2)馈线接地夹应直接良好地固定在就近塔体的钢板上,馈线接地夹的制作应符合规范要求,馈线接地夹应连接牢靠,并做好防腐、防水等处理。

(3)基站接地阻值应小于 5 Ω,对于年雷暴日小于 20 天的地区,基站接地阻值应小于 10 Ω。

馈线接地的制作步骤如项图 2-34 所示。

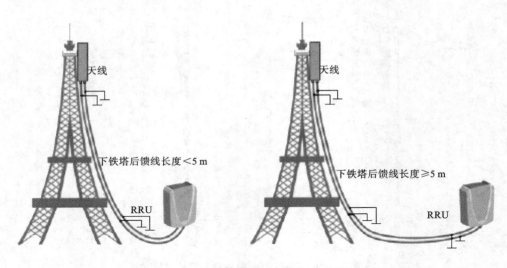

项图 2-32　RRU 位于塔下,天线位于塔上馈线接地

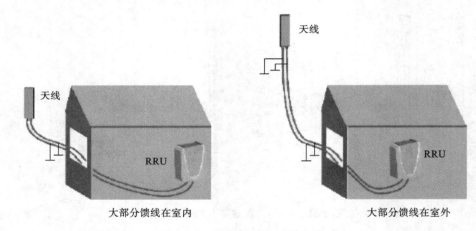

项图 2-33　RRU 装于室内馈线接地

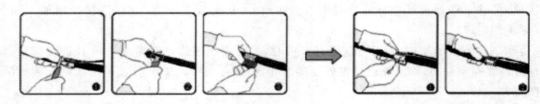

项图 2-34　馈线接地制作步骤

2.3　基站天馈系统的安装

基站天馈系统的安装包括馈线、天线等部分的安装。首先介绍整个基站天馈系统的组成,如项图 2-35 所示。

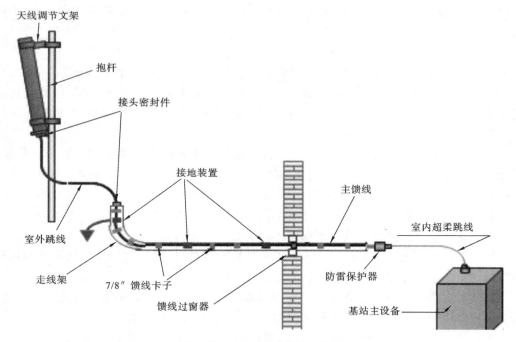

项图 2-35 基站天馈系统示意图

（1）天线调节支架。

天线调节支架用于调整天线的俯仰角度，一般调节范围为 $0°\sim15°$。

（2）室外跳线。

室外跳线用于连接天线与 7/8″主馈线。常用的跳线采用 1/2″馈线，长度一般为 3 m。

（3）接头密封件。

接头密封件用于室外跳线两端接头（与天线和主馈线相接）的密封。常用的材料有绝缘防水胶带（3M2228）和 PVC 绝缘胶带（3M33＋）。

（4）接地装置。

接地装置（7/8″馈线接地件）主要用来防雷和泄流，安装时与主馈线的外导体直接连接在一起。一般每根馈线装三套接地装置，分别装在馈线的上、中、下部位，接地点方向必须顺着电流方向。

（5）7/8″馈线卡子。

7/8″馈线卡子用于固定主馈线，在垂直方向，每间隔 1.5 m 装一个，在水平方向，每间隔 1 m 装一个（室内的主馈线部分不需要安装卡子，一般用尼龙白扎带捆扎固定）。

常用的 7/8″馈线卡子有两种：双联和三联。7/8″双联卡子可固定两根馈线，三联卡子可固定三根馈线。

（6）走线架。

走线架用于布放主馈线、传输线、电源线及安装馈线卡子。

（7）馈线过窗器。

馈线过窗器主要用来穿过各类线缆，并可用来防止雨水、鸟类、鼠类及灰尘的进入。

（8）防雷保护器。

防雷保护器(避雷器)主要用来防雷和泄流,装在主馈线与室内超柔跳线之间,其接地线穿过过窗器引出室外,与塔体相连或直接接入地网。

(9) 室内超柔跳线。

室内超柔跳线用于连接主馈线(经避雷器)与基站主设备,常用的跳线采用1/2″超柔馈线,长度一般为 2~3 m。由于各公司基站主设备的接口及接口位置有所不同,因此室内超柔跳线与主设备连接的接头规格亦有所不同,常用的接头有 7/16DIN 型、N 型,有直头、弯头等。

尼龙黑扎带主要有两个作用。

(1) 安装主馈线时,临时捆扎固定主馈线,待馈线卡子装好后,再将尼龙黑扎带剪断去掉。

(2) 在主馈线的拐弯处,由于不便使用馈线卡子,故用尼龙黑扎带固定,室外跳线亦用尼龙黑扎带捆扎固定。

尼龙白扎带用于捆扎固定室内部分的主馈线以及室内超柔跳线。

天馈系统的安装必须满足以下基本条件。

铁塔的两道防雷地线(40 mm×4 mm 以上的镀锌扁铁)应直接由避雷器从铁塔两对角接至防雷地网。主馈线必须有至少两道以上防雷接地线。

当馈线长度小于 30 m 时,在塔上平台馈线垂直拐弯后约 1 m 处做第一道防雷接地线,在馈线进线窗外(防水弯之前)或水平拐弯前约 1 m 处做第二道防雷接地线。

当馈线长度大于 30 m 时,除第一、第二道防雷接地线外,还要在铁塔馈线中间位置做第三道防雷接地线。室外水平走向馈线大于 5 m(且小于等于 15 m)时,必须再增加一道防雷接地线,超过 15 m 时,在水平走向馈线中间再增加一道防雷接地线。

制作主馈线防雷接地线必须顺着雷电泄流的方向单独直接接地,防雷接地线不可回弯、打死折,制作好以后必须用胶泥、胶带缠绕密封。密封包应超过密封处两端约 5 cm 左右。在密封包的两端应用扎带扎紧,防止开胶渗水。防雷接地点应该接触可靠、接地良好,并涂覆防锈油(漆)。

室内主馈线防雷接地线必须接至室外防雷地排(室外防雷地排的安装位置必须低于避雷器的位置或高度)。馈线(铁塔)的防雷接地线电阻必须小于 10 Ω。

下面具体介绍馈线馈管的安装规范。

(1) 馈线馈管排列整齐美观。

(2) 馈管无明显的折、拧现象,馈管无裸露铜皮。

(3) 馈管布放不得交叉,要求平行入室、排列整齐、工整平直,弯曲度一致(见项图 2-36)。

(4) 按照规范要求绑扎和粘贴通信电缆、馈管、跳线标签(见项图 3-37),标签排列应整齐美观、方向一致。

(5) 馈管最小弯曲半径应不小于馈管半径的 20 倍。

(6) 馈管入室的室内、室外部分应保持 0.5 m 以上平直。

除了上述规范外,还需要注意以下在实际工作中的规范。

(1) 馈线的量裁布放,应以节约为原则,先量后裁。馈线的允许余量为 3%。

(2) 制作馈线接头时,馈线的内芯不得留有任何遗留物。

(3) 接头必须紧固,无松动、无划伤、无露铜、无变形。

(4) 布放馈线时,应横平竖直,严禁相互交叉,必须做到顺序一致。两端标识应明确,而且两端对应。标识应粘贴在两端接头向内约 20 cm 处。

项图 2-36　馈线馈管的安装规范(1)

项图 2-37　馈线馈管的安装规范(2)

(5) 馈线必须用馈线卡子固定,垂直方向馈线卡子间距不大于 1.5 m,水平方向馈线卡子间距不大于 1 m。如无法用馈线卡子固定,则用扎带将馈线相互绑扎。

(6) 馈线、信号线必须与 220 V 以上的电源线有 20 cm 以上的间距。

(7) 天线、馈线等线缆与器件必须标识明确。

(8) 室外必须用黑扎带,室内必须用白扎带,绑扎时应整齐美观。

(9) 采用与基站设备统一的塑料标示牌,蓝底白字;主设备 7/8″馈线标识牌应在天线侧、馈线窗外侧及避雷器侧统一捆扎;1/2″馈线不扎标识牌;电源柜内标签使用带不干胶的塑料标签。

(10) 馈线避雷器统一向机柜后上方整齐倾斜;所有设备布线要做到横平竖直,设备进线均应垂直引入。

(11) 馈线的单次弯曲半径应符合以下要求:7/8″馈线的弯曲半径大于 30 cm;5/4″馈线的弯曲半径大于 40 cm,15/8″馈线的弯曲半径大于 50 cm(或大于馈线直径的 10 倍)。馈线多次弯曲半径应符合以下要求:7/8″馈线的弯曲半径大于 45 cm;5/4″馈线的弯曲半径大于 60 cm,15/8″馈线的弯曲半径大于 80 cm。

(12) 馈线在布放、拐弯时,应圆滑、无硬弯,并避免接触到尖锐物体,以防止划伤进水,造成故障。

(13) 馈线进线窗外必须有防水弯,防止雨水沿馈线进入机房。防水弯的切角应不小于 60°。

具体的跳线安装规范如下。

(1) 1/2″跳线的单次弯曲半径应不小于 20 cm；多次弯曲半径应不小于 30 cm。

(2) 跳线与天线、馈线的接头应连接可靠，密封良好。

(3) 跳线应用扎带绑扎牢固，松紧要适宜，严禁打硬折、死弯，以免损伤跳线。

(4) 应避免跳线与尖锐物体直接接触。

(5) 跳线与天线的连接处应留有适当的余量，以便日后维护。

(6) 跳线与馈线的接头应固定牢靠，防止晃动。

请判断项图 2-38 所示的 RRU RF 连接器的安装，哪个是正确的，哪个是错误的，错在哪里？

项图 2-38 RRU RF 连接器的安装

天线的安装规范如下。

(1) 天线应装在避雷器保护区域内。

(2) 要求天线支架与铁塔连接牢固可靠，天线与天线支架连接牢固可靠。

① 天支的位置应与设计相符。

② 天支应保证施工人员安装天线时的安全和方便。

③ 天支必须垂直（允许误差±0.5°）。

④ 全向站天支到塔身的距离应大于 3 m。

⑤ 定向站天支应符合定向天线安装距离要求。

⑥ 单极化天线天支必须符合安装标准。

⑦ 同一扇区两个支架的水平间距必须保持在 3.5 m 以上，相邻两个扇区支架之间的水平间距必须保持在 1.0 m 以上。

避雷针保护区域示意图及铁塔天线支架示意图如项图 2-39 所示。

(3) 全向天线与塔体距离应不小于 2 m；定向天线与塔体距离应不小于 1 m（安装示意图见项图 2-40）。

① 铁塔顶平台安装全向天线时，天线水平间距必须大于 4 m。

② 天线安装于铁塔塔身平台上时，天线与塔身的水平距离应大于 3 m。

③ 同平台全向天线与其他天线的间距应大于 2.5 m。

④ 上下平台全向天线的垂直距离应大于 1 m。如果上平台天线为 GSM：900 MHz、下平

避雷器保护区域示意图

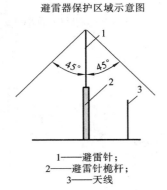

1——避雷针；
2——避雷针桅杆；
3——天线

铁塔天线支架示意图

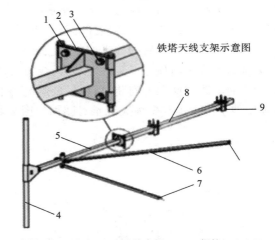

1——螺栓M12×220；2——连接底板；3——螺栓M12×45；
4——天线固定杆；5——转动杆；6——加强杆；
7——加强杆；8——伸缩杆；9——U形螺栓

项图 2-39　天线的安装规范(1)

全向天线安装在铁塔平台上　　　　　定向天线安装在铁塔平台上

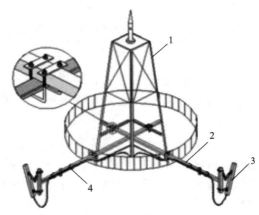

1——铁塔；2——塔放；3——塔顶天线支架；
4——全向天线；5——线扣

1——铁塔；2——塔顶天线支架；
3——全向天线；4——线扣

项图 2-40　天线的安装规范(2)

台天线为 CDMA:800 MHz,则上、下平台天线的垂直间距应不小于 5 m。

⑤ 天线的固定底座上平面应与天支的顶端平行(允许误差±5 cm)。

⑥ 安装全向天线时必须保证天线垂直(允许误差±0.5°)。

(4) 全向天线收、发水平间距应不小于 4 m。

(5) 定向天线两接收天线分集间距应不小于 4 m。

(6) 定向天线收、发垂直间距应不小于 2.5 m。

(7) 装在同一根天线支架上的两定向天线的垂直间距应不小于 0.5 m。

(8) 全向天线应保持垂直(允许误差±2°)。

(9) 定向天线方位角误差应不大于±5°,定向天线倾角误差应不大于±0.5°。

（10）全向天线护套顶端应与支架齐平或略高出支架顶部。

（11）接天线的跳线应沿支架横杆绑至铁塔钢架上。

（12）（室外）所有绑扎后的扎带剪断时应留有一定的余量。

（13）全向天线在屋顶上安装时,全向天线与天线避雷针之间的水平间距应不小于2.5 m。

（14）全向天线在屋顶上安装时,应尽量避免产生盲区。

屋顶安装全向天线与定向天线示意图如项图 2-41 所示。

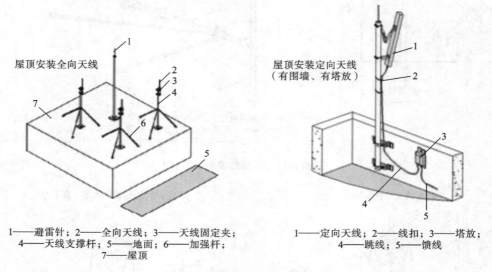

屋顶安装全向天线

屋顶安装定向天线
（有围墙、有塔放）

1——避雷针；2——全向天线；3——天线固定夹；
4——天线支撑杆；5——地面；6——加强杆；
7——屋顶

1——定向天线；2——线扣；3——塔放；
4——跳线；5——馈线

项图 2-41 天线的安装规范(3)

① 天线安装完成后,必须保证天线在主瓣辐射面方向上,前方范围 10 m 距离内无任何金属障碍物。

② 安装天线时,天支顶端应高出天线上安装的支架的顶部 20 cm。天支底端应比天线长出 20 cm,以保证天线的牢固。

③ 微波天线与 GSM 天线安装于同一平台上时,微波天线朝向应处于 GSM 同一小区两天线之间。

④ 天线安装在楼顶围墙上时,天线底部必须高出围墙顶部最高部分,且应高出至少 50 cm。

⑤ 安装楼顶桅杆基站时,天线与楼面的夹角应大于 45°。

⑥ 直放站中的施主天线和重发天线的水平间距应不小于 30 m,垂直间距应不小于 15 m。

⑦ 天线方位角必须和设计要求相符合(允许误差±5°)。

⑧ 同一扇区两个单极化天线的方位角必须一致(允许误差±5°)。

⑨ 俯仰角必须和设计要求相符合(允许误差±0.5°)。

其他部件的安装规范如下。

（1）安装塔放时,接天线的一侧应朝上,接馈管的一侧应朝下,塔放应安装在离天线较近的地方。

（2）楼顶安装馈窗,引馈线入室时,要保证馈窗的良好密封。

（3）馈线接头制作规范,无松动。

塔放、馈窗和馈线接头的安装规范如项图 2-42 所示。

塔放　　　　　　馈窗防水密封处理　　　　　　馈线接头的保护处理

1——馈线接头；2——包扎后的接头；
3——吊绳；4——绳结；5——馈线

项图 2-42　塔放、馈窗和馈线接头的安装规范

使用胶带对相关部件进行防水操作时应注意以下几点。

室外的每一个裸露接头都必须用胶泥、胶带做密封防水处理。

胶泥、胶带的缠绕必须为两层，第一层先从上向下半重叠连续缠绕，第二层应从下向上半重叠连续缠绕，缠包时应充分拉伸胶带。

胶带缠绕为三层，第一层先从下向上半重叠连续缠绕，第二层从上向下半重叠连续缠绕，第三层再从下向上半重叠连续缠绕，缠包时应充分拉伸胶带。

直放站安装完成后，须进行天线隔离度测试，施主天线的上、下行隔离度必须大于对应的上、下行增益 15 dBm；上行和下行的隔离度必须大于 110 dBm。如直放站的隔离度不能满足需要，则须进行以下调整：

① 微调施主天线和重发天线的方位角和俯仰角；

② 在施主天线和重发天线之间安装屏蔽网；

③ 增加施主天线和重发天线之间的距离；

④ 重新设置直放站上、下行链路的增益。

不合规范的安装造成天线的排水不畅，下雨天导致的天线内积水，对接头处理不好造成的进水，由于人为或老化造成的馈线断裂，小区间馈线调乱等会使相关的模块出现故障。

驻波比（voltage standing wave ratio，VSWR）指馈线上的电流（电压）最大值与电流（电压）最小值之比，或无线前射和反射功率之比，用于测量天线的安装质量。

通过测量天馈线驻波比、回损值或隔离度可判断天线的安装质量。

Site Master 天馈线测试仪（见项图 2-43）可以对天线进行驻波比测试、故障定位，在射频传输线、接头、转接器、天线及其他射频器件或系统中查找问题。

GPS 天线安装规范如下。

（1）GPS 天线的安装位置应视野开阔，周围没有高大建筑物阻挡。GPS 天线竖直向上的视角应不小于 90°，如项图 2-44(a)所示。

（2）GPS 天线应安装在避雷针保护区域（避雷针顶点下倾 45°范围）内，并且与避雷针的水

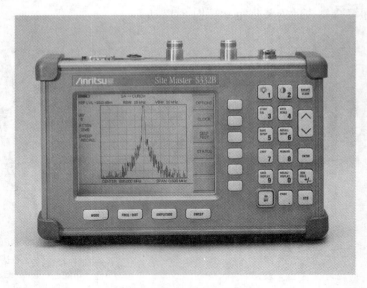

项图 2-43　天馈线测试仪

平距离大于 2 m，如项图 2-44(b)所示。

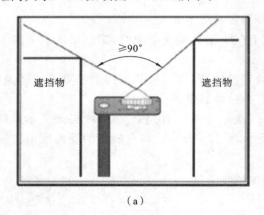
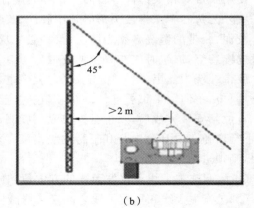

　　　　　（a）　　　　　　　　　　　　　　　　（b）

项图 2-44　GPS 天线安装位置要求

（3）若要安装多个 GPS 天线，GPS 天线之间的水平间距（边缘）应大于 0.2 m。

（4）GPS 天线应远离以下区域安装：

① 高压电缆的下方；

② 电视发射塔的强辐射区域；

③ 基站射频天线的正面主瓣近距离辐射区域；

④ 微波天线的辐射区域；

⑤ 其他同频干扰或强电磁干扰区域。

天线支架的安装过程如下（见项图 2-45）。

（1）以天线支架为模板，确定 3 颗膨胀螺栓（M10）的安装孔位。

（2）在安装孔位打孔并安装膨胀螺栓。

（3）用膨胀螺栓将支架固定在墙面上，紧固力矩为 28 N·m。

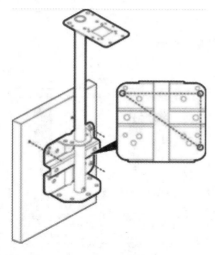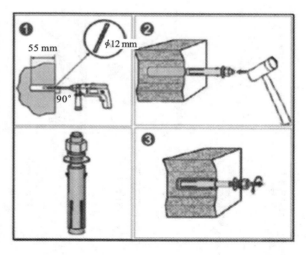

项图 2-45　天线支架的安装

接下来需要裁剪馈线、制作室外馈线头（见项图 2-46）。常见 GPS 馈线规格有 1/2″超柔馈线和 RG8U 馈线，馈线的两端均为 N 型连接器。

（1）测量GPS天线至主设备的路径长度，根据馈线上的长度标识确定裁剪位置后，用馈线刀裁剪长度适宜的馈线。

（2）在馈线的一端制作N公型接头。

项图 2-46　裁剪馈线和制作室外馈线头

馈线头制作好后，接下来安装 GPS 天线。需要注意的是在馈线头与天线 N 型接头的接口处，采用 1＋3＋3 防水处理方法进行防水保护（见项图 2-47）。在胶带的两端各用一个线扣绑扎。然后将馈线引入室内（见项图 2-48）。

将馈线引入室内后，根据设备侧避雷器的安装位置，准确裁剪掉多余的馈线，并制作 N 公型接头。将馈线沿室内走线架布放，并用线扣绑扎固定。

设备侧避雷器安装在馈窗走线架上，距馈窗 1 m 范围内。其接地线连接至馈窗地排，默认采用 6MM2 接地线，接地线在避雷器端使用 M8 OT 端子。

在不需要放大器和分路器的场景，避雷器的 Protect 端连接至 GPS 时钟信号线的 N 母型接头；信号线长度不够时采用跟天线侧到馈窗同样型号的馈线进行转接。连接避雷器至主设备的详细操作方法参考主设备的相关安装手册。

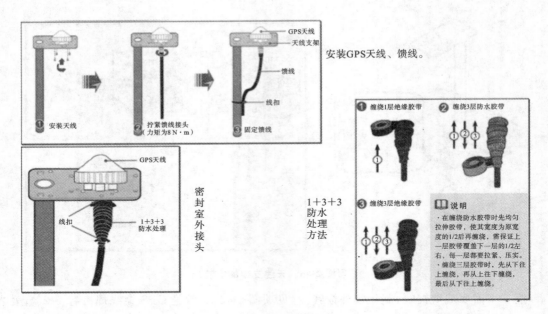

项图 2-47 GPS 天线的安装

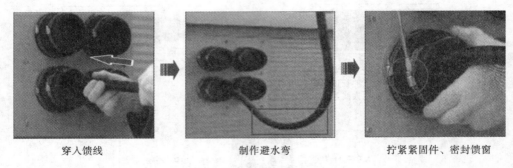

项图 2-48 将馈线引入室内

GPS 馈线安装如项图 2-49 所示。

一个基站单独使用一套 GPS 天馈系统时,若馈线的长度为 0～150 m,则使用 RG8U 馈线;若馈线长度为 151～270 m,则使用 RG8U 馈线＋一个放大器。放大器安装在室内墙上或室内走线架上(必须与走线架绝缘),可以安装在避雷器前面或者后面,根据实际路由情况,放大器与 GPS 天线之间的距离在 50～150 m 范围内可调整(见项图 2-50)。RF IN 端朝向天线端连接,RF OUT 端朝向设备端连接。

对于两个基站共用一套天馈系统,当馈线的长度为 0～100 m 时,使用 RG8U 馈线＋一分二分路器;为 101～250 m 时,使用 RG8U 馈线＋放大器＋一分二分路器。

对于三个或四个基站共用一套天馈系统,当馈线的长度为 0～100 m 时,使用 RG8U 馈线＋一分四分路器;为 101～240 m 时,使用 RG8U 馈线＋放大器＋一分四分路器。分路器安装在室内,固定在室内走线架上(必须与走线架绝缘),不需要安装保护地线。当基站到分路器的 GPS 时钟信号线长度不够时,在 GPS 时钟信号线的 N 型连接器端采用跟天线侧到馈窗同样型号的馈线进行转接。采用一分二分路器或一分四分路器(见项图 2-51)时,当分出的几路中

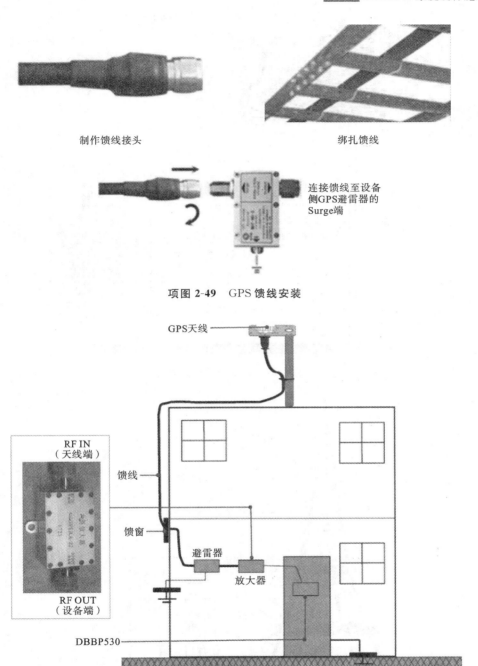

制作馈线接头　　　　　　　　　　绑扎馈线

连接馈线至设备
侧GPS避雷器的
Surge端

项图 2-49　GPS 馈线安装

GPS天线

RF IN
（天线端）

馈线

馈窗

避雷器

放大器

RF OUT
（设备端）

DBBP530

项图 2-50　GPS 放大器的安装

有空闲端时,在空闲端安装"匹配负载"。

　　GPS 天线的安装在实际工作中一般可以分为两大典型场景:GPS 天线不上塔和 GPS 天线上塔。

　　对于 GPS 天线上塔的场景(见项图 2-52),需要在 GPS 天线下方安装避雷器,此时上塔的高度是没有限制的。GPS 避雷器悬空安装在天线的下方,避雷器不安装保护地线,在 GPS 避

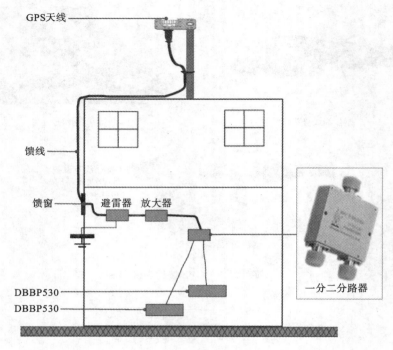

项图 2-51 GPS 分路器的安装

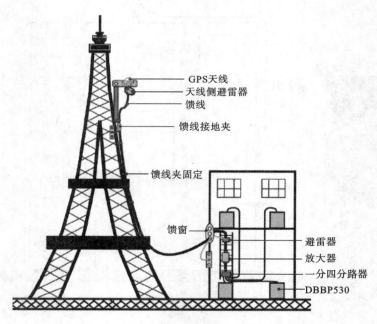

项图 2-52 典型安装场景——GPS 天线上塔

雷器下方 1 m 范围内用馈线接地夹将馈线通过屏蔽层接地。馈线沿走线梯布放,同时用馈线夹固定,其间距约为 2.5 m,根据实际情况可适当调整。设备侧 GPS 避雷器安装在馈窗附近走线架上,距馈窗 1 m 范围内,且避雷器必须与走线架绝缘。GPS 避雷器接地线连接至馈窗地排,默认采用 6MM2 接地线,接地线在避雷器端使用 M8 OT 端子。

对于 GPS 天线不上塔的场景(见项图 2-53),在天线下方不需要安装 GPS 避雷器。馈线不需要接地,馈线在室外的走线全程绝缘。馈线顺着楼房墙面的走线梯布放,同时用馈线夹固定,其间距约为 2.5 m,根据实际情况可适当调整。在所有馈线弯曲的地方,馈线弯曲半径要大于馈线直径的 20 倍。设备侧 GPS 避雷器安装在馈窗附近走线架上,距馈窗 1 m 范围内,且避雷器必须与走线架绝缘。GPS 避雷器接地线连接至馈窗地排,默认采用 6MM2 接地线,接地线在避雷器端使用 M8 OT 端子。

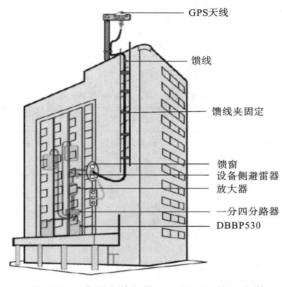

项图 2-53　典型安装场景——GPS 天线不上塔

2.4　基站硬件自检

在基站安装完成后,需要对设备的安装进行自检。自检的目的是排除明显的工程问题,从而规避基站运行的风险。在实际工作中一般需要按照设备商的要求进行设备的自检,并提交相应的自检报告。

下面具体介绍 DBS3900 系统的安装检查事项。在 BBU 侧需要检查的事项如项表2-1 所示。

项表 2-1　BBU 自检清单

序号	检 查 项 目
1	机箱放置位置应严格与设计图纸相符
2	采用墙面安装方式时,挂耳的孔位与膨胀螺栓孔位配合良好,挂耳应与墙面贴合,且平整牢固
3	采用抱杆安装方式时,安装支架固定牢固,不松动
4	采用落地安装方式时,底座要安装稳固
5	机箱水平度误差小于 3 mm,垂直偏差度不大于 3 mm

续表

序号	检查项目
6	所有螺栓都要拧紧(尤其要注意电气连接部分),平垫、弹垫齐全,且未装反
7	机柜清洁干净
8	外部漆饰完好,如有掉漆,掉漆部分需要立即补漆,以防止腐蚀
9	预留空间未安装用户设备的部分安装了假面板
10	柜门开闭灵活,门锁正常,限位拉杆紧固
11	各种标识正确、清晰、齐全

在 RRU 侧需要检查的事项如项表 2-2 所示。

项表 2-2　RRU 自检清单

序号	检查项目
1	设备的安装位置严格遵循设计图纸,满足安装空间要求,预留维护空间
2	RRU 安装牢固
3	RRU 的配线腔盖板锁紧
4	防水检查:RRU 配线腔未走线的导线槽中安装有防水胶棒,配线腔盖板锁紧;未安装射频线缆的射频端口安装防尘帽,并对防尘帽做好防水处理
5	电源线、保护地线一定要采用整段材料,中间不能有接头
6	制作电源线和保护地线的端子时,应焊接或压接牢固
7	所有电源线、保护地线不得短路或反接,且无破损、断裂
8	电源线、地线与其他线缆分开绑扎
9	RRU 保护接地、建筑物的防雷接地应共用一组接地体
10	信号线的连接器必须完好无损,连接紧固可靠,信号线无破损、断裂
11	标签正确、清晰、齐全,各种线缆两端的标签正确

在实际的工程中,每个设备商或者运营商都有自己的一套硬件质量标准,按照检查内容的重要程度和关键程度来细分检查项,并给出相应的分值。在检查完成后,如果未达到一定分值,则视为不合格,如项表 2-3 所示。

项表 2-3　华为无线产品硬件质量标准部分

编码	检查内容	检查方法	分数	说明
WHBA00A	机架和底座(支架)连接牢固可靠,机架稳立不动		3	
WHBA01A	射频电缆接头安装到位,以避免虚假连接而导致驻波比异常,影响系统正常工作		2	
WHBA02A	中继电缆接头连接必须牢固可靠,现场制作的电缆插头必须按规范制作,压接可靠,外观完好无损		2	
WHBA03A	各种线缆的插头在插接前必须保证干净,必要时按规范进行清洁处理		2	

编码	检 查 内 容	检查方法	分数	说　　明
WHBA04B	连接到基站的环境告警采集线应该有可靠的防雷保护措施		1	
WHBA05B	机架各部件不能存在变形等影响设备外观的现象		1	
WHBA06B	机柜或底座(支架)与地面固定膨胀螺栓安装可靠牢固,各种绝缘垫、平垫、弹垫和螺栓螺母安装顺序正确		1	
WHBA07B	主走道侧的机柜门板全部装上后,应对齐成直线,误差应小于 5 mm		0.5	
WHBA08B	机柜垂直偏差度应小于 3 mm		0.5	
WHBA09B	相邻底座之间的缝隙应不大于 3 mm		0.5	
WHBA10B	机柜内刚性电缆连接时,应尽量不交叉,不能拉得过紧,拐弯处一定要留有余量,刚性电缆弯折整齐一致		0.5	
WHBA11B	架内电缆横向走线时,应绑扎于相应横杆处内侧;架内电缆纵向走线时,应安装在两侧的走线槽中		0.5	
WHBA12B	所有架间电缆走线清晰无交叉,且连接可靠;信号电缆上走线架或从机柜间过线孔穿过;并柜射频电缆走并柜射频电缆口或从机柜间过线孔穿过		0.5	

根据硬件质量标准对安装的硬件进行逐项检查,同时还需要输出相关的工程质量检查报告。

2.5　DBS3900 系统加电

基站在加载电力前需要进行一系列的检查,可在进行设备安装自检时一道完成。

在为 DBS3900 系统基站通电之前,需要对机柜本身和机柜内部件进行上电检查。其中,DCDU03B 直流输出电压范围为 $-57 \sim -43.2V$。BBU 上电检查步骤如项图 2-54 所示。

BBU 上完电后,BBU 单板的 GTMU、WMPT、UMPT、WBBP、LMPT、LBBP、UTRP、UCIU 指示灯的正常状态应该是:RUN 指示灯——绿色闪烁(1 s 亮,1 s 灭);ALM——常灭;ACT——常亮。UPEU 单板 RUN 指示灯状态为常亮。FAN 模块 STATE 指示灯状态为绿色闪烁(1 s 亮,1 s 灭)。

RRU 上电检查步骤和其对应的正常状态如项图 2-55 所示。

上电出现问题往往是由于在进行电源线或接地线布放时未按照规范来进行操作造成的。下面具体介绍电源线和接地线的布放规范。当然这也是我们在上电前需要重点检查的部分。

(1)所有电源线、接地线都要采用铜芯电缆,采用整段材料,中间不能有接头,并要按规范要求进行可靠连接(见项图 2-56)。

(2)在电源线及接地线两头制作铜鼻子时,应焊接或压接牢固(见项图 2-57)。

(3)布放机柜外电源线、接地线时应与其他电缆分开绑扎。

(4)接地线、电源线的余长要剪除,不能盘绕(见项图 2-58)。

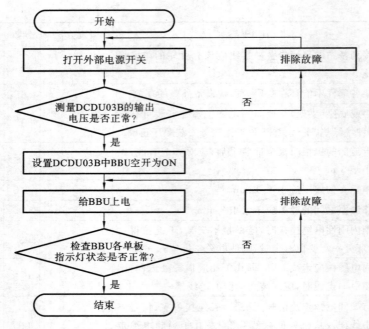

项图 2-54 BBU 上电检查步骤

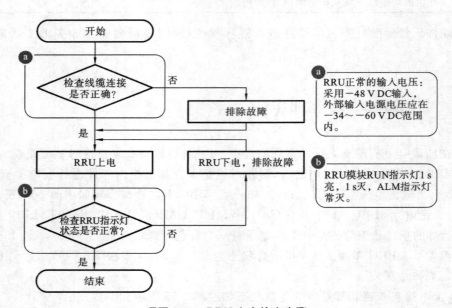

项图 2-55 RRU 上电检查步骤

（5）对于无塔的建筑物顶部天馈接地，接地线应就近接至附近的屋顶防雷地网上。

（6）电源线及接地线线鼻柄和裸线需用套管或绝缘胶布包裹，确保无铜线裸露（见项图 2-59）。

（7）GPS/GLONASS 天馈线应有可靠接地点，GPS/GLONASS 室内天馈避雷器直接安装在机柜的 GPS/GLONASS 信号输入端子上，不需要接地，室外避雷器在靠近室外 GPS/GLONASS 天线的地方可做防雷接地处理（有 GPS/GLONASS 天线时检查）（见项图 2-60）。

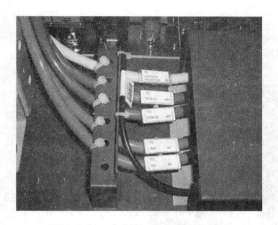

项图 2-56　电源线、接地线检查(1)

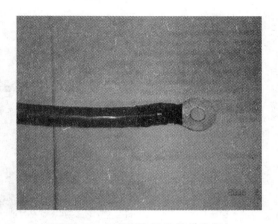

项图 2-57　电源线、接地线检查(2)

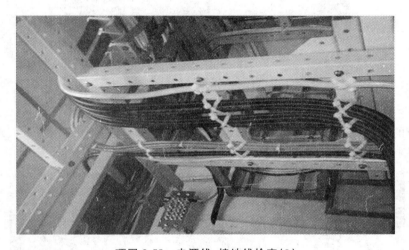

项图 2-58　电源线、接地线检查(3)

项图 2-59　电源线、接地线检查(4)

项图 2-60　电源线、接地线检查(5)

（8）机柜的前门应通过公司配发或自购的电缆线连接到机柜的固定门板接地螺栓上，要求机柜门板的接地线连接紧固可靠（见项图 2-61）。

项图 2-61　电源线、接地线检查(6)

（9）馈线接地夹直接良好地固定在就近塔体的钢板上，馈线接地夹的制作要符合规范要求，连接牢靠并做好防锈、防腐、防水等处理（见项图 2-62、项图 2-63）。

（10）接地端子连接前要进行除锈、除污处理，保证连接的可靠性；连接以后使用自喷快干漆或者其他防护材料对接地端子进行防腐、防锈处理，保证接地端子的长期接触良好，各接地端子应正确可靠，并安装有平垫和弹垫（见项图 2-64）。

项图 2-62 电源线、接地线检查(7)

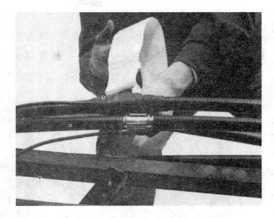

项图 2-63 电源线、接地线检查(8)

项图 2-64 电源线、接地线检查(9)

　　(11) 机柜外电源线、接地线与信号线间距要符合设计要求,一般建议间距大于 3 cm(见项图 2-65)。

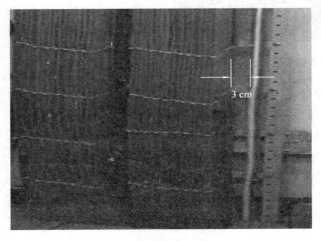

3 cm

项图 2-65 电源线、接地线检查(10)

（12）当塔高大于 60 m 时，在塔的中部的馈线上再增加一处馈线接地夹（见项图 2-66(a)）。

（13）若馈线离开塔后，在楼顶（或走线架上）布放一段距离后再入室，且这段距离超过 20 m，则应在楼顶（或走线架上）加一避雷接地夹（见项图 2-66(b)）。

（14）馈线自楼顶沿墙壁入室，若使用下线梯，则下线梯应接地（见项图 2-66(c)）。

（a）　　　　　　　　　　　（b）　　　　　　　　　　　（c）

项图 2-66　电源线、接地线检查(11)

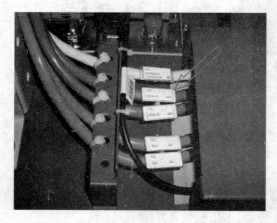

项图 2-67　电源线、接地线检查(12)

（15）馈线接地线引向应由上往下，与馈线的夹角不大于 15°为宜。

（16）馈线自塔顶至机房至少应有三处接地（离开塔上平台后 1 m 范围内，离开塔体引至室外走线架前 1 m 范围内；馈线离馈窗 1 m 范围内），接地处绑扎牢固，防水处理完好。

（17）按规范填写标签并粘贴至电源线、接地线上，标签位置整齐、朝向一致（包括配电开关标签）。标签可根据客户要求统一制作，便于查看。一般建议标签粘贴在距插头 2 cm 处（见项图 2-67）。

（18）设备电源线、接地线及机柜间等电位级连线的线径应满足设备配电要求。

（19）设备电源开关、风扇等功能正常。

（20）电源线、接地线走线时应平直绑扎整齐，在转弯处应圆滑。

（21）布放的电源线、接地线颜色与发的货一致，或者符合客户的要求。

（22）在一个接线柱上安装两根或两根以上的线缆时，一般采取交叉或背靠背安装方式，重叠时建议将线鼻做 45°或 90°弯处理。重叠安装时应将较大线鼻安装于下方，较小线鼻安装于上方（见项图 2-68）。

在实际施工过程中一定要按照上述规范来操作，这样才能避免安全隐患。

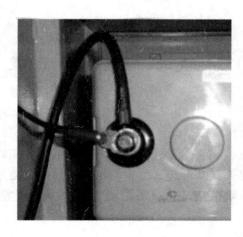

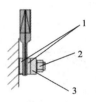

做45°或90°弯处理　　　　　背靠背式安装

交叉安装

项图 2-68　电源线、接地线检查(13)

思 考 题

1. 观摩实验室,了解实验室 DBS3900 系统设备的配置,画出实验室的 DBS3900 系统设备配置图。

2. 画出实验室 DBS3900 系统设备接电图,并对设备进行加电操作。

3. 大致描述实验室 DBS3900 系统设备相关线缆布放路由。

4. 了解实验室 DBS3900 系统天馈系统,画出典型 DBS3900 天馈系统和 GPS 天馈系统。

5. 填写 DBS3900 系统硬件自检报告。

项目三　DBS3900 系统单站数据配置

项目背景

项目对应的产品版本为 TD-LTE DBS3900 V1R5 系统。本项目为 TD-LTEe NodeB 单站 MML 数据配置指南,介绍 DBS3900 系统产品开展基本配置流程与相关模块配置命令。主要内容如下:数据配置准备、设备数据配置、传输数据配置、无线数据配置、邻区数据配置,以及脚本验证与业务演示。

项目目标

- 能独立开通基本业务站点。
- 理解配置数据生效方式。
- 掌握站点配置工具使用技巧。

3.1　数据配置前的准备

本任务重点描述在进行单站数据配置前需要进行的准备工作。

3.1.1　明确准备目标

首先明确以下目标。配置 eNodeB 前要准备什么? 基本站点配置流程与模块有哪些? 规划数据分别从何处获取?

TD-LTE 网络是扁平化的,无线资源管理类功能由 eNodeB 来实现,用户终端通过 eNodeB设备在高层直接与核心交换网络实现对话,完成快速数据交换业务。LTE 网络拓扑结构如项图 3-1 所示。

无线设备数据配置主体为 eNodeB,其配置数据包含以下三方面内容。

(1)设备数据配置:配置 eNodeB 使用的单板、RRU 设备信息,EPC 运营商信息。

(2)传输数据配置:配置 eNodeB 传输 S1/X2/OMCH 对接接口信息。

(3)无线数据配置:配置 eNodeB 空中接口扇区、小区信息。

3.1.2　单站数据配置流程与承接关系

TD-LTE 系统单站数据配置流程与承接关系如项图 3-2 所示。

3.1.3　单站配置规划与协商数据准备

1. 实验设备规划组网拓扑图

借助实验设备规划组网拓扑图可直观了解 EPS 网络基本的组网情况(见项图 3-3)与对接

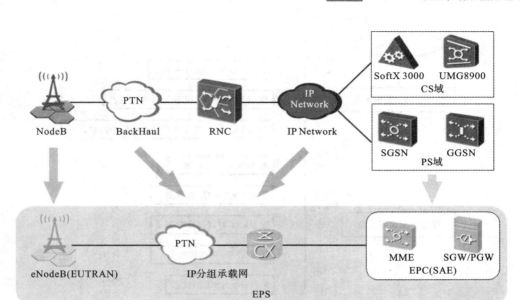

项图 3-1　LTE 网络拓扑结构

业务流情况,以进行设备数据、传输数据配置。

本传输网络采用 PTN＋CE 的方案。实验网络基础站点硬件配置结构图如项图 3-4 所示。

实验网络基础站型采用 1×UMPT＋1×LBBPc＋1×DRRU3233 最简配置,单站数据配置以此为基础。上机目标:学员独立完成单站配置开通基本业务。

2. TD-LTE eRAN 传输规划协商数据表

借助 TD-LTE eRAN 传输规划协商数据表可进行传输接口对接配置,单站配置重点包括 eNodeB 到 MME 的 S1-C 接口,eNodeB 到 SGW/UGW 的 S1-U 接口,多个 eNodeB 之间的互联 X2 接口。

主要配置参数参考接口协议栈,包含底层物理接口属性、以太网层 VLAN、网络层 IP 与路由,高层 S1-C 信令承载链路、S1-U 用户数据承载链路。

与 MME 对接只存在信令交互,传输层采用 SCTP 传输协议来承载 S1 接口信令链路 S1-AP。S1-C 控制面协议栈如项图 3-5 所示。

与 SGW/UGW 对接只存在用户数据交互,高层建立 GTP-U 隧道来传递用户数据,传输层采用传输效率更高的 UDP 协议来进行链路承载。S1-U 用户面协议栈如项图 3-6 所示。

在接口对接数据协商过程中,底层对接协商路由数据、IP&VLAN 数据需要与传输岗位人员进行协商获取,高层对接协商数据——SCTP 链路参数,需要与核心网岗位人员进行协商获取。

3. TD-LTE eRAN 无线全局数据规划协商数据表

TD-LTE eRAN 无线全局数据规划协商数据表用于无线空中接口资源的全局规划,配置重点包括扇区(Sector)资源配置、小区(Cell)资源配置,以及全局运营商信息配置。邻区配置工作主要由网优工程师来完成,内容将在多站配置规范课程中进行描述与实际操作。

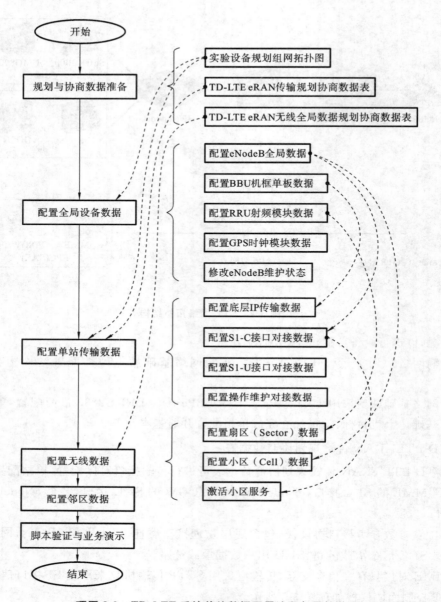

项图 3-2　TD-LTE 系统单站数据配置流程与承接关系

Sector 是指覆盖一定地理区域的最小无线覆盖区。每个扇区使用一个或多个载频完成无线覆盖，扇区和载频组成了提供 UE 接入的最小服务单位，即小区，小区与扇区载频是一一对应的关系。

TD-SCDMA 站型采用 Sx/x/x 方式表示，如 S6/6/6 表示 3 个扇区，每扇区有 6 个载频，而 TD-SCDMA 的小区就是指扇区。

TD-LTE 站型采用 A×B 方式表示，A 表示扇区数，B 表示每个扇区的载频数。项图 3-7 所示的为典型的 3×2 配置站型，整个区域分为 3 个扇区（Sector 0/1/2）进行覆盖，每扇区使用 2 个载频，每个载频组成一个小区，共 6 个小区。一个 TD-LTE 系统的 eNodeB 支持的小区数由"扇区数×每扇区载频数"确定。

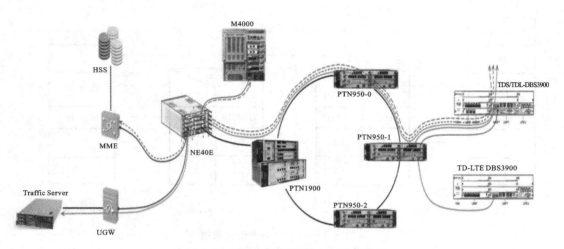

项图 3-3　EPS 实验网络基本组网结构图

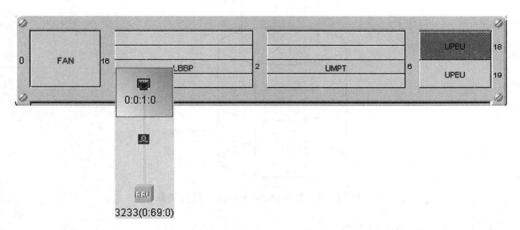

项图 3-4　实验网络基础站点硬件配置结构图

NAS				NAS
RRC	RRC	S1AP		S1AP
PDCP	PDCP	SCTP		SCTP
RLC	RLC	IP		IP
MAC	MAC	L2		L2
L1	L1	L1		L1
UE		eNodeB		MME

项图 3-5　S1-C 控制面协议栈

扇区分为全向扇区和定向扇区两类。全向扇区常用于室分、低话务量覆盖,它以全向收发天线为圆心,覆盖 360°的圆形区域。当覆盖区域的话务量较大时使用定向扇区,定向扇区由多副定向天线完成各自区域的覆盖,如对于 3 扇区,每副定向天线覆盖 120°的扇形区域,典型使用场景为室外宏站场景。

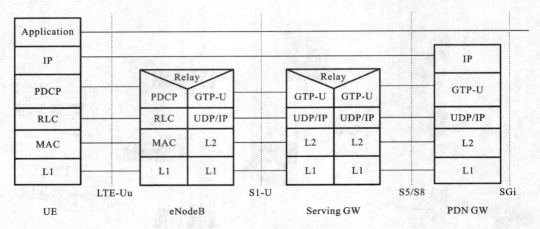

项图 3-6　S1-U 用户面协议栈

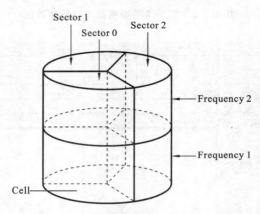

项图 3-7　扇区、载频和小区之间的关系

3.1.4　单站数据配置工具

运行 MML 命令执行模块，可制作、保存 eNodeB 配置数据脚本，登录界面如项图 3-8 所示。配置界面如项图 3-9 所示。

项图 3-8　TD-LTE MML 登录界面

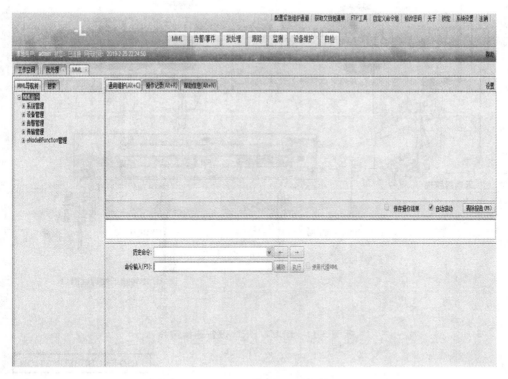

项图 3-9 TD-LTE MML 配置界面

Offline-MML 工具通常仅用于 MML 命令、参数查询使用。

本部分内容将以浏览器为基础,讲解 MML 配置流程与命令功能,为后续日常操作、维护与故障处理过程的学习打基础。

3.2 DBS3900 系统全局设备数据配置

3.2.1 1×1 基础站型硬件配置

BBU3900 系统机框配置拓扑如项图 3-10 所示。

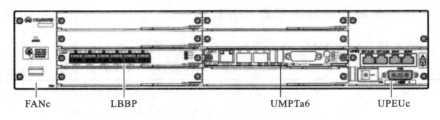

项图 3-10 BBU3900 系统机框配置拓扑

BBU&RRU 设备连接拓扑如项图 3-11 所示。

单站全局设备数据配置流程图如项图 3-12 所示。

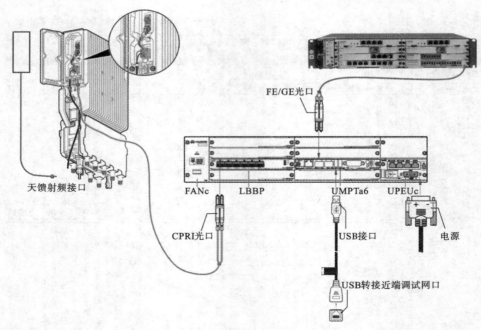

项图 3-11　BBU&RRU 设备连接拓扑

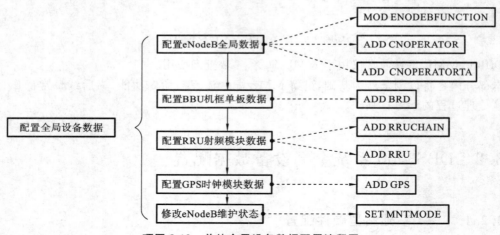

项图 3-12　单站全局设备数据配置流程图

3.2.2　单站全局设备数据配置 MML 命令集

单站全局设备数据配置 MML 命令集如项表 3-1 所示。

项表 3-1　单站全局设备数据配置 MML 命令集

命令＋对象	MML 命令用途	命令使用注意事项
MOD　ENODEBFUNC-TION	配置 eNodeB 基本站型信息	eNodeB 标识在同一 PLMN 中唯一； eNodeB 类型为 DBS3900_LTE； BBU-RRU 接口类型协议和 CPRI 类型协议（TDL 单模 RRU 使用），TD_IR 类型协议（TDS-TDL 多模 RRU 使用）

命令＋对象	MML 命令用途	命令使用注意事项
ADD CNOPERATOR	增加 eNodeB 所属运营商信息	国内 TD-LTE 系统站点归属于一个运营商,也可以实现多运营商共用无线基站共享接入
ADD CNOPERATORTA	增加跟踪区域 TA(跟踪区)信息	TA 相当于 2G/3G 中 PS 的路由区
ADD BRD	添加 BBU 单板	主要单板类型:UMPT、LBBP、UPEU、FAN;LBBPc 支持 FDD 与 TDD 两种工作方式,TD-LTE 基站选择 TDD
ADD RRUCHAIN	增加 RRU 链环;确定 BBU 与 RRU 的组网方式	可选组网方式:链型、环型、负荷分担
ADD RRU	增加 RRU 信息	可选 RRU 类型为 MRRU,LRRU,MRRU 支持多制式,LRRU 只支持 TDL 制式
ADD GPS	增加 GPS 信息	现场 TDL 单站必配,TDS-TDL 共框站点可从 TDS 系统 WMPT 单板获取
SET MNTMODE	设置基站工程模式	用于标记站点告警,可配置项目:普通、新建、扩容、升级、调测(默认出厂状态)

3.2.3 单站全局设备数据配置步骤

1. 配置 eNodeB 与 BBU 单板数据

(1) 打开浏览器,在命令输入窗口执行 MML 命令(见项图 3-13)。

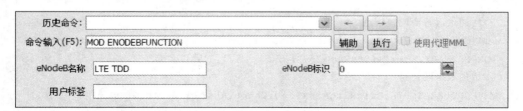

项图 3-13 MOD ENODEB 命令参数输入

MOD ENODEB 命令重点参数如下。

① eNodeB 标识:在一个 PLMN 内编号唯一,是小区全球标识(CGI)的一部分。

② eNodeB 类型:TD-LTE 只采用 DBS3900_LTE 类型。

③ 协议类型:BBU-RRU 接口类型协议和 CPRI 类型协议在 TDL 单模 RRU 建站时使用;TDL_IR 类型协议在 TDS-TDL 多模 RRU 建站时使用。

命令脚本示例:

```
MOD ENODEBFUNCTION:ENODEBFunctionName="LTE TDD",ENODEBId=0;
```

(2) 增加 eNodeB 所属运营商配置信息(见项图 3-14、项图 3-15)。

项图 3-14 增加 eNodeB 所属运营商配置信息(1)

项图 3-15 增加 eNodeB 所属运营商配置信息(2)

ADD CNOPERATOR/ADD CNOPERATORTA 命令重点参数如下。

① 运营商索引值:范围为 0~3,最多可配置 4 个运营商信息。

② 运营商类型:与 eNodeB 共享模式配合使用,当 eNodeB 共享模式为独立运营商模式时,只能添加一个运营商且必须为主运营商;当 eNodeB 共享模式为载频共享模式时,添加主运营商后,最多可添加 3 个从运营商。

③ 后续配置模块中通过运营商索引值、跟踪区域标识来索引绑定站点信息所配置的全局信息数据。

④ 移动国家码、移动网络码、跟踪区域码:需要与核心网 MME 配置协商一致。

通过 MOD ENODEBSHARINGMODE 命令可修改 eNodeB 共享模式。

命令脚本示例:

```
//增加主运营商配置信息
ADD CNOPERATOR:CnOperatorId=0,CnOperatorName="CMCC",CnOperatorType=CNOPERA-
TOR_PRIMARY,Mcc="460",Mnc="50";
//增加跟踪区信息
ADD CNOPERATORTA:TrackingAreaId=0,CnOperatorId=0,Tac=101;
```

(3) 参考实验设备规划组网拓扑图中 BBU 的硬件配置,执行 MML 命令,增加 BBU 单板。

增加 UBBP 单板命令参数输入与增加 UMPT 单板命令参数输入分别如项图 3-16、项图 3-17 所示。

项图 3-16 增加 UBBP 单板命令参数输入

项图 3-17　增加 UMPT 单板命令参数输入

ADD BRD 命令重点参数如下。

① LBBP 单板工作模式为 TDD。

② TDD_ENHANCE 表示支持 TDD BF。

③ TDD_8T8R 表示支持 TD-LTE 单模 8T8R,支持 BF,其 BBU 和 RRU 之间的接口协议为 CPRI 接口协议。

④ TDD_TL 表示支持 TD-LTE&TDS-CDMA 双模或者 TD-LTE 单模,包括 8T8R BF 以及 2T2R MIMO,其 BBU 和 RRU 之间采用 CMCC TD-LTE IR 协议规范。

⑤ 增加 UMPT 单板命令执行成功后会要求单板重新启动和加载,维护链路也会中断。

命令脚本示例:

```
ADD BRD:SN=2,BT=UBBP,BBWS=GSM-0&UMTS-0&LTE_FDD-0&LTE_TDD-1;
ADD BRD:SRN=0,SN=16,BT=FAN;
ADD BRD:SRN=0,SN=19,BT=UPEU;
ADD BRD:SRN=0,SN=6,BT=UMPT;
```

2. 配置 RRU 设备数据

(1) 增加 RRU 链环数据。

增加 RRU 链环数据如项图 3-18 所示。

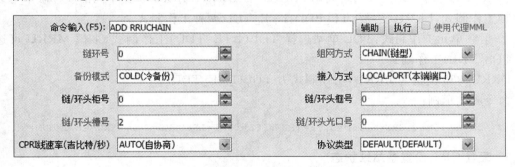

项图 3-18　增加 RRU 链环数据参数输入

ADD RRUCHAIN 命令重点参数如下。

① 组网方式:CHAIN(链型)、RING(环型)、LOADBALANCE(负荷分担)。

② 接入方式:本端接口表示 LBBP 通过本单板 CPRI 与 RRU 连接;对端接口表示 LBBP 通过背板汇聚到其他槽位基带板与 RRU 连接。

③ 链/环头槽号、链/环头光口号:表示链/环头的 CPRI 接口所在单板的槽号/接口号。

④ CPRI 线速率:用户设定速率,设置 CPRI 线速率与当前运行的速率不一致时,会产生 CPRI 相关告警。

命令脚本示例：

```
ADD RRUCHAIN:RCN=0,TT=CHAIN,BM=COLD,AT=LOCALPORT,HSRN=0,HSN=2,HPN=0;
```

（2）增加 RRU 设备数据。

增加 RRU 设备数据如项图 3-19 所示。

项图 3-19　增加 RRU 设备数据参数输入

ADD RRU 命令重点参数如下。

① RRU 类型：TD-LTE 网络只用 MRRU 和 LRRU，MRRU 根据不同的硬件版本可以支持多种工作制式，LRRU 支持 LTE_FDD、LTE_TDD 两种工作制式。

② 射频单元工作制式：TDL 单站选择 TDL(LTE_TDD)工作制式，多模 MRRU 可选择 TL(TDS_TDL)工作制式。

DRRU3233 类型为 LRRU，工作制式为 TDL(LTE_TDD)。

命令脚本示例：

```
ADD RRU:CN=0,SRN=60,SN=0,TP=TRUNK,PS=0,RT=LRRU,RS=TDL,RXNUM=8,TXNUM=8;
```

3. 配置 GPS，设置基站维护态

（1）增加 GPS 设备信息。

增加 GPS 设备信息如项图 3-20、项图 3-21 所示。

ADD GPS/SET CLKMODE 命令重点参数如下。

GPS 工作模式：支持多种卫星同步系统信号接入。

优先级：取值范围 1~4，1 表示优先级最高，现场通常设置 GPS 优先级最高，UMPTa6 单板自带晶振时钟优先级默认为 0，优先级别最低，可用于测试使用。

时钟工作模式：AUTO(自动)、MANUAL(手动)、FREE(自振)。

手动模式表示用户手动指定某一路参考时钟源，自动模式表示系统根据参考时钟源的优

项图 3-20　增加 GPS 设备参数输入

项图 3-21　设置参考时钟源工作模式参数输入

先级和可用状态自动选择参考时钟源,自振模式表示系统工作于自由振荡状态,不跟踪任何参考时钟源。

实验设备设置时钟工作采用自振模式:

```
SET CLKMODE:MODE=FREE;
```

命令脚本示例:

```
ADD GPS:SRN=0,SN=6;
SET CLKMODE:MODE=FREE;
```

（2）设置基站维护态。

设置基站维护态如项图 3-22 所示。

项图 3-22　设置基站维护态参数输入

SET MNTMODE 命令重点参数如下。

① 工程状态:网元处于特殊状态时,告警上报方式将会改变。

② 主控板重启不会影响工程状态的改变,自动延续复位前的网元特殊状态。

设备出厂默认将工程状态设置为"TESTING（调测）"。

命令脚本示例:

```
SET MNTMODE:MNTMODE=INSTALL,MMSETREMARK="实验室新建培训测试站点 101";
```

3.2.4　单站全局设备数据配置脚本示例

TD-LTE eNodeB 101 设备数据配置示例如下。

```
//配置全局数据
MOD ENODEBFUNCTION:eNodeBFunctionName="LTE TDD",eNodeBId=0;
ADD CNOPERATOR:CnOperatorId=0,CnOperatorName="CMCC",CnOperatorType=CNOPERA-
TOR_PRIMARY,Mcc="460",Mnc="50";
ADD CNOPERATORTA:TrackingAreaId=0,CnOperatorId=0,Tac=101;
//配置 BBU 机框单板数据
ADD BRD:SN=2,BT=UBBP,BBWS=GSM-0&UMTS-0&LTE_FDD-0&LTE_TDD-1;
ADD BRD:SRN=0,SN=16,BT=FAN;
ADD BRD:SRN=0,SN=19,BT=UPEU;
ADD BRD:SRN=0,SN=6,BT=UMPT;
//增加 UMPT 单板会引起单板复位重启,执行脚本数据时会中断
//配置 RRU、GPS 数据
ADD RRUCHAIN:RCN=0,TT=CHAIN,BM=COLD,AT=LOCALPORT,HSRN=0,HSN=2,HPN=0;
ADD RRU:CN=0,SRN=60,SN=0,TP=TRUNK,PS=0,RT=LRRU,RS=TDL,RXNUM=8,TXNUM=8;
ADD GPS:SRN=0,SN=6;
SET CLKMODE:MODE=FREE;
//设置基站维护态
SET MNTMODE:MNTMODE=INSTALL,MMSETREMARK="实验室新建培训测试站点 101";
```

思 考 题

根据 TD-LTE 系统 eNodeB 单站全局设备数据配置回答如下问题。

(1) 增加 GPS 设备信息配置包括哪些配置模块？配置流程是怎么样的？

(2) 配置需要哪些协商规划参数？各自从哪些协商规划数据表中查找？

(3) 输出脚本中的哪些配置会影响到后面的配置？各自影响关系如何？

3.3 DBS3900 系统传输数据配置

3.3.1 DBS3900 系统单站传输组网

1. eNodeB 网络传输接口

eNodeB 网络传输接口示意图如项图 3-23 所示。

2. eNodeB 网络传输接口单站 S1 接口组网拓扑示例

单站传输接口只考虑维护链路与 S1 接口（拓扑图见项图 3-24），包括 S1-C（信令）、S1-U（业务数据）。

3.3.2 单站传输数据配置流程

单站传输数据配置流程图如项图 3-25 所示。

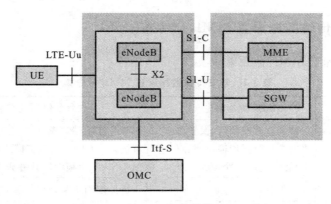

项图 3-23　eNodeB 网络传输接口示意图

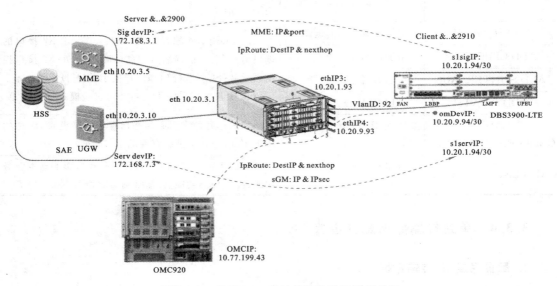

项图 3-24　DBS3900 系统单站传输组网拓扑图

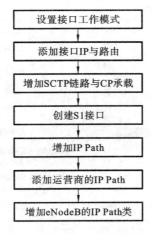

项图 3-25　单站传输数据配置流程图

3.3.3　单站传输数据配置 MML 命令集

单站传输数据配置 MML 命令集如项表 3-2 所示。

表 3-2　单站传输数据配置 MML 命令集

命令＋对象	MML 命令用途	命令使用注意事项
ADD ETHPORT	增加以太网端口，设置以太网端口数据传输速率、双工模式、端口属性参数	TD-LTE 基站端口配置属性需要与 PTN 协商，推荐配置固定 1 Gbps、全双工模式；新增 UMPT 单板时默认并未配置的以太网端口
ADD RSCGRP	增加传输资源组	基于链路层对上层逻辑链路进行带宽限制
ADD DEVIP	端口增加设备 IP 地址	每个端口最多可增加 8 个设备 IP，现网规划单站使用 IP 不能重复
ADD SCTPLNK	增加一条 SCTP 链路	采用 End-point 配置方式时应：配置 S1/X2 接口的端口信息，系统根据端口信息自动创建 S1/X2 接口控制面承载（SCTP 链路）和用户面承载（IP Path）；Link 配置方式采用手工参考协议栈模式进行配置
ADD CPBEARER	增加控制端口承载	
ADD S1INTERFACE	增加 S1 接口	
ADD IPPATH	增加 IP Path	
ADD CNOPERATORIPPATH	增加 IP Path 所属的运营商	添加的运营商索引必须是已存在的运营商，添加的 IP Path 编号必须是已存在的 IP Path
ADD ENODEB PATH	增加 eNodeB IP Path 应用类型	eNodeB Path 为必配项，如果不配置将影响基本业务功能、传输 QoS 功能、传输维测功能和用户面告警等

3.3.4　单站传输数据配置步骤

1. 配置底层 IP 传输数据

（1）增加物理端口。

增加物理端口如项图 3-26 所示。

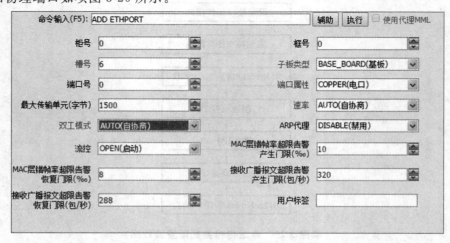

项图 3-26　物理以太网接口属性数据

ADD ETHPORT 命令重点参数如下。

① 接口属性：UMPT 单板的 0 号接口为 FE/GE 电接口，1 号接口为 FE/GE 光接口（现场使用光接口）。

② 接口数据传输速率/双工模式：需要与传输协议一致，现场使用的接口数据传输速率/双工模式为 1000 Mb/s/FULL（全双工）模式。

设备出厂默认接口数据传输速率/双工模式为自协商。

命令脚本示例：

```
ADD ETHPORT:SN=6,SBT=BASE_BOARD,PA=COPPER,SPEED=AUTO,DUPLEX=AUTO;
```

（2）增加传输资源组。

增加传输资源组如项图 3-27 所示。

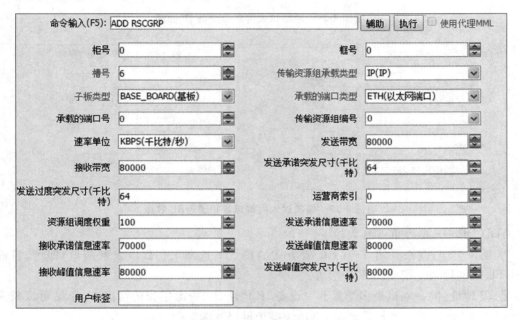

项图 3-27　增加传输资源组数据

ADD SRCGRP 命令重点参数如下。

① 传输资源组的带宽和速率信息基于链路层计算，TDL 单站现场规划为 80 Mb/s 传输带宽要求。

② 发送/接收带宽：指传输资源组的 MAC 层上行/下行最大带宽，该参数值用作上行/下行传输准入带宽和发送流量成型带宽。

③ CIR/PIR 受 BW 影响，参数高于传输网络最大带宽，容易引起业务丢包，影响业务质量；参数低于传输网络最大带宽，会造成传输带宽浪费，影响接入业务数和吞吐量。

命令脚本示例：

```
//增加 0 号传输资源组，限制基站传输带宽为 80 Mbps
ADD RSCGRP:SN=6,BEAR=IP,SBT=BASE_BOARD,PT=ETH,RSCGRPId=0,RU=KBPS,TXBW=80000,
RXBW=80000,TXCBS=64,TXEBS=64,TXCIR=70000,RXCIR=70000,TXPIR=80000,RXPIR=80000,
TXPBS=80000;
```

（3）以太网端口业务、维护通道 IP 配置。

以太网端口业务、维护通道 IP 配置如项图 3-28、项图 3-29 所示。

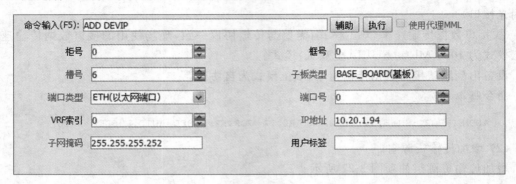

项图 3-28　增加以太网端口业务 IP 数据

项图 3-29　增加以太网端口维护通道 IP 数据

ADD DEVIP 命令重点参数如下。

① 端口类型：在未采用 Trunk 配置方式的场景下选择 ETH（以太网端口）即可，目前的 TD-LTE 现网均未使用 Trunk 连接方式。

② IP 地址：同一端口最多配置 8 个设备 IP 地址，IP 资源紧张的情况下，单站可以只采用一个 IP 地址，既用于业务链路通信，也用于维护链路互通。

③ 端口 IP 地址与子网掩码确定基站端口连接传输设备的子网范围大小，多个基站可以配置在同一子网内。

实验室规划基站维护与业务子网段分开配置，便于识别与区分。

命令脚本示例：

```
//分别增加用于 S1 接口与远程维护通道建立对接的 IP 地址信息
ADD DEVIP:SN=6,SBT=BASE_BOARD,PT=ETH,PN=0,IP="10.20.1.94",MASK="255.255.255.252";
ADD DEVIP:SN=6,SBT=BASE_BOARD,PT=ETH,PN=0,IP="10.20.9.94",MASK="255.255.255.252";
```

2. Link 方式配置 S1 接口对接数据

（1）增加 SCTP 链路数据。

增加 SCTP 链路数据如项图 3-30 所示。

ADD SCTPLNK 命令重点参数如下。

采用 Link 方式进行配置时，需要手工添加传输层承载链路，相关参数更为详细，重点协商

项图 3-30 增加基站 S1-C 信令承载 SCTP 链路数据

参数包括两端 IP 地址与端口号。

命令脚本示例:

```
ADD SCTPLNK:SCTPNO=0,SN=6,LOCIP="10.20.1.94",SECLOCIP="0.0.0.0",LOCPORT=
2012,PEERIP="192.168.1.200",SECPEERIP="0.0.0.0",PEERPORT=36413,AUTOSWITCH=
ENABLE,CTRLMODE=AUTO_MODE;
```

(2) 增加控制端口的承载。

增加控制端口的承载如项图 3-31 所示。

项图 3-31 增加控制接口的承载

(3) 配置基站 S1-C 接口信令链路数据。

配置基站 S1-C 接口信令链路数据如项图 3-32 所示。

ADD S1INTERFACE 命令重点参数如下。

① S1 接口信令承载链路需要索引底层 SCTP 链路以及全局数据中的运营商信息。

② MME 对端协议版本号需要与核心网设备协议的一致。

命令脚本示例:

```
ADD CPBEARER:CPBEARId=0,BEARTYPE=SCTP,LINKNO=0,FLAG=MASTER;
```

命令输入(F5):	ADD S1INTERFACE			辅助	执行	☐ 使用代理MML

S1接口标识 `0`　　S1接口CP承载号 `0`

运营商索引 `0`　　MME协议版本号 `Release_R8(Release 8)`

S1接口是否处于闭塞状态 `FALSE(否)`　　控制模式 `MANUAL_MODE(手工模式)`

MME选择优先级 `255`　　运营商共享组索引 `255`

项图 3-32　配置基站 S1-C 接口信令链路数据

```
ADD S1INTERFACE:S1InterfaceId=0,S1SctpLinkId=0,CnOperatorId=0,
MmeRelease=Release_R8;
```

（4）增加 S1-U 接口 IP Path 链路数据。

增加 S1-U 接口 IP Path 链路数据如项图 3-33 所示。

命令输入(F5):	ADD IPPATH			辅助	执行	☐ 使用代理MML

Path标识 `0`　　柜号 `0`

框号 `0`　　槽号 `6`

子板类型 `BASE_BOARD(基板)`　　端口类型 `ETH(以太网端口)`

端口号 `0`　　加入传输资源组 `DISABLE(去使能)`

VRF索引 `0`　　本端IP地址 `10.20.1.94`

对端IP地址 `192.168.1.201`　　传输资源类型 `HQ(高质量)`

Path类型 `ANY(任意QoS)`　　静态检测开关 `FOLLOW_GLOBAL(与GTP)`

描述信息 ` `

项图 3-33　增加基站 S1-U 接口业务链路数据

ADD IPPATH 命令重点参数如下。

S1 接口数据承载链路 IP Path 配置重点协议 IP 地址，目前场景未区分业务优先级，传输 IP Path 只配置一条即可。

命令脚本示例：

```
ADD IPPATH:PATHId=0,SN=6,SBT=BASE_BOARD,PT=ETH,JNRSCGRP=DISABLE,LOCALIP=
"10.20.1.94",PEERIP="192.168.1.201",PATHTYPE=ANY;
```

（5）增加 IP Path 所属的运营商。

增加 IP Path 所属的运营商如项图 3-34 所示。

项图 3-34　增加 IP Path 所属的运营商

命令脚本示例：

```
ADD CNOPERATORIPPATH:IpPathId=0,CnOperatorId=0;
```

（6）增加 IP Path 所属的应用类型。

增加 IP Path 所属的应用类型如项图 3-35 所示。

项图 **3**-35 增加 IP Path 所属的应用类型

命令脚本示例：

```
ADD ENODEBPATH:IpPathId=0,AppType=S1,S1InterfaceId=0;
```

3.3.5 单站传输数据配置脚本示例

TD-LTE eNodeB 101 传输数据配置脚本示例如下。

```
//增加底层 IP 传输数据
ADD ETHPORT:SN=6,SBT=BASE_BOARD,PA=COPPER,SPEED=AUTO,DUPLEX=AUTO;
ADD RSCGRP:SN=6,BEAR=IP,SBT=BASE_BOARD,PT=ETH,RSCGRPId=0,RU=KBPS,TXBW=80000,RXBW=
80000,TXCBS=64,TXEBS=64,TXCIR=70000,RXCIR=70000,TXPIR=80000,RXPIR=80000,TXPBS=80000;
ADD DEVIP:SN=6,SBT=BASE_BOARD,PT=ETH,PN=0,IP="10.20.1.94",MASK="255.255.255.252";
ADD DEVIP:SN=6,SBT=BASE_BOARD,PT=ETH,PN=0,IP="10.20.9.94",MASK="255.255.255.252";
//Link 方式配置 S1 接口数据
ADD SCTPLNK:SCTPNO=0,SN=6,LOCIP="10.20.1.94",SECLOCIP="0.0.0.0",LOCPORT=2012,PEERIP
="192.168.1.200",SECPEERIP="0.0.0.0",PEERPORT=36413,AUTOSWITCH=ENABLE,CTRLMODE=AUTO_
MODE;
ADD CPBEARER:CPBEARId=0,BEARTYPE=SCTP,LINKNO=0,FLAG=MASTER;
ADD S1INTERFACE:S1InterfaceId=0,S1SctpLinkId=0,CnOperatorId=0,MmeRelease=Release_R8;
ADD IPPATH:PATHId=0,SN=6,SBT=BASE_BOARD,PT=ETH,JNRSCGRP=DISABLE,LOCALIP="10.20.1.
94",PEERIP="192.168.1.201",PATHTYPE=ANY;
ADD CNOPERATORIPPATH:IpPathId=0,CnOperatorId=0;
ADD eNode BPATH:IpPathId=0,AppType=S1,S1InterfaceId=0;
```

思　考　题

根据 TD-LTE eNodeB 单站传输数据配置，回答如下问题。

（1）基础传输配置包括哪些接口数据？配置方式、流程是怎么样的？

（2）配置需要哪些协议规划参数？各自从哪些协议规划数据表中查找？

（3）输出脚本中的哪些配置会影响到后面的配置？各自影响关系如何？

3.4 DBS3900 系统无线数据配置

3.4.1 无线层规划数据示意图

eNodeB 101 无线基础规划数据示意图如项图 3-36 所示。

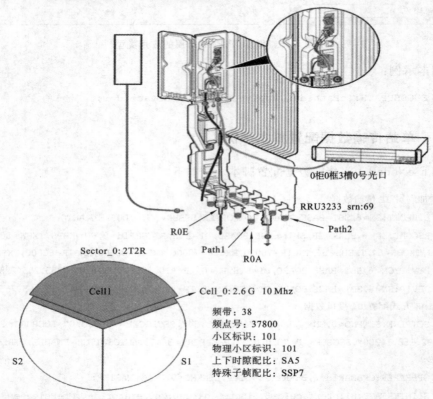

0柜0框3槽0号光口

RRU3233_srn:69

Path2

R0E

Path1

R0A

Sector_0: 2T2R

Cell1

Cell_0: 2.6 G   10 Mhz

频带：38
频点号：37800
小区标识：101
物理小区标识：101
上下时隙配比：SA5
特殊子帧配比：SSP7

S2

S1

项图 3-36　eNodeB 101 无线基础规划数据示意图

3.4.2 单站无线数据配置流程

单站无线数据配置流程如项图 3-37 所示。

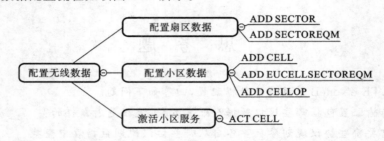

配置扇区数据 —— ADD SECTOR
　　　　　　　 ADD SECTOREQM

配置无线数据

配置小区数据 —— ADD CELL
　　　　　　　 ADD EUCELLSECTOREQM
　　　　　　　 ADD CELLOP

激活小区服务 —— ACT CELL

项图 3-37　单站无线数据配置流程图

3.4.3 单站无线数据配置 MML 命令集

单站无线数据配置 MML 命令集如项表 3-3 所示。

项表 3-3 单站无线数据配置 MML 命令集

命令＋对象	MML 命令用途	命令使用注意事项
ADD SECTOR	增加扇区信息数据	指定扇区覆盖所用射频器件,设置天线收发模式、MIMO 模式; TD-LTE 支持普通 MIMO:1T1R、2T2R、4T4R、8T8R; 2T2R 场景可支持 UE 互助 MIMO
ADD CELL	增加无线小区数据	配置小区频点、带宽; TD-LTE 小区带宽只有两种有效:10 MHz(50RB)与 20 MHz(100RB); 小区标识 CellId＋eNodeB 标识; ＋PLMN(Mcc&Mnc)＝EUTRAN全球唯一小区标识号(ECGI)
ADD SECTOREQM	增加扇区设备以及扇区设备天线	当主控板为 UNPT 或者 IDU 时,eNodeB 最多支持 108 个扇区设备;否则 eNodeB 最多支持 102 个扇区设备。 当主控板为 UNPT 或者 UHDU 时,eNodeB 最多支持 288 个扇区设备天线;否则 eNodeB 最多支持 216 个扇区设备天线。 所添加的扇区设备天线必须在指定的扇区中已存在
ADD EUCELLSECTOREQM	增加小区扇区设备的数据记录	此命令为高危命令,请慎重使用

3.4.4 单站无线数据配置步骤

1. 配置基站扇区数据

单站无线扇区数据配置如项图 3-38 所示。

项图 3-38 单站无线扇区数据配置

ADD SECTOR 命令重点参数如下。

① TD-LTE 制式下,扇区支持 1T1R、2T2R、4T4R、8T8R 四种天线模式,其中,2T2R 可

以支持双拼,双拼只能用于同一 LBBP 单板上的一级链上的两个 RRU 上。

② 普通 MIMO 扇区情况下,扇区使用的天线接口分别在两个 RRU 上称为双拼扇区。

③ 对于普通 MIMO 扇区,在 8 个发送通道和 8 个接收通道的 RRU 上建立 2T2R 的扇区,需要保证使用的通道成对。即此时扇区使用的天线接口必须为以下组合:R0A(Path1)和 R0E(Path5)、R0B(Path2)和 R0F(Path6)、R0C(Path3)和 R0G(Path7)、R0D(Path4)和 R0H(Path8)。

不使用的射频通道可使用 MOD TXBRANCH/RXBRANCH 命令关闭。

2. 配置基站扇区设备数据

单站无线扇区设备数据配置如项图 3-39 所示。

项图 3-39　单站无线扇区设备数据配置

命令脚本示例:

```
ADD SECTOR:SECTORId=0,ANTNUM=2,ANT1CN=0,ANT1SRN=60,ANT1SN=0,ANT1N=R0A,ANT2CN
=0,ANT2SRN=60,ANT2SN=0,ANT2N=R0B,CREATESECTOREQM=FALSE;
ADD SECTOREQM:SECTOREQMId=0,SECTORId=0,ANTNUM=2,ANT1CN=0,ANT1SRN=60,ANT1SN=
0,ANT1N=R0A,ANTTYPE1=RXTX_MODE,ANT2SRN=60,ANT2SN=0,ANT2N=R0B,ANTTYPE2=RXTX_
MODE;
```

3. 配置 eNodeB 小区数据

(1) 配置 eNodeB 小区数据。

单站无线小区数据配置如项图 3-40 所示。

ADD CELL 命令重点参数如下。

① TD-LTE 制式下,载波带宽只有 10 MHz 与 20 MHz 两种配置有效。

② 小区标识用于 MME 标识引用,物理小区标识用于空中接口 UE 接入识别。

③ CELL_TDD 模式下,上下行子帧配比使用 SA5,下行获得数据传输速率最高,特殊子帧配比一般使用 SSP7,能保证有效覆盖前提下提供合理上行接入资源。

配置 10 MHz 载波带宽,2T2R 预期单用户下行数据传输速率能达到 40~50 Mbps。

命令脚本示例:

项图 3-40　单站无线小区数据配置

```
ADD CELL:LocalCellId=0,CellName="ENB101CELL_0",FreqBand=38,UlEarfcnCfgInd=
NOT_CFG,DlEarfcn=37800,UlBandWidth=CELL_BW_N50,DlBandWidth=CELL_BW_N50,CellId
=101,PhyCellId=101,FddTddInd=CELL_TDD,SubframeAssignment=SA5,SpecialSub-
framePatterns=SSP7,RootSequenceIdx=0,CustomizedBandWidthCfgInd=NOT_CFG,Emer-
gencyAreaIdCfgInd=NOT_CFG,UePowerMaxCfgInd=NOT_CFG,MultiRruCellFlag=BOOLEAN_
FALSE,TxRxMode=2T2R;
```

（2）配置小区运营商数据并激活小区。

单站无线小区运营商数据配置如项图 3-41 所示。

项图 3-41　单站无线小区运营商数据配置

ADD CELLOP 命令重点参数如下。

① 小区为运营商保留：通过 UE 的交流接入等级划分决定是否将本小区作为终端重选过程中的候补小区，默认关闭。

② 运营商上行 RB 分配比例：在 RAN 共享模式下，且小区算法开关中的 RAN 共享模式开关打开时，一个运营商所占下行数据共享信道传输 RB 资源的百分比。在数据量足够的情况下，各个运营商所占 RB 资源的比例将达到设定的值，所有运营商占比之和不能超过 100%。

现网站点未使用 SharingRAN 方案，不开启 eNodeB 共享模式。

命令脚本示例：

```
//增加小区运营商信息的数据记录
```

```
ADD CELLOP:LocalCellId=0,TrackingAreaId=0,MMECfgNum=CELL_MME_CFG_NUM_0;
//激活小区
ACT CELL:LocalCellId=0;
```

3.4.5 单站无线数据配置脚本示例

TD-LTE eNodeB 101 无线数据配置脚本示例如下。

```
//配置 eNodeB 扇区数据
ADD SECTOR:SECTORId=0,ANTNUM=2,ANT1CN=0,ANT1SRN=60,ANT1SN=0,ANT1N=R0A,ANT2CN
=0,ANT2SRN=60,ANT2SN=0,ANT2N=R0B,CREATESECTOREQM=FALSE;
ADD SECTOREQM:SECTOREQMId=0,SECTORId=0,ANTNUM=2,ANT1CN=0,ANT1SRN=60,ANT1SN=
0,ANT1N=R0A,ANTTYPE1=RXTX_MODE,ANT2SRN=60,ANT2SN=0,ANT2N=R0B,ANTTYPE2=RXTX_
MODE;
//配置 eNodeB 小区数据
ADD CELL:LocalCellId=0,CellName="ENB101CELL_0",FreqBand=38,UlEarfcnCfgInd=
NOT_CFG,DlEarfcn=37800,UlBandWidth=CELL_BW_N50,DlBandWidth=CELL_BW_N50,CellId
=101,PhyCellId=101,FddTddInd=CELL_TDD,SubframeAssignment=SA5,SpecialSub-
framePatterns=SSP7,RootSequenceIdx=0,CustomizedBandWidthCfgInd=NOT_CFG,Emer-
gencyAreaIdCfgInd=NOT_CFG,UePowerMaxCfgInd=NOT_CFG,MultiRruCellFlag=BOOLEAN_
FALSE,TxRxMode=2T2R;
//增加小区运营商信息的数据记录
ADD CELLOP:LocalCellId=0,TrackingAreaId=0,MMECfgNum=CELL_MME_CFG_NUM_0;
//激活小区
ACT CELL:LocalCellId=0;
```

思 考 题

根据 TD-LTE eNodeB 单站无线数据配置,回答如下问题。

(1) 基础无线层配置包括哪些数据? 配置流程是怎样的?

(2) 配置需要哪些协议规划参数? 各自从哪些协议规划数据表中查找?

3.5 邻区数据配置

3.5.1 邻区概述

无线通信中,邻区即为有相邻关系的小区,即两个覆盖有重叠并设置有切换关系的小区,一个小区可以有多个相邻小区。源小区和邻区(相邻小区)是一个相对的概念,当指定某一个特定小区为源小区时,与之邻近的小区称为该小区的邻区。同一系统内,邻区又分为同频邻区和异频邻区两种,不同系统间的邻区称为异系统邻区。同一个 eNodeB 内的邻区称为站内邻区,除站内邻区以外的邻区称为外部邻区,如项图 3-42 所示。

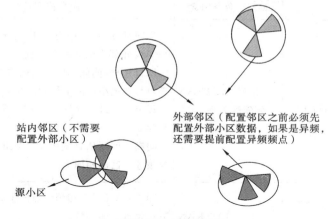

外部邻区(配置邻区之前必须先配置外部小区数据,如果是异频,还需要提前配置异频频点)

站内邻区(不需要配置外部小区)

源小区

项图 3-42 邻区概念

邻区的作用简单地说就是使手机等终端在移动状态下可以在多个定义了邻区关系的小区之间进行业务的平滑交替,不会中断。或者使手机等终端在空闲状态下,实现无缝重选。只有添加了邻区,手机等终端才能在不同网络(如 LTE、GSM、UMTS 等)之间切换或重选。

在 LTE 网络中添加相邻小区的配置流程如项图 3-43 所示。

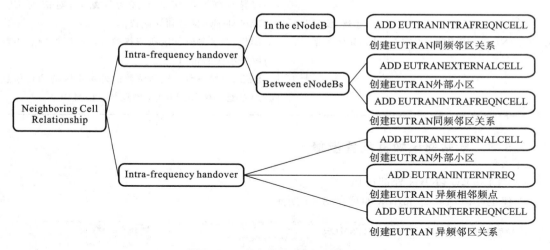

项图 3-43 添加相邻小区配置流程

3.5.2 单站邻区数据配置 MML 命令集

单站邻区数据配置 MML 命令功能集如项表 3-4 所示。

项表 3-4 单站邻区数据配置 MML 命令功能集

命令＋对象	MML 命令用途	命令使用注意事项
ADD EUTRANEXTERNALCELL	创建 EUTRAN 外部小区	最大允许配置 EUTRAN 外部小区的个数为 2304

命令＋对象	MML 命令用途	命令使用注意事项
ADD EUTRANINTRAFREQNCELL	创建 EUTRAN 同频邻区关系	当同频邻区和服务小区为异站时，对应的 EUTRAN 外部小区必须先配置； EUTRAN 同频邻区所依赖的外部小区的下行频点必须与本地小区的下行频点相同； 每个小区最大允许配置 EUTRAN 同频邻区关系个数为 64； 同频邻区所依赖的外部小区的物理小区标识不能与服务小区的相同
ADD EUTRANINTERNFREQ	创建 EUTRAN 异频相邻频点	EUTRAN 异频相邻频点的下行频点与本地小区的下行频点不能一致； 每个小区最大允许配置 EUTRAN 异频相邻频点个数为 8
ADD EUTRANINTERFREQNCELL	创建 EUTRAN 异频邻区关系	每个小区最大允许配置 EUTRAN 异频邻区关系个数为 64； 当异频邻区和服务小区为异站时，对应的 EUTRAN 外部小区必须先配置； EUTRAN 异频邻区所依赖的外部小区的频点不能与服务小区的相同； EUTRAN 异频邻区所依赖的外部小区的频点信息必须先配置在 EUTRAN 异频频点信息中

3.5.3 单站邻区数据配置步骤

(1) 创建 EUTRAN 外部小区。

创建 EUTRAN 外部小区如项图 3-44 所示。

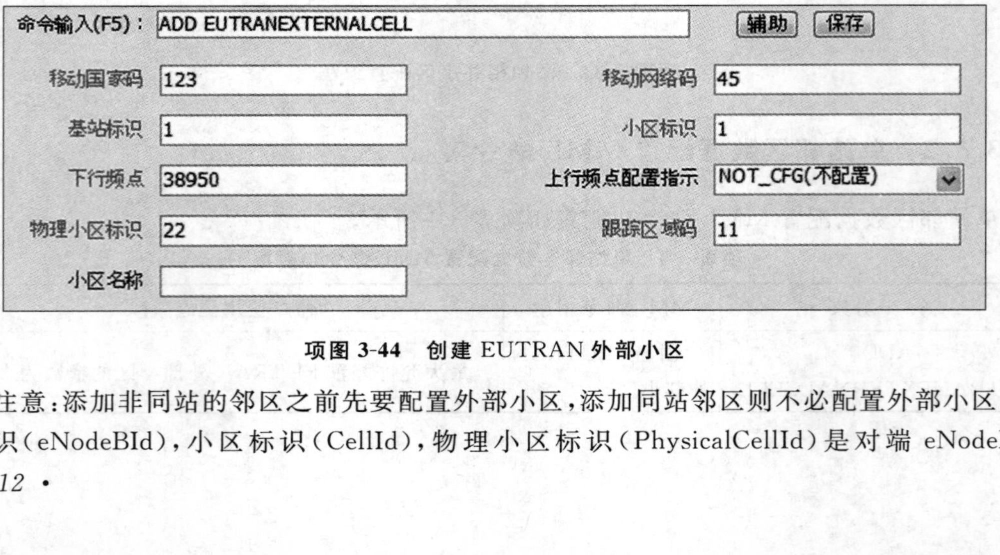

项图 3-44 创建 EUTRAN 外部小区

注意：添加非同站的邻区之前先要配置外部小区，添加同站邻区则不必配置外部小区。基站标识（eNodeBId），小区标识（CellId），物理小区标识（PhysicalCellId）是对端 eNodeB 的参数。

（2）创建 EUTRAN 同频邻区关系。

创建 EUTRAN 同频邻区关系如项图 3-45 所示。

项图 3-45 创建 EUTRAN 同频邻区关系

注意：本地小区标识表示源小区的本地小区 Id，基站标识和小区标识为需要增加的邻区的 eNodeBId 和 CellId。

（3）创建 EUTRAN 异频相邻频点。

创建 EUTRAN 异频相邻频点如项图 3-46 所示。

项图 3-46 创建 EUTRAN 异频相邻频点

注意：下行频点是对端 eNodeB 的值，其应该与本端 eNodeB 的下行频点不同。

（4）创建 EUTRAN 异频邻区关系。

创建 EUTRAN 异频邻区关系如项图 3-47 所示。

注意：基站标识（eNodeBId），小区标识（CellId）是对端 eNodeB 的参数。

命令输入(F5)：	ADD EUTRANINTERFREQNCELL		辅助 保存

本地小区标识	0		移动国家码	123
移动网络码	45		基站标识	1
小区标识	1		小区偏移量(分贝)	dB0(0dB)
小区偏置(分贝)	dB0(0dB)		禁止切换标识	PERMIT_HO_ENUM(允许)
禁止删除标识	PERMIT_RMV_ENUM(允)		盲切换优先级	0
本地小区名称			邻区小区名称	

项图 3-47   创建 EUTRAN 异频邻区关系

3.6   脚本验证与业务演示

3.6.1   命令对象索引关系

命令对象索引关系如项图 3-48 所示。

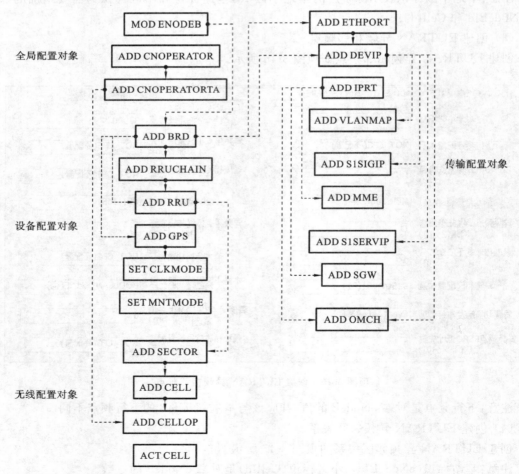

项图 3-48   命令对象索引关系

3.6.2 单站脚本执行与验证

1. OMC 代理 WEB 方式登录基站

OMC 代理 WEB 方式登录基站如项图 3-49 所示。

在 IE 浏览器地址栏输入地址：http://192.168.98.49。

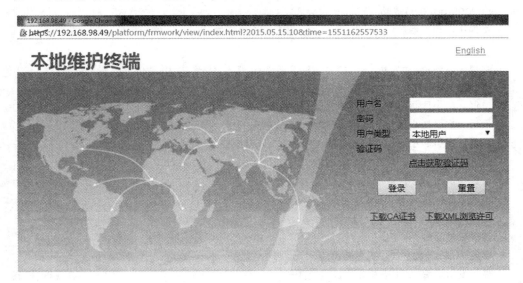

项图 3-49 OMC 代理 WEB 方式登录基站

2. 批处理执行 MML 脚本

采用批处理方式执行配置脚本如项图 3-50 所示。

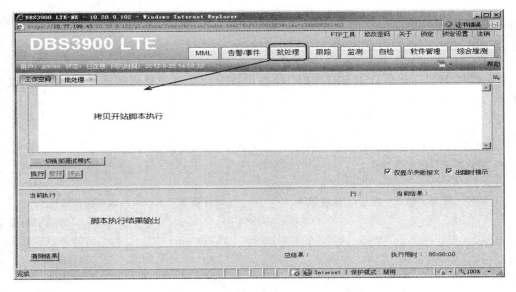

项图 3-50 采用批处理方式执行配置脚本

3.6.3　单站业务验证

验证步骤如下。

(1) 使用 MML 命令 DSP CELL,检查 Cell 状态是否为"正常",运行结果如下:

```
% % DSP CELL:;% %
RETCODE=0 执行成功
查询小区动态参数

-----------------
本地小区标识　　=　　0
小区的实例状态　　=　　正常
最近一次小区状态变化的原因　=　小区建立成功
最近一次引起小区建立的操作时间　=　2019-03-25 15:19:29
最近一次引起小区建立的操作类型　=　小区健康检查
最近一次引起小区删除的操作时间　=　2019-03-25 15:19:26
最近一次引起小区删除的操作类型　=　小区建立失败
小区节能减排状态　　=　　未启动
符号关断状态　　=　　未启动
基带板槽位号　　=　　2
小区 topo 结构　　=　　基本模式
最大发射功率(0.1 毫瓦分贝)　=　　400
(结果个数=1)
小区使用的 RRU 或 RFU 信息
---------------------
柜号　　框号　　槽号
0　　　69　　　0
(结果个数=1)
---　　　END
```

(2) 使用 MML 命令 DSP BRDVER,检查设备单板是否能显示版本号,如显示则说明状态正常,运行结果如下:

```
% % DSP BRDVER:;% %
RETCODE=0 执行成功
单板版本信息查询结果
-----------------
```

柜号	框号	槽号	类型	软件版本	硬件版本	BootROM 版本	操作结果
0	0	2	LBBP	V100R005C00SPC340	45570		04.018.01.001 执行成功
0	0	6	UMPT	V100R005C00SPC340	2576		00.012.01.003 执行成功
0	0	16	FAN	101	FAN.2	NULL	执行成功
0	0	18	UPEU	NULL　NULL	NULL		执行成功
0	0	19	UPEU	NULL　NULL	NULL	NULL	执行成功
0	69	0	LRRU	1B.500.10.017	TRRU.HWEI.x0A120002	18.235.10.017	执行成功

(结果个数=6)

--- END

（3）使用 MML 命令 DSP S1INTERFACE，检查 S1-C 接口状态是否正常，运行结果如下：

％％DSP S1INTERFACE:;％％

RETCODE=0 执行成功

查询 S1 接口链路

S1 接口标识=　0

S1 接口 SCTP 链路号=　0

运营商索引=　0

MME 协议版本号=　Release 8

S1 接口是否处于闭塞状态=　否

S1 接口状态信息=　正常

S1 接口 SCTP 链路状态信息=　正常

核心网是否处于过载状态=　否

接入该 S1 接口的用户数=　0

核心网的具体名称=　NULL

服务公共陆地移动网络=　460-02

服务核心网的全局唯一标识=　460-02-32769-1

核心网的相对负载=　255

S1 链路故障原因=　无

(结果个数=1)

--- END

（4）使用 MML 命令 DSP IPPATH，检查 S1-U 接口状态是否正常，运行结果如下：

％％DSP IPPATH:;％％

RETCODE=0 执行成功

查询 IP Path 状态

IP Path 编号　=　0

非实时预留发送带宽(千比特/秒)　=　0

非实时预留接收带宽(千比特/秒)　=　0

实时发送带宽(千比特/秒)　=　0

实时接收带宽(千比特/秒)　=　0

非实时发送带宽(千比特/秒)　=　0

非实时接收带宽(千比特/秒)　=　0

传输资源类型　=　高质量

IP Path 检测结果　=　正常

(结果个数=1)

--- END

思 考 题

1. 根据提供的协议规划数据,参考前面指导内容,进行站点数据配置,开通基站基本业务(开通站型:2T2R 10 MHz D 频段小区)。

2. 验证基本业务正常。

3. 保存输出基础站点配置脚本。

项目四 TD-LTE DBS3900 系统配置调整

项目背景

一个 eRAN 系统(至少包含一个基站)处于服务状态后,基于网络规划的调整及修正,需要对在网设备基站进行配置上的调整。本项目将结合现有实验室网络,讲解如何对各项配置进行调整,主要讲解针对配置调整需求需要做的准备工作有哪些和配置调整的过程。

项目目标

- 熟悉针对配置调整需求需要做的准备工作。
- 掌握配置调整的过程。
- 了解配置调整的工具。
- 了解实验室基站的名称配置修改过程。

4.1 配置调整知识准备

配置调整的重点在于需要准备的数据和配置调整的过程,网络优化的数据分析过程、系统扩容的硬件、链路的数量需要根据网络的实际情况确定。TDD-LTE DBS3900 系统配置调整图如项图 4-1 所示。

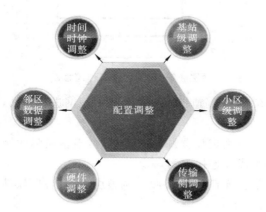

项图 4-1 TDD-LTE DBS3900 系统配置调整图

4.1.1 配置调整定义与原因

基站配置调整指的是一个 eRAN 系统处于服务状态后,对 eRAN 系统中的各类配置数据进行在线或离线调整。

对 eRAN 系统进行配置调整可能出于以下原因。

（1）网络扩容。

在现有网络上，增加硬件、改变数据配置，使得系统能够为更多的终端提供服务。

（2）网络改造。

在网络运行过程中，网络部署发生了变化，需要对网络进行调整和优化。

4.1.2 配置调整工作流程

配置调整工作流程如下（见项图 4-2）。

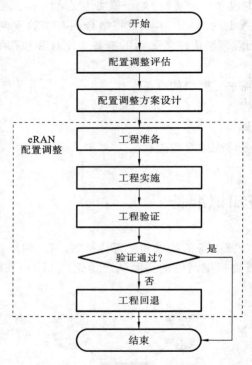

项图 4-2 配置调整工作流程图

（1）配置调整评估：在网络配置调整前，需要先对现网进行评估，发现网络的瓶颈，并确定配置调整的策略。

（2）配置调整方案设计：确定配置调整的策略后，根据实际的网络情况，规划并设计调整后的组网方案、站点设备组成和连接方案。

（3）工程准备：调整方案确定后，需要收集调整所需的信息、软件、硬件、License（许可）、证书和配置数据。

（4）工程实施：所有准备工作就绪后，可以实施配置调整，包括硬件的调整和配置数据的调整。

（5）工程验证：工程实施后，需要验证调整是否成功。如果验证通过，则配置调整成功，调整结束；如果验证不通过，则需要进行工程回退。

（6）工程回退：若配置调整失败，则需要将网络回退到原来的状态。

4.1.3 配置调整工具

配置调整工具如项表 4-1 所示。

项表 4-1 配置调整工具

配置调整工具	配置调整方式	特 点	适 用 场 景
LMT	MML 命令方式	在近端或远端调整单个网元的数据	单网元配置调整
M2000	MML 命令方式	在远端调整一个或者多个网元的数据	批量网元配置调整
CME	GUI 配置	调整单个网元的数据	单网元配置调整
	批配置调整	调整多个网元的除邻区数据外的数据	批量网元配置调整
	批修改中心	调整全局无线、小区、信道等数据,且数据取值在各网元中均配置相同,例如:调整小区信道功率且各数据取值在多个信道下均相同	批量网元配置调整
	模板应用	调整多个网元的配置数据,且数据的取值在多个网元下均相同	批量网元配置调整
	无线规划数据文件	调整邻区的数据	批量网元配置调整
	调整标识/名称	调整基站的名称和标识、小区标识、本地小区标识以及扇区号	批量网元配置调整
xml 文件编辑工具	修改配置数据文件	修改 xml 格式的配置数据文件中相应 MO 的参数值	单网元配置调整

4.2 DBS3900 系统配置调整实践

4.2.1 修改基站名称

使用 U2000 软件的"批修改网元属性"功能修改基站名称,主要对前期名称规划不当、需要重新规划的基站,进行应用场景、调整影响、方案描述和调整前后的组网对比等进行修改。

1. 调整影响及工程准备

(1) 调整影响。

修改 eNodeB 名称时,需要复位 eNodeB,以使配置调整生效。在 eNodeB 复位过程中,该 eNodeB 承载的业务不可用。

(2) 工程准备。

修改 eNodeB 名称的工程准备,包括:调整前的信息收集、硬件准备、软件准备、License 准备、安全证书准备、数据准备。其中主要涉及调整前的信息收集和数据准备。

进行数据准备前,需要收集如项表 4-2 所示的信息。

项表 4-2　修改基站名称信息收集

信　　息	说　　明
基站信息	包括 eNodeB 标识、eNodeB 原名称和 eNodeB 新名称

接下来准备需要修改 eNodeB 名称的基站的数据信息:eNodeBId、eNodeB 原名称、eNodeB 站新名称。代码如下:

```
MOD ENODEB:eNodeBId=1001,NAME="实验室 ENB";
RST ENODEB:;
```

2. 工程实施

所需要修改的 eNodeB 名称需要的信息和数据已经准备好的前提下,对修改 eNodeB 名称进行工程实施过程,包括近端操作和远端操作。

近端操作:必须在 eNodeB 现场执行的操作,例如按照硬件在 LMT 上执行操作。

远端操作:通过操作维护中心(包括 U2000 和 CME)执行的操作,例如通过 U2000 或 CME 调整参数。

操作步骤如下。

不涉及近端操作,远端操作使用 U2000 方式。

(1)为了避免在配置调整阶段产生不必要的告警,在进行配置调整前,需要将 eNodeB 的工程状态设置为扩展状态。

(2)打开"批修改网元属性"界面。

① 应用风格:在主菜单中,选择"拓扑管理→拓扑→批修改网元属性"命令,弹出"批修改网元属性"界面。

② 传统风格:在主菜单中,选择"拓扑→主拓扑"命令,弹出"主拓扑"界面,再选择"拓扑→批修改网元属性",弹出"批修改网元属性"界面。

(3)在"批修改网元属性"界面,勾选需修改名称的 eNodeB,单击界面左下角的"查询",再在界面右下角单击"导出",导出属性文件到本地计算机。属性文件名称示例如下:批修改网元属性_20140514_110441.csv。

(4)打开属性文件,修改"名称"列中的内容为新 eNodeB 名称,并将属性文件重命名并另存。

(5)在"批修改网元属性"界面右下角,单击"导入",选择重命名另存后的属性文件,进行导入。

(6)在主菜单选择"CME→配置区管理→Current 区→打开 Current 区"命令(应用风格)或"CME→Current 区→打开 Current 区"命令(传统风格),在"活动区"下选择"基站→LTE"选项,通过 eNodeBId 在搜索栏查找到已修改名称的 eNodeB,选中 eNodeB,右击,选择"同步网元",将 eNodeB 的信息同步到 Current 区。

(7)在主菜单选择"CME→配置区管理→Planned 区→打开 Planned 区"(应用风格)或"CME→Planned 区→打开 Planned 区"命令(传统风格),在"活动区"下选择"基站→LTE"选项,通过 eNodeBId 在搜索栏查找到已修改名称的 eNodeB,选中 eNodeB,右击,选择"同步网元"选项,将 eNodeB 的信息同步到 Planned 区。

(8) 在配置调整完成后,需要将 eNodeB 的工程状态恢复为"普通"。

3. 工程验证

通过执行 MML 命令 LST ENODEBFUNCTION,确认"eNodeB 名称"与规划的一致,验证修改 eNodeB 名称的配置调整是否成功。

如果不一致:按照工程实施的操作步骤,再执行一次,如依然失败,请联系华为客户服务中心。

如果一致:表示修改 eNodeB 名称成功。

写出实验室 eNodeB 的 eNodeB 名称修改脚本,执行脚本并验证是否修改成功。代码如下:

```
MOD ENODEB:NAME="规划的新名称";
RST ENODEB:;
LST ENODEB:;
```

4. 工程回退

如需将 eNodeB 名称修改为 eNodeB 的原名称,可执行工程回退。操作步骤如下。

(1) 回退。参见"工程实施"步骤,导入未修改名称前的 eNodeB 属性文件,即可将eNodeB 名称修改为原名称。

(2) 参考"工程验证"步骤,验证工程回退是否成功。

4.2.2 修改基站标识

修改某 eNodeB 的 eNodeB 标识时,只需将 MOeNodeB 功能的"eNodeB 标识"修改为目标值。

(1) 如果该 eNodeB 配置了 MO CA 小区集小区,该 MO 的参数"eNodeB 标识"会被联动修改为目标值。

(2) 如果相邻 eNodeB 配置的如下 MO 引用了该 eNodeB 的"eNodeB 标识","eNodeB 标识"会被联动修改为目标值:

● SFN 辅站资源绑定关系;
● EUTRAN 外部小区;
● EUTRAN 同频邻区关系;
● EUTRAN 异频邻区关系;
● EUTRAN 外部小区 PLMN 列表。

1. 调整影响及工程准备

(1) 调整影响。

修改 eNodeB 标识时,eNodeB 需要复位,使配置调整生效。在复位过程中,该 eNodeB 承载的业务不可用。

(2) 工程准备。

收集如项表 4-3 所示的信息。

项表 4-3　修改基站标识信息收集

信　　息	说　　明
基站信息	eNodeB 的旧 eNodeB 标识和新 eNodeB 标识

代码如下：

```
MOD ENODEB:eNodeBId=1002;
  (可选)MOD EUTRANEXTERNALCELL:Mcc="460",Mnc="00",eNodeBId=1002,CellId=1;
  (可选)MOD EUTRANINTRAFREQNCELL:LocalCellId=11,Mcc="460",Mnc="00",eNodeBId=
1002,CellId=1;
  (可选)MOD EUTRANINTERFREQNCELL:LocalCellId=11,Mcc="460",Mnc="00",eNodeBId=
1002,CellId=1;
```

2. 工程实施及验证

写出实验室 eNodeB 的 eNodeBId 修改脚本，执行脚本并验证是否修改成功。代码如下：

```
MOD ENODEB:eNodeBId=****;
  (可选)MOD EUTRANEXTERNALCELL:Mcc="460",Mnc="00",eNodeBId=****,CellId=1;
  (可选)MOD EUTRANINTRAFREQNCELL:LocalCellId=11,Mcc="460",Mnc="00",eNodeBId=*
***,CellId=1;
  (可选)MOD EUTRANINTERFREQNCELL:LocalCellId=11,Mcc="460",Mnc="00",eNodeBId=*
***,CellId=1;
RST ENODEB:;
LST ENODEB:;
  (可选)LST EUTRANEXTERNALCELL:;
  (可选)LST EUTRANINTRAFREQNCELL:;
  (可选)LST EUTRANINTERFREQNCELL:;
```

注意：可选命令需要在邻区基站执行，前提是已经配置为邻区关系。例如：基站 A 和基站 B 彼此配置为邻区关系，此时若要调整基站 A 的 eNodeBId，是需要同时在基站 B 里执行这些可选命令来修改邻区的 CGI 的。

工程验证步骤如下。

（1）执行 MML 命令 LST ENODEBFUNCTION，确认"eNodeB 标识"与规划的一致。

如果"eNodeB 标识"与规划的不一致，检查修改后的配置数据文件，检查"eNodeB 标识"是否填写错误。

① 如果错误，则重新修改配置数据文件，并将文件导入 CME 中，然后重新执行"工程实施"，将数据下发并激活到基站。

② 如果无误，则表示数据在导入 CME 或者下发到基站的过程中出错，请联系华为客户服务中心。

（2）执行 MML 命令 LST CAGROUPCELL，确认"eNodeB 标识"与规划的一致。

如果"eNodeB 标识"与规划的不一致，检查修改后的配置数据文件，检查"eNodeB 标识"是否填写错误。

① 如果错误，则重新修改配置数据文件，并将文件导入 CME 中，然后重新执行"工程实施"，将数据下发并激活到基站。

② 如果无误,则表示数据在导入 CME 或者下发到基站的过程中出错,请联系华为客户服务中心。

(3) 在相邻基站上执行 MML 命令 LST EUTRANEXTERNALCELL,确认"eNodeB 标识"与规划的一致。

如果"eNodeB 标识"与规划的不一致,检查修改后的配置数据文件,检查"eNodeB 标识"是否填写错误。

① 如果错误,则重新修改配置数据文件,并将文件导入 CME 中,然后重新执行"工程实施",将数据下发并激活到基站。

② 如果无误,则表示数据在导入 CME 或者下发到基站的过程中出错,请联系华为客户服务中心。

(4) 在相邻基站上执行 MML 命令 LST EUTRANINTRAFREQNCELL,确认"eNodeB 标识"与规划的一致。

如果"eNodeB 标识"与规划的不一致,检查修改后的配置数据文件,检查"eNodeB 标识"是否填写错误。

① 如果错误,则重新修改配置数据文件,并将文件导入 CME 中,然后重新执行"工程实施",将数据下发并激活到基站。

② 如果无误,则表示数据在导入 CME 或者下发到基站的过程中出错,请联系华为客户服务中心。

(5) 在相邻基站上执行 MML 命令 LST EUTRANINTERFREQNCELL,确认"eNodeB 标识"与规划的一致。

如果"eNodeB 标识"与规划的不一致,检查修改后的配置数据文件,检查"eNodeB 标识"是否填写错误。

① 如果错误,则重新修改配置数据文件,并将文件导入 CME 中,然后重新执行"工程实施",将数据下发并激活到基站。

② 如果无误,则表示数据在导入 CME 或者下发到基站的过程中出错,请联系华为客户服务中心。

(6) 在相邻基站上执行 MML 命令 LST EUTRANEXTERNALCELLPLMN,确认"eNodeB 标识"与规划的一致。

如果"eNodeB 标识"与规划的不一致,检查修改后的配置数据文件,检查"eNodeB 标识"是否填写错误。

① 如果错误,则重新修改配置数据文件,并将文件导入 CME 中,然后重新执行"工程实施",将数据下发并激活到基站。

② 如果无误,则表示数据在导入 CME 或者下发到基站的过程中出错,请联系华为客户服务中心。

(7) 执行 MML 命令 LST SFNAUXRESBIND,确认"主站标识"是否与规划的一致。

如果"主站标识"与规划的不一致,检查修改后的配置数据文件,检查"主站标识"是否填写错误。

① 如果错误,则重新修改配置数据文件,并将文件导入 CME 中,然后重新执行"工程实施",将数据下发并激活到基站。

② 如果无误,则表示数据在导入 CME 或者下发到基站的过程中出错,请联系华为客户服务中心。

(8) 确认无"29201 S1 接口故障告警"。

如果在配置调整前没有"29201 S1 接口故障告警",配置调整后出现该告警,则可能原因为新的 eNodeB 标识与其他基站的 eNodeB 标识冲突。检查新的 eNodeB 标识是否和其他基站的 eNodeB 标识冲突。

① 如果不冲突,则参考"eNodeB 告警参考"清除告警。

② 如果冲突,则重新规划 eNodeB 标识,重新修改配置数据文件,并将文件导入 CME 中,然后重新执行"工程实施",将数据下发并激活到基站。

3. 工程回退

当配置调整失败后,为了不影响业务运行,可以执行工程回退,将基站的配置回退到调整前。

采用 CME 方式:CME 在导出增量配置脚本的过程中,会生成回退配置脚本,方便用户回退现网数据至修改前的状态。

(1) 在主菜单栏中,选择"系统→脚本执行器"命令(CME 客户端模式)或"CME→脚本执行器"命令(U2000 客户端模式),启动 CME 的脚本执行器。

(2) 在脚本执行器界面选择"总览"页签。

(3) 选择需要回退的工程,右击,选择"激活回退工程→遇错即停"命令或"激活回退工程→尽力而为"命令。

请参考"工程实施及验证"中的操作步骤,验证工程回退是否成功。

4.2.3　增加 TDD 小区

在不增加站点的情况下增加 TDD 小区,包括增加 TDD 小区的应用场景,考虑调整影响、工程准备、工程实施、工程验证和工程回退等问题。

增加 TDD 小区主要应用于以下三个场景:①覆盖存在弱信号区或盲信号区,需要增加小区补充覆盖;②运营商话务量增加,原有的小区容量已经无法满足边缘用户的话务量需求,需要缩小原有小区覆盖范围并增加新的小区;③运营商使用新频段。

1. 调整影响

当修改 RRU 链环所在基带处理板位置时,该链环上已建立的小区不可用。

以增加基带处理板和射频模块为例,调整前后的组网示意如项图 4-3 所示。

在已有站点上增加 TDD 小区时,根据以下几种条件确定调整流程。

(1) 基带资源不足。

若基带资源不足,则需要新增基带处理板。

(2) 射频资源不足。

若射频资源不足,则进行如下调整。

① 在已有 RRU 链环上新增射频单元和天馈设备。

② 新增 RRU 链环,并新增射频单元和天馈设备。

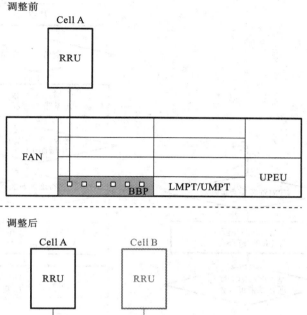

项图 4-3 调整前后的组网示意

（3）射频资源充足。

若射频资源充足，则可进行如下调整。

① 在已有的 RRU 中使用不同的通道建立小区。例如，在一个 4 通道 RRU 的 R0A 通道和 R0B 通道已经建立了一个载波，需要在 R0C 通道和 R0D 通道上建立载波，可以将 R0C 通道和 R0D 通道作为一个扇区进行载波扩容。

② 判断 RRU 的 CPRI 资源是否足够，如果不足，则可以增加一条光纤，采用环形负荷分担组网，增加 CPRI 资源；或者更换光模块设备，增加 CPRI 带宽；或者将已有的小区修改成 CPRI 压缩方式。例如 8T8R 的 RRU 链形连接，在不压缩的场景下仅支持 1 个载波，如果要增加一个载波，则需要增加一条光纤，采用环形负荷分担组网。

（4）远程调节天线的下倾角。

当需要远程调节天线下倾角时，需要增加电调天线。

（5）增加 TDD 小区。

当增加的 TDD 小区为支持 Beamforming 特性的小区时，必须打开小区的 Beamforming 算法开关。

增加 TDD 小区配置流程如项图 4-4 所示。

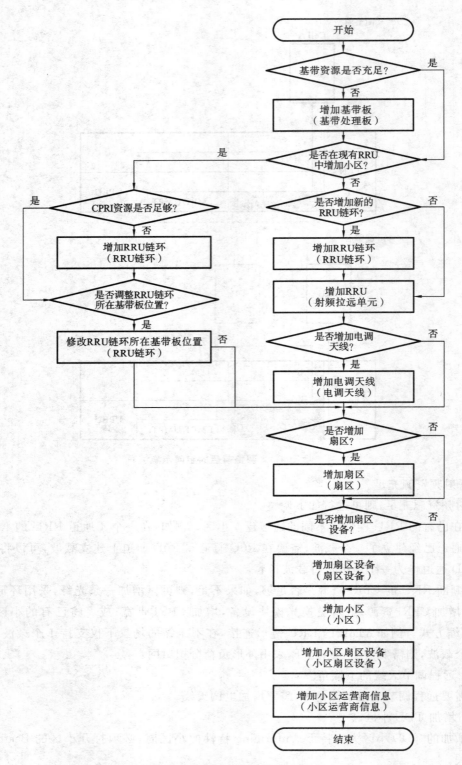

项图 4-4 增加 TDD 小区配置流程

2. 工程准备

增加 TDD 小区的工程准备包括：信息收集、硬件准备、软件准备、License 准备、证书准备、数据准备和 MML 配置准备。增加 TDD 小区需收集的信息如项表 4-4 所示。

项表 4-4　增加 TDD 小区需收集的信息

信　息	说　明
站型	要增加 TDD 小区的基站站型，例如：DBS3900LTE
基带板型号	基带板的对外型号，例如：LBBPc、LBBPd 或 UBBP
射频单元类型	新增的射频单元类型，例如：LRRU、MRRU、MPMU
组网方式	射频单元的 CPRI 组网方式，例如：星形组网、链形组网或跨板负荷分担； 新增 RRU 在 CPRI 组网中的位置，例如：链尾
天馈设备	电调天线的对外型号
扇区信息	扇区中 RRU 的天线数和天线通道号、柜框槽及接口信息
扇区设备信息	扇区设备中接收和发送天线的通道号、天线的收发类型
小区信息	小区的基本信息，包括：带宽、频点、双工模式等； 小区的多 RRU 共小区模式，例如：非多 RRU 合并、两 RRU 合并、小区合并或 SFN 等
小区扇区设备信息	小区中包含的扇区设备信息，包括扇区设备标识、参考信号功率、基带设备等

硬件准备清单如项表 4-5 所示。

项表 4-5　硬件准备清单

环　境	要准备的硬件
基带板资源不足	根据基带板支持的小区规格，判断新增加的小区所需的基带资源是否足够，例如单 LBBPd 单板支持 3 个小区，如要扩容一个小区就需要新增加一块基带板； 判断当前小区与已有小区是否允许共基带板，如果不允许共基带板，则需要增加基带处理板。约束条件可以参照"绑定小区基带设备"场景。例如：不同子帧配比的小区不允许用同一块基带处理板，新增加不同子帧配比的小区需要新增加一块基带处理板
射频资源不足	根据网络规划，对盲区或信号弱覆盖区域增加 RRU 进行覆盖； 在已有 RRU 上扩容，需要根据 RRU 支持的带宽和频点，确认是否在已有的 RRU 上进行载波扩容，如果当前 RRU 载波资源不足，需要新增 RRU；如果 RRU 足够，则需要计算 CPRI 资源是否足够，如果 CPRI 带宽不足，则需要修改 CPRI 压缩方式或增加 CPRI 线缆和光模块； 射频相关硬件包括：射频单元、CPRI 线缆、天馈设备、光模块
需要配置电调天线	RCU、AISG 多芯线、跳线

配置样例：新增扇区小区，增加 RRU 链环，增加 RRU。代码如下：

```
/* 增加 RRU CHAIN* /
ADD RRUCHAIN:RCN=0,TT=CHAIN,HSN=0,HPN=0;
/* 增加 RRU* /
ADD RRU:CN=0,SRN=60,SN=0,RCN=0,PS=0,RT=LRRU,RS=TDL,RXNUM=4,TXNUM=4;
```

```
/* 增加扇区* /
ADD SECTOR:SECN=0,GCDF=DEG,LONGITUDE=0,LATITUDE=0,SECM=NormalMIMO,ANTM=
2T2R,COMBM=COMBTYPE_SINGLE_RRU,CN1=0,SRN1=60,SN1=0,PN1=R0A,CN2=0,SRN2=60,SN2
=0,PN2=R0B,ALTITUDE=1000;
/* 增加小区* /
ADD CELL:LocalCellId=0,CellName="0",SectorId=0,FreqBand=38,UlEarfcnCfgInd=
NOT_CFG,DlEarfcn=38000,UlBandWidth=CELL_BW_N50,DlBandWidth=CELL_BW_N50,CellId
=0,PhyCellId=0,FddTddInd=CELL_TDD,SubframeAssignment=SA1,SpecialSub-
framePatterns=SSP7,RootSequenceIdx=0,CustomizedBandWidthCfgInd=NOT_CFG,Emer-
gencyAreaIdCfgInd=NOT_CFG,UePowerMaxCfgInd=NOT_CFG,MultiRruCellFlag=BOOLEAN_
FALSE;
/* 增加小区运营商信息* /
ADD CELLOP:LocalCellId=0,TrackingAreaId=0;
/* 激活小区* /
ACT CELL:LocalCellId=0;
```

3. 工程实施与验证

操作步骤如下。

（1）执行 MML 的命令 DSP CELL,确认"小区的实例状态"为"正常"。

如果"小区的实例状态"为"未建立",则根据命令执行结果中的"最近一次小区状态变化的原因"提示的原因,检查小区配置信息或硬件环境。

（2）执行 MML 的命令 LST CELL,确认小区的信息与规划的一致。

如果小区的信息与规划的不一致,执行如下操作。

① 如果使用 CME 方式进行配置调整,则查看修改后的数据文件,检查小区的信息是否与规划的一致。

如果不一致,则重新修改数据文件,并将文件导入 CME 中,然后重新执行"工程实施",将数据下发并激活到基站。

如果一致,则表示数据在导入 CME 或者下发到基站的过程中出错,请联系华为技术支持。

② 如果使用 MML 命令方式进行配置调整,则检查 MML 脚本中的参数是否正确。

如果不正确,则先将 MML 脚本中的参数修改正确,然后执行 MML 的命令 RMV CELL,删除此小区,再执行 MML 的命令 ADD CELL,重新增加小区。

（3）确认无小区相关的告警,例如"29240 小区不可用告警"、"29243 小区服务能力下降告警"。

如果有小区相关的告警,清除告警。

请读者根据实验室 eNodeB 实际配置新增一个 TDD 小区,并验证:

```
LST RRUCHAIN:;
LST RRU:;
LST SECTOR:;
LST CELL:;
LST CELLOP:;
```

如果实验室具备开通新扇区和新小区的条件,可以执行命令 DSP CELL:;查看小区是否正常建立。

4.2.4 修改小区频点

修改小区频点主要应用于以下两个场景:小区频点不合理和运营商重新规划频谱资源。

1. 调整影响

修改小区频点时,小区会自动复位,使配置调整生效。在复位过程中,该小区承载的业务不可用。

修改小区频点的调整流程如项图 4-5 所示。

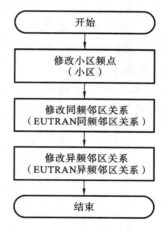

项图 4-5　修改小区频点流程图

修改邻区信息时,根据网络规划,删除冗余或错误邻区,新增加规划的邻区。

2. 工程准备

收集如项表 4-6 所示的信息。

项表 4-6　修改小区频点的信息收集

信　息	说　明
小区信息	包括本地小区标识和新的上下行频点
邻区信息	包括同频邻区和异频邻区,小区频点变更后,需要根据网络规划,删除错误邻区,新增加规划的邻区

MML 脚本准备示例如下:

```
DEA CELL:LocalCellId=0;
MOD CELL:LocalCellId=0,DlEarfcn=37900;
ACT CELL:LocalCellId=0;
```

3. 工程实施与验证

在修改小区频点需要的信息和数据等已准备好的前提下,进行修改小区频点的工程实施过程,包括近端操作和远端操作。

操作步骤如下。

不涉及近端操作。为了在修改小区频点的同时更新外部小区信息,推荐使用 CME 的"无线规划数据文件"方式。操作步骤如下。

(1) 为了避免在配置调整阶段产生不必要的告警,在进行配置调整前,需要将 eNodeB 的工程状态设置为扩展状态。

(2) 执行 MML 的命令 MOD GLOBALPROCSWITCH,将"基于 X2 信息更新网元配置参数开关"设置为"关"。例如:

    MOD GLOBALPROCSWITCH:X2BasedUpteNodeBCfgSwitch=OFF;

(3) 将准备好的数据下发并激活到基站。

在 Planned 区的菜单栏中,选择"配置区管理→Planned 区→导出增量脚本"命令(CME 客户端模式)或"CME→Planned 区→导出增量脚本"命令(U2000 客户端模式),启动导出脚本功能向导,并在向导中勾选"启动脚本执行器"将导出的脚本激活至现网生效。详细操作请参见 U2000 联机帮助"导出 Planned 区增量脚本"章节。

(4) 在配置调整完成后,需要将 eNodeB 的工程状态恢复为"普通"。

请读者以实验室 eNodeB 为基础修改小区频点,并验证:

    DEA CELL:;
    MOD CELL:;
    ACT CELL:;
    LST CELL:;
    LST ALMAF:;
    DSP CELL:;

调整影响:修改小区频点时,小区会自动复位,使配置调整生效。在复位过程中,该小区承载的业务不可用。

4.2.5　修改近端维护 IP 地址

修改近端维护 IP 地址时,只需将 MO 近端维护 IP 地址的"IP 地址"和"子网掩码"修改为目标值。

1. 调整影响及工程准备

修改近端维护 IP 地址的过程中,eNodeB 与 LMT 的连接会中断。在调整完成后,请使用新的近端维护 IP 地址登录 LMT。

收集如项表 4-7 所示的信息。

项表 4-7　修改近端维护 IP 地址的信息收集

信　　息	说　　明
eNodeB 信息	eNodeB 标识
近端维护 IP 信息	新的近端维护 IP 地址和子网掩码

MML 脚本准备示例如下(设置近端维护 IP 地址,IP 地址为"192.168.211.158",子网掩码为"255.255.255.0"):

```
SET LOCALIP:IP="192.168.211.158",MASK="255.255.255.0";
```

2. 工程实施与验证

操作步骤如下。

（1）执行 MML 命令 LST LOCALIP，确认"IP 地址"和"子网掩码"与规划的一致。

（2）如果"IP 地址"和"子网掩码"与规划的不一致，查看修改后的配置数据文件，检查修改的参数是否填写错误。

如果错误，则重新修改配置数据文件，并将文件导入 CME 中，然后重新执行"工程实施与验证"，将数据下发并激活到基站。

如果无误，则显示"IP 地址"、"子网掩码"与规划结果。

请读者以实验室 eNodeB 为基础修改近端维护 IP 地址，并验证：

```
SET LOCALIP:IP="2.2.2.2",MASK="255.255.255.0";
LST LOCALIP:;
```

修改近端维护 IP 地址的过程中，eNodeB 与 LMT 的连接会中断，需要设置电脑网卡地址为新的本端地址所属的同网段 IP 地址，然后重新登录。

执行 MML 的命令 LST LOCALIP，确认"IP 地址"和"子网掩码"与规划的一致。

思 考 题

1. 请以实验室 eNodeB 为基础，完成以下配置调整：

① 修改设备 IP 地址；

② 调整 VLAN。

2. 如何更换基带处理板？

3. 如何更换主控传输板？

项目五　eNodeB 故障分析处理

项目背景

目前我国各运营商正在如火如荼地进行 TD-LTE 系统建设、大规模的 TD-LTE 系统基站建设,随之而来的是 eNodeB 故障种类和数量的增多,为了更好地打造 TD-LTE 系统精品网络,分析、排查、解决 eNodeB 的故障就显得尤为重要。LTE 网络运行与维护人员必须掌握 eNodeB 故障的分析处理方法。

项目目标

- 了解天馈系统的组成;
- 掌握与天馈系统相关的告警的含义;
- 掌握天馈告警产生的可能原因;
- 具有一定的天馈故障分析能力和处理手段;
- 了解链路故障的分类;
- 掌握链路故障的分析处理过程;
- 掌握产生小区不可用故障的原因;
- 掌握常见的几类导致小区不可用故障问题的分析处理过程。

5.1　DBS3900 系统天馈故障分析处理

5.1.1　天馈故障概述

天馈系统的主要功能是作为射频信号发射和接收的通道,将 eNodeB 调制好的射频信号有效地发射出去,并接收 UE 发射的信号。因此,天馈系统性能的好坏直接影响网络的性能和质量。常见的 DBS3900 系统天馈主要由天线、馈线、CPRI 光纤、GPS 天线、GPS 馈线等组成。常见 DBS3900 系统天馈结构如项图 5-1 所示。

TD-LTE 系统天馈故障一般分为以下几类。

(1) 射频通道故障主要是指从 RRU 天线 Path 接口到天线的所有故障,包括 RRU 硬件天线接口故障、馈线问题、塔放故障、馈线避雷器故障、合路器故障、分路器故障、天线硬件故障等。

(2) BBU-RRU CPRI 光纤故障主要是指从 BBP 单板到 RRU 光接口的所有故障,包括 BBP 单板接口故障、CPRI 光纤问题、RRU CPRI 接口故障等。

(3) GPS 故障主要是指从 UMPT 单板到 GPS 天线的所有故障,包括 UMPT 单板 GPS 接口故障、GPS 馈线问题、馈线避雷器故障、GPS 天线接口问题等。

天馈故障一般的处理流程为分析告警及相关 LOG 文件,初步定位问题故障点,检查、修

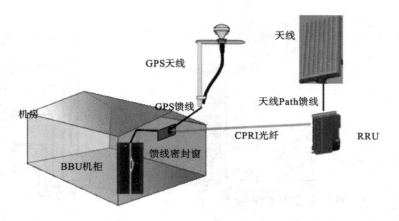

项图 5-1　常见 DBS3900 系统天馈结构

正线缆和接头,查看告警是否恢复。若告警依然存在,则替换相关硬件再次查看告警是否恢复,若还是存在告警,检查配置数据,然后确认告警恢复。天馈故障一般处理流程如项图 5-2 所示。

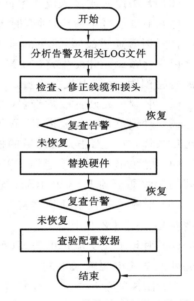

项图 5-2　天馈故障一般处理流程

故障信息收集环节中,一般要求收集以下信息:故障症状,发生时间、位置和频率,范围和影响,故障发生前设备的运行状态,故障发生的操作和相应结果,故障发生后的测量和相关影响,故障发生时的告警和衍生告警,故障发生时指示灯状态。

故障处理人员可以使用以下方法收集故障信息。

(1)向上报故障的人员咨询故障的症状,发生时间、位置和频率。

(2)向设备维护人员咨询故障发生前设备的运行状态,故障发生的操作和相应结果,故障发生后设备的测量和结果。

(3)观察指示灯和 LMT 上的告警管理系统来收集系统软、硬件的运行状态。

(4)依靠检修来检查故障的影响。

5.1.2　常见天馈故障分析

5.1.2.1　射频通道故障分析

射频通道故障主要指从 RRU 到天线部分的故障。针对室外场景和室内场景的组网不同,有如项图 5-3 所示的室外场景射频通道和如项图 5-4 所示的室内场景射频通道。

射频通道故障对系统的影响大概有如下几个方面:

(1)小区退服;

(2)掉话或者短话;

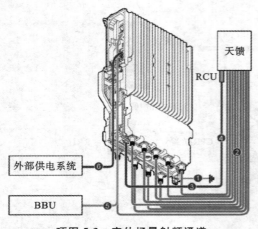

项图 5-3 室外场景射频通道

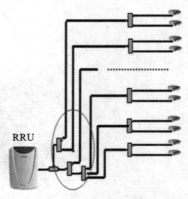

项图 5-4 室内场景射频通道

（3）无法接入或接入成功率低；

（4）手机信号不稳定，时有时无，通话质量下降。

针对射频通道故障，常见的告警类型有以下几种。

（1）射频单元驻波告警（ALM-26529）。射频单元发射通道的天馈接口驻波超过了设置的驻波告警门限，系统上报此告警。

（2）射频单元硬件故障告警（ALM-26532）。射频单元内部的硬件发生故障。

（3）射频单元接收通道 RTWP/RSSI 过低告警（ALM-26521）。多通道的 RRU 的校准通道出现故障，导致无法完成通道的校准功能。

（4）射频单元间接收通道 RTWP/RSSI 不平衡告警（ALM-26522）。同一小区的射频单元间的接收通道的 RTWP/RSSI 统计值相差超过 10 dB。

（5）射频单元发射通道增益异常告警（ALM-26520）。射频单元发射通道的实际增益与标准增益相差超过 2.5 dB。

（6）射频单元交流掉电告警（ALM-26540）。内置 AC/DC（交流/直流）转换模块的射频单元的外部交流电源输入中断。

（7）制式间射频单元参数配置冲突告警（ALM-26272）。多模配置下，同一个射频单元在不同制式间配置的工作制式或其他射频单元参数不一致。

射频通道故障产生的原因一般有以下几个：

（1）馈线安装异常或者接头工艺差（接头未拧紧、进水、损坏等）；

（2）天馈接口连接的馈缆存在挤压、弯折，或馈缆损坏；

（3）射频单元硬件故障；

（4）天馈组件，如合分路器或耦合器损坏（室分系统特有故障）；

（5）射频单元频段类型与天馈组件（如：天线、馈线、跳线、合分路器、滤波器、塔放等）频段类型不匹配；

（6）射频单元的主集或分集接收通道故障；

（7）DBS3900 系统数据配置故障；

（8）射频单元的主集或分集天线单独存在外部干扰；

（9）射频单元掉电。

在进行射频通道故障处理的时候,需要对可能造成射频通道故障的原因进行逐一排查处理,直至告警消除、故障解决为止。

5.1.2.2 CPRI 接口故障分析

CPRI 接口存在于 BBU3900 系统内 BBP 单板上和 RRU 上,如项图 5-5 所示。CPRI 接口故障直接影响 CPRI 链路的通信性能,会造成小区退服或者服务质量劣化,甚至还会造成RRU 硬件故障或频繁重启等。

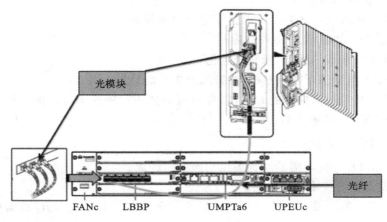

光模块

光纤

FANc LBBP UMPTa6 UPEUc

项图 5-5 CPRI 接口

CPRI 接口故障常见的告警有以下几种。

（1）BBU CPRI/IR 光模块故障告警（ALM-26230、ALM-26320）。BBU 连接下级射频单元的接口上的光模块故障。

（2）BBU CPRI/IR 光模块不在位告警（ALM-26231、ALM-26321）。BBU 连接下级射频单元的接口上的光模块不在位。

（3）BBU 光模块收发异常告警（ALM-26232）。BBU 与下级射频单元之间的光纤链路（物理层）的光信号接收异常。

（4）BBU CPRI/IR 光接口性能恶化告警（ALM-26233、ALM-26323）。BBU 连接下级射频单元的接口上的光模块的性能恶化。

（5）BBU CPRI/IR 接口异常告警（ALM-26234、ALM-26324）。BBU 与下级射频单元间的链路（链路层）数据收发异常。

（6）射频单元维护链路异常告警（ALM-26235）。BBU 与射频单元间的维护链路出现异常。

（7）射频单元光模块不在位告警（ALM-26501）。射频单元与对端设备（上级/下级射频单元或 BBU）连接接口上的光模块连线不在位。

（8）射频单元光模块类型不匹配告警（ALM-26502）。射频单元与对端设备（上级/下级射频单元或 BBU）连接接口上的光模块的类型与射频模块支持的光模块类型不匹配。

（9）射频单元光接口性能恶化告警（ALM-26506）。射频单元光模块的接收或发送性能恶化。

（10）射频单元 CPRI/IR 接口异常告警（ALM-26504、ALM-26507）。射频单元与对端设备（上级/下级射频单元或 BBU）间接口链路（链路层）数据收发异常。

（11）射频单元光模块收发异常告警（ALM-26503）。射频单元与对端设备（上级/下级射频单元或 BBU)之间的光纤链路(物理层)的光信号收发异常。

针对 CPRI 接口故障,一般的处理流程为:采集告警,查看指示灯状态,检查修正 CPRI 接口光纤和光模块,查看告警是否恢复,若告警依然存在,则替换硬件后,再次查看告警状态,如果还是存在告警,则检查相关数据配置,最后确保告警消除。

根据告警类型,一般告警产生的原因有以下几种:

(1) 光纤链路故障、插损过大或光纤不洁净,光纤损坏;

(2) RRU 未上电,RRU 故障,RRU 光纤接口处进水;

(3) 光模块故障或光模块数据传输速率等与对端设备不匹配;

(4) BBP 光接口故障,BBP 硬件故障;

(5) 光模块未安装或未插紧,光模块老化;

(6) RRU 配置类型错误或版本故障(升级或扩容后易发生)。

在进行 CPRI 接口故障处理的时候,需要对可能造成射频通道故障的原因进行逐一排查处理,直至告警消除、故障解决为止。

5.1.2.3 GPS 故障分析

GPS 为 TD-LTE 系统所需的时钟提供精确的时钟源。

GPS 故障常见的告警有以下几种。

(1) 星卡天线故障告警(ALM-26121)。星卡与天馈之间的电缆断开,或者电缆中的馈电流过小或过大。

(2) 星卡锁星不足告警(ALM-26122)。eNodeB 锁定卫星数量不足。

(3) 时钟参考源异常告警(ALM-26262)。外部时钟参考源信号丢失、外部时钟参考源信号质量不可用、参考源的相位与本地晶振相位偏差太大、参考源的频率与本地晶振频率偏差太大从而导致时钟同步失败。

(4) 星卡维护链路异常告警(ALM-26123)。星卡串口维护链路中断。

针对 GPS 故障告警,一般处理流程如下。

查看告警信息,初步定位故障,确认与告警相关的硬件,检查 GPS 天线情况,确认故障是由其他干扰造成的。

使用万用表检查 GPS 馈线和接头,定位故障发生位置的步骤如下。

① 检查 GPS 跳线接头处是否进水,肉眼不可见时,用万用表测量跳线,查验是否存在短路现象,短路则 GPS 馈线进水或损坏。

② 用万用表测量 GPS 天线侧 GPS 跳线芯皮电压,正常值为 5 V 左右,若不正常,则下方有故障,继续下步操作。

③ 用万用表测量避雷器是否正常,避雷器接口处芯皮电压的正常值为 5 V 左右,正常则故障在避雷器到天线间的 GPS 馈线处,不正常则继续下步操作。

④ 用万用表测量星卡接头处芯皮电压,正常情况下为 5 V 左右,正常则故障在避雷器处,不正常则 MPT 单板坏或星卡坏。

若仍存在告警可更换硬件(优先更换 GPS 天线,其次是主控板,使用替换法),更换硬件后若仍存在告警,则检查数据配置,确认故障是否是由数据配置错误导致的。

GPS 故障产生的原因有以下几种:

(1) 馈线头工艺差,接头连接处松动、进水;

（2）线缆馈线开路或短路；

（3）GPS 天线安装位置不合理，周围有干扰、遮挡，导致星卡锁星不足等；

（4）GPS 天线故障；

（5）主控板、放大器或星卡故障；

（6）BBU 到 GPS 避雷器的信号线开路或短路；

（7）避雷器失效；

（8）数据配置错误。

5.2　链路故障分析处理

5.2.1　TD-LTE 系统链路故障概述

TD-LTE 系统链路故障按故障接口类型分为 S1 接口链路故障和 X2 接口链路故障两种；按协议栈分为 SCTPLNK 链路故障和 IPPATH 链路故障两种。

链路故障一般处理思路如项图 5-6 所示。

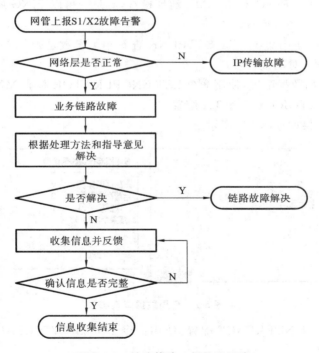

项图 5-6　链路故障一般处理思路

5.2.2　TD-LTE 系统链路故障分析

5.2.2.1　S1 接口 SCTPLNK 故障分析

SCTPLNK 故障一般的告警为 SCTP 链路故障告警（ALM-25888）、SCTP 链路拥塞告警

（ALM-25889）。执行命令 DSP SCTPLNK 时,命令操作状态为"不可用"或者"拥塞"也视为 SCTPLNK 故障。

根据故障现象不同,SCTPLNK 故障可以分为 SCTP 链路不通或单通、SCTP 链路闪断。

S1 接口 SCTPLNK 故障产生的原因一般有以下几种:

（1）IP 层传输不通;

（2）SCTPLNK 本端或对端 IP 配置错误;

（3）SCTPLNK 本端或对端接口号配置错误;

（4）eNodeB 全局参数未配置或配置错误;

（5）信令业务的 QoS 与传输网络的不一致;

（6）eNodeB 侧配置的 MME 协议版本错误;

（7）MTU 值设置问题;

（8）其他原因。

针对导致 S1 接口 SCTPLNK 故障产生的常见原因,处理步骤一般为:首先检查传输,然后检查 SCTP 配置,查看信令业务的 QoS,再检查 eNodeB 全局数据、S1INTERFACE 配置,可以采用 SCTP 信令跟踪方法,通过分析信令找出问题,最后联系传输人员检查 MTU 设置是否过小。

检查传输:使用命令 PING 对端 MME 地址检查,看是否可以 PING 通,如果 PING 不通,则检查路由和传输网络是否正常。

检查 SCTP 配置:使用命令 LST SCTPLNK 查看相关参数是否与 MME 保持一致,如查看本/对端 IP 地址,本/对端接口号。

检查 eNodeB 全局数据配置:使用命令 LST CNOPERATOR 检查 MNC、MCC 配置,使用命令 LST CNOPERATORTA 检查 TA 配置。

全局数据查询结果如项图 5-7 所示。

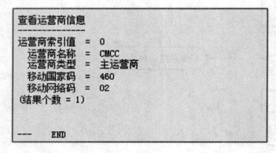

项图 5-7　全局数据查询结果

检查 eNodeB 的 S1INTERFACE 配置:使用命令 DSP S1INTERFACE 查询 MME 协议版本号是否配置正确。

查看信令业务的 QoS:执行 LST DIFPRI 查看信令类业务的 DSCP 是否与传输网络的一致。

S1INTERFACE 配置和 QoS 配置如项图 5-8 所示。

跟踪 SCTP 信令消息,分析消息交互是否正常。

最后联系传输人员,检查 MTU 设置是否过小。

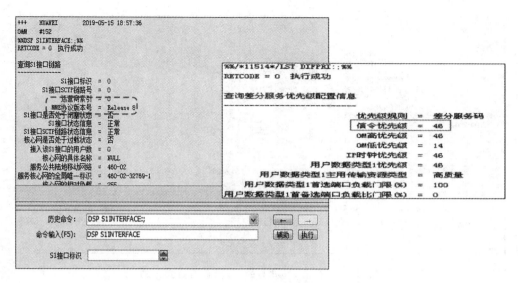

项图 5-8　S1INTERFACE 配置和 QoS 配置

5.2.2.2　X2 接口 SCTPLNK 故障分析

X2 接口 SCTPLNK 故障的告警名称跟 S1 接口 SCTPLNK 故障的告警名称一样,同为 SCTPLNK 控制面故障。

X2 接口 SCTPLNK 故障产生的原因一般为以下几种:

(1) IP 层传输不通;

(2) 两 eNodeB 小区不可用或者未激活;

(3) SCTPLNK 本端或对端 IP 配置错误;

(4) SCTPLNK 本端或对端接口号配置错误;

(5) 信令业务的 QoS 与传输网络的不一致;

(6) eNodeB 侧配置的 eNodeB 协议版本错误;

(7) MTU 值设置问题。

另外,如果 X2 接口采用链路自建立方式,具体 SCTPLNK 故障产生的原因还可能有:

① 当采用 X2 over M2000 接口自建立方式时,网元与网管数据不同步、X2 接口自建链路方式错误;

② 当采用 X2 over S1 接口自建立方式时,S1 接口链路故障、X2 接口自建链路方式错误。

同样,针对 X2 接口 SCTPLNK 故障的处理过程类似于 S1 接口 SCTPLNK 故障的,具体一般处理步骤为:检查 S1 接口、小区状态,检查 eNodeB 间网络层状态,检查 eNodeB X2 接口自建立方式(X2 接口自建立方式下),检查 SCTP 配置,查看信令业务的 QoS,检查 eNodeB X2INTERFACE 配置,跟踪 SCTP 信令消息,最后联系传输人员检查 MTU 设置是否过小。

检查 eNodeB 的 X2 接口自建立方式:执行命令 LST GLOBALPROCSWITCH 查询 X2 接口自建立方式配置是否正确,如项图 5-9 所示。

检查 eNodeB 的 X2INTERFACE 配置:执行命令 DSP X2INTERFACE 查询对端 eNodeB 协议版本号配置是否正确,如项图 5-10 所示。

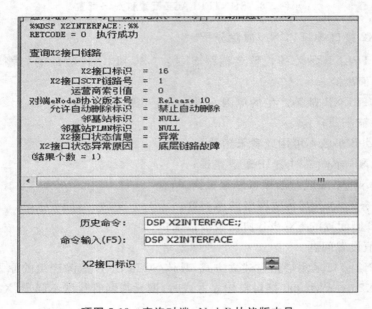

项图 5-9　查询 eNodeB 的 X2 接口自建立方式

项图 5-10　查询对端 eNodeB 协议版本号

5.2.2.3　S1/X2 接口 IPPATH 故障分析

IPPATH 故障直接影响业务链路的建立,常见的告警为 IP Path 故障告警(ALM-25886)。对 S1 接口的表现为:

(1) S1 接口正常,小区状态正常,但是 UE 无法附着网络;

(2) UE 可以正常附着网络,但不能建立某些 QCI 的承载。

IPPATH 故障的产生原因有以下几种:

(1) IP 层传输不通;

(2) IPPATH 中本/对端 IP、应用类型配置错误;

(3) IPPATH 传输类型或 DSCP 值设置错误;

（4）开启 IPPATH 的通道检测后，对端 IP 禁 PING；

（5）其他原因。

针对这些可能导致 IPPATH 故障的原因，一般的处理步骤如下：

（1）执行命令 PING，检查与对端的 IP 侧是否可达；

（2）执行命令 LST IPPATH，查询 IPPATH 的本/对端 IP 是否与对端协商的一致；

（3）检查 IPPATH 的 QoS 类型，如果为固定 QoS，则查看 DSCP 值；

（4）与对端沟通，确认对端设备 IP 支持 PING 检测。

5.3　小区建立失败故障分析处理

5.3.1　TD-LTE 系统小区建立失败故障概述

小区建立失败故障会导致整个小区下的全部用户无法进行业务通信，具体故障表现为：告警台产生"ALM-29240 小区不可用告警"，如项图 5-11 所示。

浏览活动告警/事件		查询告警/事件日志		查询告警/事件配置	
普通告警	事件	工程告警			
流水号 ▼	级别 ▼	发生时间 ▼		名称 ▼	
12794	■重要	2019-05-16 02:24:22		系统时钟不可用告警	
12793	次要	2019-05-15 20:24:38		时钟参考源异常告警	
12792	次要	2019-05-15 20:24:38		星卡天线故障告警	
12791	■重要	2019-05-15 18:27:39		小区不可用告警	
12790	■重要	2019-05-15 18:27:39		射频单元维护链路异常告警	
12789	■重要	2019-05-15 18:27:39		BBU IR光模块收发异常告警	

项图 5-11　小区不可用告警

造成小区建立失败故障的原因很多，小区正常运行涉及的资源中任一项出现问题，都有可能导致小区不可用。小区正常运行涉及的资源有以下两种。

（1）物理资源：S1 接口物理传输资源（GE 光纤、光模块），硬件资源（BBU、RRU、天线、IR 光纤、光模块、GPS、馈线等）。

（2）逻辑资源：数据配置（S1 接口、扇区、小区数据配置等），License 资源，BBU、RRU 软件版本资源。

综上，小区建立失败故障产生的原因有如下几种。

（1）配置数据错误：小区资源配置与硬件资源配置错误，导致小区建立失败。

（2）规格类限制问题：某硬件规格或者软件规格（如 License）的限制导致小区不可用。

（3）TDS&TDL 共模配置问题分析：TDS&TDL 侧 CPRI 压缩模式不一致、上下行子帧和特殊子帧配比错误、TDS 系统的 eNodeB 的 License 不支持双模 RRU 等。

（4）射频相关资源问题：射频相关的软件配置或硬件资源故障导致小区不可用。

（5）传输资源故障：传输原因导致小区不可用，在激活小区或者用 DSP CELL 查询小区动态信息时,MML 反馈结果为"小区使用的 S1 链路异常"。

（6）硬件故障：主控板、基带处理板、射频模块或其他硬件（比如机框等）出现某个故障,从而影响小区的建立。

针对小区建立失败故障的产生原因,一般的处理流程如项图 5-12 所示。

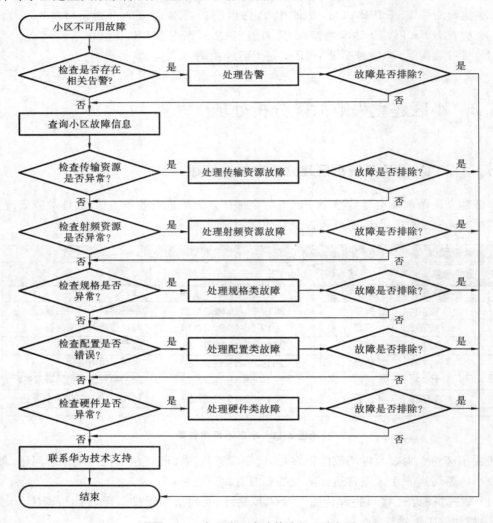

项图 5-12　小区建立失败故障处理流程图

5.3.2　TD-LTE 系统小区建立失败故障分析

TD-LTE 系统小区建立失败的原因很多,本节仅针对配置数据问题、规格类限制问题和 TDS&TDL 共模配置问题进行分析。

5.3.2.1　配置数据问题分析

配置数据问题产生的可能原因如下：

（1）小区功率配置错误（常见原因）；

（2）小区带宽配置错误（常见原因）；

（3）小区频点配置错误；

（4）共 LBBP 单板配置问题；

（5）小区 BF 算法开关配置错误；

（6）小区天线模式配置错误；

（7）时钟工作模式配置错误；

（8）小区运营商信息配置错误（多运营商共享基站模式）。

小区功率配置问题处理流程如下。

（1）执行命令 DSP RRU 查询当前 RRU 支持的发射通道最大发射功率，如项图 5-13 所示。小区功率配置问题的出现是由 RRU 的功率规格可能受到 RRU 硬件规格和 RRU 功率锁的限制所致的。

（2）执行 MML 命令 MOD PDSCHCFG，调整小区发射功率，修改 PDSCH 配置，如项图 5-14 所示。

项图 5-13 查询 RRU 动态信息图

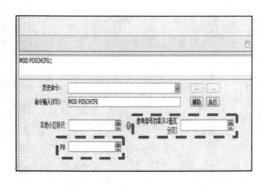

项图 5-14 修改 PDSCH 配置

小区频点、带宽配置问题处理流程如下。

（1）通过产品手册获取现有 RRU 支持频段和带宽，RRU 指标如项表 5-1 所示。

表 5-1 RRU 指标

项目	DRRU	DRRU	DRRU	DRRU
	3151e-fae	3152-e	3158e-fa	3233
最大载波	FA：2×20M TDL+6C TDS	E：2×20M	FA：2×20M TDL+6C TDS	D：1×20M
	E：2×20M TDL+6C TDS			
支持频段	F/A/E	E	FA	D

（2）维护台执行命令 MOD CELL 修改小区配置，如项图 5-15 所示。

共 LBBP 单板配置问题处理流程如下。

如果多小区共用一块 LBBP 单板，应保证小区前导格式、上下行循环前缀长度、上下行子帧配置和特殊子帧配比配置一致。

执行命令 LST CELL 查询两小区参数配置，通过命令 MOD CELL 进行修改（见项图 5-16）。

小区天线模式配置问题处理流程如下。

（1）执行 MML 命令 LST SECTOR，查看小区天线模式，确认当前配置的小区带宽和天

项图 5-15　修改小区配置(1)

项图 5-16　修改小区配置(2)

线模式是否超出前期网络规划需求。

（2）执行 MML 命令 MOD SECTOR，修改扇区天线模式，如项图 5-17 所示。

时钟工作模式配置问题处理流程如下。

（1）执行命令 LST CLKSYNCMODE 查询 eNodeB 时钟同步模式是否为时间同步，如项图 5-18 所示。

（2）执行命令 SET CLKSYNCMODE 命令进行修改。

小区 BF 算法开关配置问题处理流程如下。

非 BF 版本不允许在小区激活态下打开 BF 算法开关，执行命令 MOD CELLALGOS-WITCH 关闭 BF 算法开关，如项图 5-19 所示。

小区运营商信息配置问题处理流程如下。

（1）执行命令 LST CELLOP、LST CNOPERATORTA、LST CNOPERATOR、LST ENODEB SHARINGMODE 查看当前小区使用的 PLMN 和核心网的 PLMN 是否满足当前 eNodeB 共享模

项图 5-17　修改扇区天线模式

项图 5-18　查询基站时钟同步模式

项图 5-19　关闭 BF 算法开关

式要求；

（2）执行 MML 命令 MOD CNOPERATOR、MOD CNOPERATORTA 进行修改。

5.3.2.2 规格类限制问题分析

规格类限制问题产生的可能原因如下：

（1）License 限制；

（2）CPRI 光接口数据传输速率限制。

License 限制问题处理流程如下。

（1）执行 MML 命令 CHK DATA2LIC，确认配置值大于分配值的 License 项目，根据硬件实际规模和规划，判断是否需要购买相应的 License 项目。

（2）执行 MML 命令 INS LICENSE，安装新的 License，如项图 5-20 所示。

项图 5-20　安装 License

CPRI 光接口数据传输速率限制问题处理流程如下。

首先根据组网方式和扇区规格计算 RRUCHAIN 上的需求带宽是否超过了光模块所能提供的带宽。

CPRI 接口总带宽计算方式为

$$CPRI \text{ 接口总带宽} = \text{小区带宽} \times \text{级联小区数}$$
$$\text{小区带宽} = LTE\ 1T1R\ I/Q\ \text{数据带宽} \times \text{天线数}$$
$$I/Q\ \text{数据带宽} = \text{光口线速率} \times (15/16) \times (4/5)$$

具体 LTE 1T1R I/Q 数据带宽如项表 5-2 所示。

表 5-2　LTE 1T1R I/Q 数据带宽

小区载频带宽	10 MHz	20 MHz
默认采样频率	15.36 MHz	30.72 MHz
LTE 1T1R I/Q 数据带宽	460.8 Mb/s	921.6 Mb/s

I/Q 数据带宽与光接口数据传输速率对应表如项表 5-3 所示。

表 5-3　I/Q 数据带宽与光接口数据传输速率对应表

光接口数据传输速率	2.4576 Gb/s	4.9152 Gb/s	6.144 Gb/s	9.8304 Gb/s
I/Q 数据带宽	1.8432 Gb/s	3.6864 Gb/s	4.608 Gb/s	7.3728 Gb/s

说明：I/Q 数据带宽计算公式中，15/16 为 CPRI 协议中业务面数据带宽占 CPRI 带宽的比例，4/5 为 8B/10B 编码效率因子。

针对 CPRI 光接口数据传输速率限制问题的处理方法一般有以下几种：

（1）更换更高规格的光模块；

（2）开启 CPRI 压缩（由 License 控制）；

（3）调整 RRU 拓扑结构；

（4）调整扇区天线发送模式。

5.3.2.3 TDS&TDL 共模配置问题分析

TDS&TDL 共模配置问题产生的可能原因如下：

（1）TDS&TDL 侧 CPRI 压缩模式不一致；

（2）TDS&TDL 上下行子帧、特殊子帧配比错误；

（3）TDS 的 eNodeB 的 License 不支持双模 RRU。

CPRI 压缩模式不一致问题处理流程如下。

首先检查 TDL 侧的"CPRI 压缩"参数和 TDS 侧的"CPRI 压缩"参数设置是否一致，如不一致，需要修改为一致。TDL 侧使用命令 MOD CELL 设置。修改小区 CPRI 压缩界面如项图 5-21 所示。TDS 侧使用命令 MOD NODEB 设置。修改基站 CPRI 压缩界面如项图 5-22 所示。

项图 5-21 修改小区 CPRI 压缩

项图 5-22 修改基站 CPRI 压缩

上下行子帧、特殊子帧配比错误处理流程如下。

TD-SCDMA 和 TD-LTE 在邻频共存时，为了避免系统间的干扰，需要二者上下行同步，即两个系统上下行时隙对齐。TDS/TDL 双模子帧配比对应关系如项表 5-4 所示。

表 5-4 TDS/TDL 双模子帧配比对应关系

TDS 上下行时隙比	TDL 上下行子帧配比	TDL 特殊子帧配比	TDL 时间同步提前量
2∶4	1∶3(SA2)	3∶9∶2(SSP5)	692.97 μs
3∶3	2∶2(SA1)	10∶2∶2(SSP7)	1017.2 μs
	2∶2(SA1)	3∶9∶2(SSP5)	1017.2 μs

执行 MML 命令 MOD CELL,修改上下行子帧配比和特殊子帧配比,如项图 5-23 所示。

MOD CELL: LocalCellId=0, FddTddInd=CELL_TDD, SubframeAssignment=SA2, SpecialSubframePatterns=SSP5;

历史命令:	
命令输入(F5):	MOD CELL
本地小区标识	0
扇区号	
上行循环前缀长度	
频带	
下行频点	
下行带宽	
物理小区标识	
小区双工模式	CELL_TDD(TDD)
特殊子帧配比	SSP5(SSP5)

项图 5-23 修改子帧配比

TDS 的 eNodeB 的 License 不支持双模 RRU 处理流程如下。

在 TDS 基站的 LMT 上执行命令 DSP LICENSE,查询是否支持双模 RRU。查询 License 信息图如项图 5-26 所示。如果双模 RRU 授权数量为"0",则说明当前 License 不支持双模 RRU,需要重新申请 License 文件。

将新申请的 License 文件上传到 OMC,设置 eNodeB 可用的资源和功能,如项图 5-25 所示。

项图 5-24 查询 License 信息

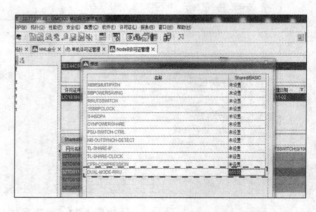

项图 5-25 设置 eNodeB 可用的资源和功能

思 考 题

1. 天馈告警产生的可能原因一般有哪些?
2. 链路故障一般包括哪几类?分别阐述相应故障产生的原因。
3. 造成小区不可用故障的一般原因有哪些?

参 考 文 献

[1] Chaudhury P，Mohr W，Onoe S. The 3GPP proposal for IMT-2000[J]. Communications Magazine IEEE，1999，37(12):72-81.

[2] Krzysztof Wesolowski. Mobile Communication Systems[J]. New Jersey：Wiley，2002.

[3] Rich Ling. Mobile Communication[J]. Polity，2009.

[4] Stüber. Principles of Mobile Communication[J]. Springer International Publishing，2017.

[5] Jenkins，Laurence. Principles of Mobile Communication[J]. Springer，2014.

[6] 啜钢，等. 移动通信原理与系统[M]. 3 版. 北京：北京邮电大学出版社，2015.

[7] 章坚武. 移动通信[M]. 5 版. 西安：西安电子科技大学出版社，2018.

[8] 宋铁成，宋晓勤. 移动通信技术[M]. 北京：人民邮电出版社，2018.

[9] 蔡跃明. 现代移动通信[M]. 4 版. 北京：机械工业出版社，2017.

[10] 李兆玉. 移动通信[M]. 北京：电子工业出版社，2017.

[11] 李建东，等. 移动通信[M]. 4 版. 西安：西安电子科技大学出版社，2018.

[12] 章坚武. 移动通信实验与实训[M]. 2 版. 西安：西安电子科技大学出版社，2018.

[13] 张轶. 现代移动通信原理与技术[M]. 北京：机械工业出版社，2018.

[14] 余晓玫. 移动通信原理与技术[M]. 北京：机械工业出版社，2017.

[15] 崔盛山. 现代移动通信原理与应用[M]. 北京：人民邮电出版社，2017.

[16] 何晓明. 移动通信技术[M]. 成都：西南交通大学出版社，2017.

[17] Erik Dahlman，Stefan Parkvall，Johan Skold. 4G 移动通信技术权威指南 LTE 与 LTE-Advanced[M]. 2 版. 北京：人民邮电出版社，2015.

[18] 张玉艳，于翠波. 移动通信技术[M]. 北京：人民邮电出版社，2015.

[19] 中华人民共和国工业和信息化部. 数字蜂窝移动通信网 LTE 工程技术标准 GB/T 51278-2018[M]. 北京：中国计划出版社，2019.

[20] 刘毅，刘红梅，张阳，等. 深入浅出 5G 移动通信[M]. 北京：机械工业出版社，2019.

[21] 刘光毅，等. 5G 移动通信：面向全连接的世界[M]. 北京：人民邮电出版社，2019.

[22] 杨峰义，谢伟良，张建敏. 5G 无线接入网架构及关键技术[M]. 北京：人民邮电出版社，2019.

[23] 张功国，李彬，赵静娟. 现代 5G 移动通信技术[M]. 北京：北京理工大学，2019.

[24] 广州杰赛通信规划设计院. 小基站(Small Cell)在新一代移动通信网络中的部署与应用[M]. 北京：人民邮电出版社，2019.

[25] 刘晓峰，等. 5G 无线系统设计与国际标准[M]. 北京：人民邮电出版社，2019.

[26] 李媛. 移动通信工程[M]. 北京：人民邮电出版社，2019.

[27] 张传福，等. 5G 移动通信系统及关键技术[M]. 北京：电子工业出版社，2018.

[28] 黄宇红，等. 5G 高频系统关键技术及设计[M]. 北京：人民邮电出版社，2019.

[29] 李丽,毕杨. 移动通信室内覆盖系统工程设计与实践[M]. 西安:西安电子科技大学出版社,2018.

[30] 许书君. 移动通信技术及应用[M]. 西安:西安电子科技大学出版社,2018.

[31] 季智红,等. 4G 无线网规划建设与优化[M]. 北京:人民邮电出版社,2018.

[32] 易梁,黄继文,陈玉胜. 4G 移动通信技术与应用[M]. 北京:人民邮电出版社,2017.

[33] 罗文兴. 移动通信技术[M]. 2 版. 北京:机械工业出版社,2018.

[34] 张轶. 现代移动通信原理与技术[M]. 北京:机械工业出版社,2018.

[35] 刘良华,代才莉. 移动通信技术[M]. 2 版. 北京:科学出版社,2018.

[36] 魏红. 移动基站设备与维护[M]. 北京:人民邮电出版社,2018.

[37] Zayas A D , Merino P . The 3GPP NB-IoT system architecture for the Internet of Things[C]// 2017 IEEE International Conference on Communications Workshops (ICC Workshops),2017.

[38] 徐彤. WCDMA 无线网络规划与优化[M]. 北京:机械工业出版社,2018.

[39] 董昕. WCDMA 原理与实训[M]. 成都:电子科技大学出版社,2017.

[40] 国家质量监督检验检疫总局. 宽带码分多址接入(WCDMA)数字移动通信综合测试仪校准规范[M]. 北京:中国标准出版社,2015.

[41] 孙秀英. 3G 移动通信接入网运行维护(WCDMA 接入网技术原理)[M]. 北京:机械工业出版社,2015.

[42] 王晶晶,郝波. WCDMA 网络专题优化[M]. 北京:北京理工大学出版社,2013.

[43] 杨阳,李龙森. WCDMA 网络优化工具实用教程[M]. 北京:北京理工大学出版社,2013.

[44] 刘业辉,方水平,张博. WCDMA 基站维护教程[M]. 北京:人民邮电出版社,2013.

[45] 姜波. WCDMA 关键技术详解[M]. 2 版. 北京:人民邮电出版社,2013.

[46] 霍玛,托斯卡拉,杨大成. UMTS 中的 WCDMA-HSPA 演进及 LTE[M]. 北京:机械工业出版社,2012.

[47] 李斯伟. WCDMA 无线系统原理及设备维护(华为版)[M]. 北京:人民邮电出版社,2011.

[48] 韦泽训,董莉. GSM&WCDMA 基站管理与维护[M]. 北京:人民邮电出版社,2011.

[49] 李晓辉. LTE 移动通信系统[M]. 西安:西安电子科技大学出版社,2018.

[50] Andreas F. Molisch. 无线通信[M]. 2 版. 北京:电子工业出版社,2015.

[51] Theodore S. Rappaport. 无线通信原理与应用[M]. 2 版. 北京:电子工业出版社,2018.

[52] 科里·比尔德(Cory Beard),威廉·斯托林斯. 无线通信网络与系统[M]. 北京:机械工业出版社,2017.

[53] 王继岩. 无线通信技术基础[M]. 北京:科学出版社,2018.

[54] 祝世雄,等. 无线通信网络安全技术[M]. 北京:国防工业出版社,2014.

[55] Dhillon H S , Huang H , Viswanathan H . Wide-area Wireless Communication Challenges for the Internet of Things[J]. IEEE Communications Magazine, 2017, 55(2): 168-174.

[56] 颜春煌. 移动与无线通信[M]. 北京:清华大学出版社,2017.

[57] 张守国,等. LTE 无线网络优化实践[M]. 2 版. 北京:人民邮电出版社,2018.

［58］Dahlman E，Parkvall S，Johan Sköld. 4G：LTE/LTE-advanced for mobile broadband［M］. 南京：东南大学出版社，2011.

［59］万蕾，等. LTE/NR 频谱共享——5G 标准之上下行解耦［M］. 北京：电子工业出版社，2019.

［60］孙宇彤. LTE 教程：机制与流程［M］.2 版. 北京：电子工业出版社，2018.

［61］孙宇彤. LTE 教程：业务与信令［M］. 北京：电子工业出版社，2017.

［62］李敏君，等. 基于 LTE 的 MIMO-OFDMA 技术研究［M］. 北京：清华大学出版社，2017.

［63］李正茂. TD-LTE 技术与标准［M］. 北京：人民邮电出版社，2013.

［64］宋燕辉. 第三代移动通信技术［M］.2 版. 北京：人民邮电出版社，2013.

［65］中华人民共和国工业和信息化部. 移动通信基站工程节能技术标准，2017.

［66］文森特·黄，等. 5G 系统关键技术详解.［M］北京：人民邮电出版社，2018.

［67］江林华. 5G 物联网及 NB-IoT 技术详解［M］. 北京：电子工业出版社，2018.

［68］罗发龙，张建中. 5G 权威指南：信号处理算法及实现［M］. 北京：机械工业出版社，2018.

［69］Jonathan Rodriguez. 5G：开启移动网络新时代［M］. 江甲沫，等译. 北京：电子工业出版社，2016.

［70］王映民，等. 5G 传输关键技术［M］. 北京：电子工业出版社，2017.

［71］朱晨鸣，等. 5G 2020 后的移动通信［M］. 北京：人民邮电出版社，2016.